光通信理论与技术创新研究

卢智嘉　杨蓓　杨丽　著

中国原子能出版社

图书在版编目（CIP）数据

光通信理论与技术创新研究 / 卢智嘉，杨蓓，杨丽著. --北京：中国原子能出版社，2024.5

ISBN 978-7-5221-3423-9

Ⅰ. ①光⋯ Ⅱ. ①卢⋯②杨⋯③杨⋯ Ⅲ. ①光通信–研究 Ⅳ. ①TN929.1

中国国家版本馆 CIP 数据核字（2024）第 111185 号

光通信理论与技术创新研究

出版发行	中国原子能出版社（北京市海淀区阜成路 43 号　100048）
责任编辑	刘　佳
责任校对	冯莲凤
责任印制	赵　明
印　　刷	北京九州迅驰传媒文化有限公司
经　　销	全国新华书店
开　　本	787 mm×1092 mm　1/16
印　　张	17.5
字　　数	380 千字
版　　次	2025 年 1 月第 1 版　2025 年 1 月第 1 次印刷
书　　号	ISBN 978-7-5221-3423-9　　定　价　**70.00** 元

前　言

在信息技术迅猛发展的今天，光通信作为信息传输的重要方式，正在引领通信技术的新革命。本书旨在为读者提供光通信领域的全面介绍，从基础理论到前沿技术，从传统光纤到创新的无线和水下通信方式，全方位展示了光通信技术的现状与未来。

本书共分为六章，涵盖了光通信的各个方面。第一章“光通信基础理论”，介绍了光通信的基本概念、电磁场的基本规律以及电磁波的特性，为后续章节奠定理论基础。第二章“光纤通信传输介质”详细阐述了光纤的基本理论，光源和光发送接收机的工作原理，以及光放大器的技术细节，这是光纤通信系统的核心内容。第三章“无线光通信”探讨了这一领域的新趋势，包括无线光通信的概念、大气湍流信道模型和典型调制方式，展示了无线光通信技术的发展与挑战。第四章“光传输设备维护与故障处理”针对光通信设备的实际操作问题，提供了系统的维护和故障处理策略。第五章“水下可见光通信技术”则是对光通信应用的一次创新探索，介绍了海水信道特性、光源技术及浅蓝绿激光通信系统的设计。第六章“卫星相干光通信原理与技术”则展望了光通信技术在空间应用中的新发展，涉及卫星相干光通信的基本原理及高精度捕获跟踪控制技术。

本书不仅适合作为高等院校通信工程及相关专业的教材，也适合工程技术人员和科研人员参考使用。在此，希望本书能够为读者提供一扇窗口，深入理解光通信的精彩世界，把握技术创新的脉络，启发更多的创新思考和实践应用。

通过本书，读者将能够全面了解光通信的理论基础、技术进展以及未来的发展方向，为进一步研究和实际应用提供理论支持和技术指导。我们期待本书能成为光通信领域的重要参考资料，推动通信技术向更高层次发展。

本书为河北省一流本科课程《高频电路》教学团队、河北省物联网区块链融合重点实验室和石家庄学院智能制造科研创新团队的重要成果。

目　录

第一章　光通信基础理论

第一节　光通信概述

一、光波的电磁频谱

图 1-1 给出了电磁波谱图，图 1-2 给出了光的波谱图，显然光是频率极高的电磁波，光波的频率范围极宽，为 10^{12}～10^{16} Hz。紫外线、可见光、红外线均属于光波的范畴，在通信容量上要比微波大 3 个以上数量级，其带宽可达 THz·km，因此用光来作为信息载体，可传输极宽的信号频谱。

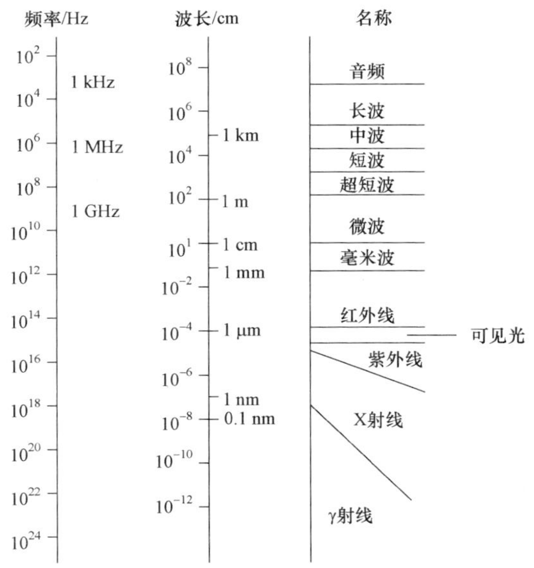

图 1-1　光的电磁波谱图

红外线波段（波长大于 0.76 μm）的波长比人眼实际可见的光的波长要长得多，可细分为近红外（波长为 0.76～15 μm）、中红外（波长为 15～25 μm）和远红外（波长为 25～300 μm）。该波段主要用于光波通信、红外制导、电子摄像及天文学等领域。

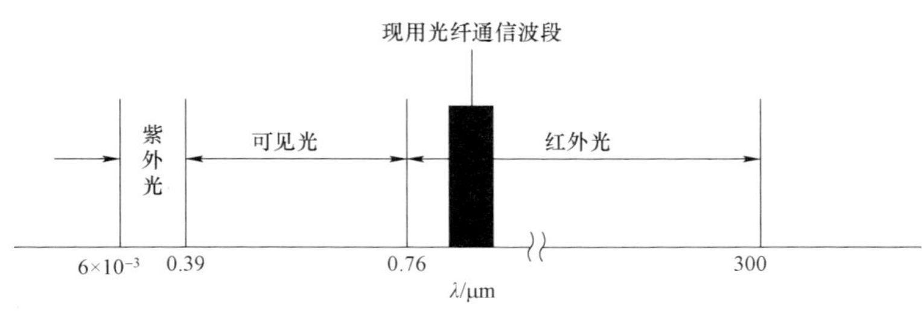

图 1-2　光的波谱图

可见光波段（波长为 0.39～0.76 μm）就是人眼实际可见的波长，像自然光源（如太阳光）和白炽灯、日光灯以及许多激光源（如 He-Ne 激光器）等装饰性的人造光源，它们发出的光都是人眼可见的光。

紫外线波段（波长小于 0.39 μm）的波长比人眼实际可见的光的波长要短得多，该波段目前很少应用于通信。

目前光纤通信采用的波长在近红外波段。已开发的有 0.85 μm.3 μm 和 1.55 μm 三个波段。

二、光通信发展

光通信可追溯到 3000 年前我国古代的烽火台。1791 年，法国人发明了信号灯，利用“灯语”的通信，曾经在欧洲风行一时。17 世纪中叶发明的望远镜，极大地延长了目视光通信的距离。至今，信号灯、旗语、望远镜都是仍在应用的目视光通信手段，严格地讲，它们还不能算是真正的光通信，与现代光通信有很大差别。

现代光通信起源于 1881 年贝尔发明“光电话”。贝尔发明的“光电话”以日光为光源，大气为传输介质，传输距离是 200 m。1881 年，贝尔发表了著名的论文《关于利用光实现声音的产生与复制》。遗憾的是贝尔的光电话始终未得到实用，究其原因：一是没有可靠、高强度的光源；二是没有稳定、低损耗的传输介质，无法实现高质量的光通信。在此后的几十年里，由于上述两个问题未能很好地得到解决，同时也由于电通信的高速发展，光通信的研究曾一度沉寂。这种情况一直延续到 20 世纪 60 年代。

1960 年，世界上的第一台激光器（红宝石激光器）问世。由于激光器可产生频谱纯度很高的光波，因此，激光器的发明重新激发了世界性的光通信研究热潮，给沉寂已久的光通信研究注入了新的活力。但由于气体激光器和固体激光器体积大、效率低，因此不适合在光通信中应用。

1962 年，半导体激光器问世。虽然这种早期的 PN 结砷化镓（GaAs）半导体激光器只能在液态氮制冷低温条件下工作很短的时间，但它给光通信光源的研究和实用带来了希望。

1970 年，首次研制出在室温下连续工作的双异质结半导体激光器，为通信光源的应用奠定了坚实的基础。

从第一台激光器问世以来，激光通信的研究是从大气光通信开始的。大气光通信以大气作为传输介质。大气光通信的缺点是传输损耗大，受气候环境影响严重，传输性能不稳定，且设备费用很高，目前在星间光通信和短距离的宽带光接入得到了广泛的应用。

在研究大气光通信的同时，人们进行了各种光波导的研究，特别是光导纤维（简称光纤）。光纤通信的原理是将光束缚在光纤的内部，以全反射方式来实现光波的传输。但当时作为光导纤维材料的石英玻璃损耗很大。20 世纪 60 年代中期，人们发现石英玻璃的损耗高达 1 000 dB/km。

1966 年，英国标准电信研究所的华裔科学家高锟博士发表了一篇划时代的论文，提出利用带有包层材料的石英玻璃光纤作为光通信的传输介质。并指出：光导纤维的高损耗不是其本身固有的，而是由材料中所含有的杂质引起的。如果降低材料中杂质含量，便可大大降低光纤损耗。他还预言，通过降低材料的杂质含量和改进制造工艺，可使光纤的衰减下降到 20 dB/km，甚至更小。这为人们研究低损耗光纤指明了前进的方向。

1970 年，美国康宁（Corning）公司研制出了衰减为 20 dB/km 的低损耗石英光纤。这是光通信发展史上的一个划时代的事件，从而确立了光通信向光纤通信发展的方向，开启了光纤通信发展的新时代。

20 世纪 70 年代后，光纤通信技术成为了光通信的主流技术，90 年代光纤通信得到了飞速发展。目前除了用户线以外，光纤通信已完全取代了传统的电缆通信，成为通信网的主体，由此人类进入了光通信时代。

目前光纤通信得到了极其广泛的应用，它成为国民经济各个领域（例如电信、广播、电力、交通、军事等）的主要通信手段。可以毫不夸张地讲，光纤通信已经成为现代通信的支柱。

（1）第一代光纤通信系统

1978 年，第一代光纤通信系统（0.85 μm 多模光纤通信系统）正式投入商业应用。光源为半导体激光器（GaAlAs LD）或发光二极管（LED），工作波长为 0.85 μm。光电探测器硅光电二极管或硅雪崩光电二极管。信道为均匀多模光纤，其衰减系数为 2.5～4 dB/km，信息传输速率为 20～100 Mbit/s，最大中继距离约为 10 km，最大通信容量约为 500（Mbit/s）• km（通信系统的通信容量通常用信息传输速率与距离积 *BL* 表示。其中，*B* 为信息传输速率，*L* 为中继间距）。

（2）第二代光纤通信系统

20 世纪 80 年代初，第二代多模光纤通信系统问世。光源为半导体激光器，工作波长为 1.3 μm。该波段是石英系光纤的第二个低损耗窗口，有较低的损耗和最低的色散。光电探测器为锗光电二极管或锗雪崩光电二极管。信道为均匀多模光纤。由于多模光纤存在模间色散，因此多模光纤通信系统的信息传输速率低于 100 Mbit/s。由于单模光纤比多模光纤具有更小的色散和更低的损耗，因此采用单模光纤可进一步提高光纤通信系统的信息传输速率和中继距离。1987 年，第二代单模光纤通信系统（1.3 μm 单模光纤通信系统，也称为长波光纤通信系统）投入了商业应用，其信息传输速率高达 1.7 Gbit/s，中继距离为 50 km 左右。

（3）第三代光纤通信系统

1990 年，第三代光纤通信系统已能提供商业应用。光源为铟镓砷磷（In-GaAsP）半导体激光器。光电探测器为锗光电探测器。信道为单模光纤（工作波长为 1.55 pm）。该单模光纤通信系统也称为长波光纤通信系统。1.55 μm 波段也是石英光纤的第三个低损耗窗口，到 1979 年，1.55 μm 波段的光纤损耗可达到 0.2 dB/km。由于在 1.55 jjLm 处光纤的色散比较高，且当时的多纵模常规 InGaAsP 半导体激光器的谱宽问题还未得到解决，因而推迟了第三代光纤通信系统的问世。后来，由于在波长为 1.55 μm 附近，具有最小色散的色散位移 DSF（Dispersion-Shifted Fiber）单模光纤和单纵模激光器的研制成功，从而解决了 1.55 pm 光纤的色散问题和半导体激光器的谱宽问题，1990 年第三代光纤通信系统开始投入商业运营。第三代光纤通信系统的信息传输速率为 2.5 Gbit/s，中继距离大于 100 km。目前信息传输速率为 10 Gbit/s 的光纤通信系统正在得到广泛的发展和应用。

（4）第四代光纤通信系统

第四代光纤通信系统是指相干光纤通信系统，相干光纤通信系统是利用激光的相干性，可将电通信中采用的“外差”接收（或“零差”接收）和先进的调制方式（例如调幅键控 ASK、相移键控 PSK、频移键控 FSK）应用到光纤通信系统中。相干光纤通信系统的优点是灵敏度高（比 IM-DD 光纤通信系统约高出 20 dB）和频率选择性好，可用于长途干线通信。目前在实验室使用常规相干技术，实现了 2.5 Gbit/s、4 500 km 和 10 Gbit/s、1 500 km 的数据传输。

（5）第五代光纤通信系统

第五代光纤通信系统是指光孤子通信系统，光孤子通信是利用光纤非线性进行超大容量、超长距离的光纤通信方式。光孤子（Soliton）是一种特殊的波，在经过长距离传

输后，仍能保持波形不失真，即使两列光孤子波相互碰触后，各自依然能保持原来的形状不变。

孤子这一概念首先是在流体力学中提出来的。1834 年，约翰·斯科特.拉塞耳首次观察到一种奇特的现象：一艘船在狭窄的苏格兰运河中快速行进，当其突然停止时，船头出现了一股水柱滚滚向前，水柱的形状不变，速度也不变，当它和其他幅度较低、速度较慢的波相遇时，该波也能无失真地穿过。于是，他用孤子的概念来描述这一现象。

在光纤通信系统中，光孤子是一个非常窄、强度高的光脉冲。光孤子的存在是光纤群速色（GVD）和自相位调制（SPM）平衡的结果。它的产生是由于在单模光纤中，当光的强度增加到一定程度时将出现非线性效应，其中光纤的自相位调制使光纤中传输的光脉冲波形中较高频率的分量不断积累，使波形变陡，在一定条件下，光纤中的这种非线性压缩可抵消因光纤群速色散（GVD）引起光脉冲的展宽，从而得到无畸变的光脉冲传输。此时，光脉冲的形状、宽度和速度将不再改变，故称为光孤子。

由于光孤子脉冲很窄（可达 0.2 ps），因此可实现超大容量、超长距离的光孤子通信。1973 年人们提出了光孤子通信的基本思想。1988 年贝尔实验室采用受激拉曼散射增益补偿光纤损耗，传输距离达 4 000 km，1989 年传输距离增加到 6 000 km。1989 年，掺铒光纤放大器（EDFA）开始用于光孤子放大。1990—1992 年，美国和英国的相关实验室采用循环回路方法，在数据传输速率为 2.5～5 Gbit/s 时，其传输达到 10 000 km 以上。日本的相关实验室在数据传输速率为 10 GbitA 时，其传输达到 1 000 000 km。1995 年，法国的相关实验室在数据传输速率为 20 Gbit/s 时，其传输了 1 000 000 km，中继距离 140 km。1995 年，线形试验将 20 Gbit/s 的数据传输了 8 100 km，40 Gbit/s 的数据传输了 5 000 km。1994 年和 1995 年，80 Gbit/s 和 160 Gbit/s 的高速数据也分别传输了 500 km 和 200 km。

（6）掺铒光纤放大器

在光纤通信发展史上另一个重要里程碑是掺铒光纤放大器（EDFA）的成功研制。1986 年英国南安普敦大学研制出了最早的掺铒光纤放大器。它是在光纤基质中加人铒粒子作激光工作物质，用氩离子激光器作泵浦源，可对 1.55 μm 光信号进行直接咸大。由于氩离子激光器很笨重，因此用它作为泵浦源的光纤放大器是不可能在光纤通信中得到实用的，但它能直接对 1.55 μm 波长的光信号进行放大，这本身就对光纤通信的发展具有十分重大的意义。因为在此之前，由于不能直接放大光信号，所有的光纤通信系统都只能采用光-电-光的中继方式。即先将光信号变为电信号，在电域内进行放大和再生等信息处理，然后再变成光信号在光纤中传输。光纤放大器可直接放大光信号，这就使全光通信变得可能，其意义可与 20 世纪 60 年代用晶体管代替电子管相提并论。

当作为掺铒光纤放大器泵浦源（0.98 μm 和 1.48 μm 的大功率半导体激光器）研制成功后，掺铒光纤放大器进入了实用化阶段。掺铒光纤放大器的意义不仅在于可进行全光中继，它还在很多方面推动了光纤通信的发展，例如在波分复用（WDM）光纤通信系统中的应用。波分复用是在一根光纤上传输多个光信道，从而可充分地利用光纤的带宽资源，有效地扩展光纤的通信容量。由于掺铒光纤放大器具有极宽的带宽（约 40 mn），可覆盖整个波分复用信号的频带，因而用一台掺铒光纤放大器就可取代与信道数相应的光-电-光中继器，从而实现全光中继。这大大地降低了设备成本，提高了传输质量。目前 EDFA + WDM 已成为高速光纤通信网发展的主流。

（7）全光网络

20 世纪 90 年代以前，光纤通信系统主要用于点对点的传输，传输体制最初采用准同步数字体系（PDH）。PDH 传输体制因其固有的缺点，自 80 年代末以来就逐步地被同步数字体系（SDH）所取代。SDH 取代 PDH 是光纤通信发展历程中的一次重大进步，这是因为 SDH 不仅能提供点对点传输，也是一种有效的网络传送体制。采用 SDH 体制的光纤通信网又称为同步光网络（SONET），同步光网络是一种光电混合网络，其传输在光域实现，但在网络结点处信息的交换、数据流的分出和插入都在电域完成，因而其性能受到了电子器件处理速率的制约，这就是所谓“电子瓶颈”问题。

全光网络是光纤通信的发展方向，所谓全光网是指信息从源结点到目的结点能够实现全光透明传输的网络。全光网中的网络结点在光域中处理信息，交换、路由等也都在光域完成。由于在光域中处理信息的速度要比电域中快几个数量级，因此可完全克服“电子瓶颈”的制约。目前光信息处理技术尚不成熟，在光域中实现信号检测、再生、缓存和交换，在实验室中虽能实现，但实用尚有待时日，为此，在现阶段有必要降低全光网的透明程度。电子器件虽然有速度制约问题，但其电域逻辑功能则比光域要灵活得多。现阶段，电处理技术仍然是光处理技术的有力补充。在光网络中适当位置引进电处理技术，可以使基于 SDH 的光电混合网向全光网平滑过渡，因而是十分自然的选择。于是就有了光传送网（0TN）、自动交换光网络（AS0N）等概念的出现。

（8）量子光通信

近年提出的量子光通信概念，以光量子作为信息载体，而非传统的以光波（波长极短的电磁波）作为信息载体。光量子的传输与作用服从量子力学规律，而量子光通信则遵从量子信息论。按照量子光通信的概念，一个光子能将无限多的信息（量子比特）传递给无限多个终端。量子光通信技术的开发，必将在光通信领域引发一场深刻的通信变革。

三、光通信系统组成

一个最基本的光通信系统的构成如图 1-3 所示，发送电端机处理来自信源的信息数据，完成数字复接、线路编码等功能，产生适合于光路传输的高速数据流。光发送机将电端机送来的电信号变换为光信号，送入信道传输。信道可能是光纤，也可能是自由空间或水下。在接收端，光接收机将光信号还原为电信号，送入接收电端机进行处理，完成线路解码、数字分接等功能，恢复原始数据送至用户。一般的长途光纤通信系统中间还有中继器，中继器可以是光-电-光中继，也可以是全光中继（光放大器）。

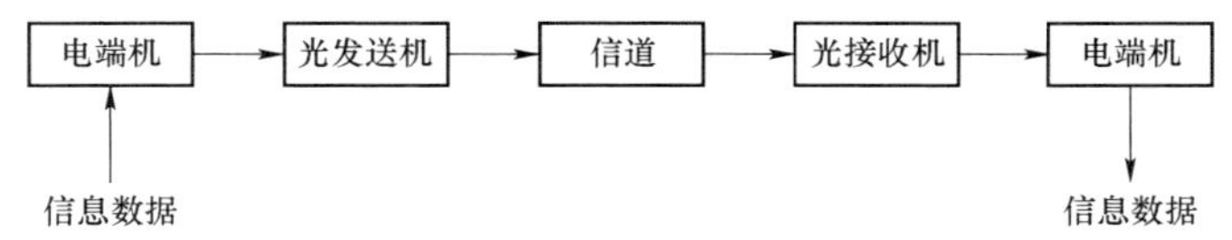

图 1-3　光通信系统构成

（一）光源

光源的作用是完成电光转换。目前光通信系统中所使用的光源几乎都是半导体发光器件。最常用的两类光源是半导体发光二极管（LED）和半导体激光器（LD）。

半导体发光二极管是基于自发辐射发光机理的发光器件。它的发光功率与注入电流成正比，优点是线性好、温度稳定性好、成本低，缺点是功率较小、谱线宽。因而只适用于短距离传输，如局域网（LAN）中的光端机多采用 LED 作光源，以降低成本。

半导体激光器是基于光的受激结射放大机理的发光器件。LD 是一种阈值器件，也就是说，只有注入电流大于某一阈值电流时，器件才能发射激光。与 LED 相比，LD 具有较大的发光功率（毫瓦量级），很窄的光谱线宽（从数兆赫兹到数百吉赫兹），能对其实现高速调制（数吉赫兹）。因而长途高速光纤传输系统都采用 LD 作为光源。

（二）光源调制

对光源的调制可以采用直接调制和间接调制两种方式。直接调制又称为内调制，即用电信号直接控制光源的注入电流，使光源的发光强度随所加的电信号而变化。间接调制又称为外调制，光源发出稳定的光束进入外调制器，外调制器利用介质的电光效应、声光效应或磁光效应来实现电信号对光强的调制。

由于直接调制易于实现，因此早期的光通信系统都采用直接调制方式，但是在对光源进行直接调制过程中，半导体光源有源区载流子浓度的快速变化，导致有源区等效折射率的快速变化，其结果是输出光束的频率不稳定，这就是所谓高速调制时的频率啁啾现象。频率啁啾会因光纤的色散产生额外的传输损伤，所以高速传输系统一般采用外调制技术。外调制器一般是一个无源器件，它的调制速率可以做得很高（超过数十吉赫兹），几乎不产生频率啁啾。实用的外调制器大多是基于晶体电光效应做成的电光调制器，例如，以 $LiNbO_3$ 为基础材料做成的波导调制器，尤其是 M-Z 型调制器得到了广泛应用。外调制器的主要缺点是插入损耗大，达到 6～8 dB，因而外调制器输出的光信号一般都要经过掺铒光纤放大器放大以后再注入光纤传输。

（三）光发送机

光发送机的功能是将电端机送来的电信号转换为光信号，然后注入信道传输。光发送机的核心就是光源和驱动电路或外调制器。为了保证光发送机稳定可靠地工作，还必须有一些附加电路。例如，自动温度控制（ATC）电路以保证光源结区温度在允许的范围以内，同时自动功率控制（APC）电路也是不可少的，它可保证在光源及其他电路参数变化时，发光功率的变化在允许的范围以内。

（四）信道

光发送机输出的光信号要经过信道才能传送到光接收机，传送光的信道可能是光纤（有线光通信），也可能是自由空间或水下（无线光通信）。

光纤是一种细长（直径大约为 0.1 mm）的玻璃纤维，全称为光导纤维。若使光从一根光纤的端部射入，就可以把光波封闭在这根很细的“玻璃丝”内进行传播。这正像电流在铜线中传输一样。如果对玻璃纤维进行加工，包括涂覆、成缆等，并进行与电缆同样的工艺处理后，就能够作为传输光信号的线路。光纤通信具有以下优点：

1. 频带宽，通信容量极大

单模光纤的可用带宽高达 200 THz。一对单模光纤的潜在容量达到上亿路电话，几乎是用之不尽的。现在光纤通信的容量主要受到端机速率的限制。

2. 损耗低，传输距离长，无中继通信距离长

采用 1.55 pm 波长光纤传输系统时，中继距离可超过 100 km。由于中继距离长，在长途干线通信中，中继器的数量相应减少，这就大大提高了可靠性，降低了成本，也减少了日常维护的工作量及维护费用。

3. 节约大量稀有有色金属

通信电缆的主要材料为稀有金属铜，其资源严重紧缺。1 km 长的 8 管同轴电缆要耗铜 1.2 t，利用石英光纤代替同轴电缆实现通信，可以节约大量的铜（铝）和铅。

4. 抗干扰性好，保密性强，使用安全

光波频率高，光纤光缆密封性好，有很强的抗电磁干扰能力，不易引起串音与干扰。光波集中在纤芯中传输，在纤芯外很快地衰减，因而保密性好。光纤材料是石英介质，光缆中不含金属，不打火花，并有抗高温和耐腐蚀的性能，因而可抵御恶劣的工作环境。

5. 体积小，重量轻，便于敷设

光导纤维细如发丝。光纤的外直径为 125 jun，加套塑后的外径也小于 1 mm，又加之光纤材料的比重小，成缆后的重量也轻。例如，一根 18 芯的光缆质量约为 150 kg/km，而 18 管同轴电缆的质量约为 11 t/km。经过表面涂敷的光纤具有很好的可挠性，便于敷设，可架空、直埋或置人管道。可用于陆地、海底，在飞机、轮船、人造卫星和宇宙飞船上也特别适用。

6. 材料资源丰富

石英光纤的主体材料是 SiO_2，材料资源丰富。

7. 技术优势

数字光纤传输系统与模拟传输方式相比，在技术上还有许多优势：

（1）数字光纤传输系统容易与程控交换机相连接。

（2）数字光纤传输设备可采用超大规模数字集成电路和混合集成电路，设备的可靠性大大提高。

（3）利用数字光纤传输系统可以方便地实现全系统的监测与监控。

（4）扩容方便。扩容时只要增加若干光、电设备，不必更换光缆，不必增加中继站数量。

（5）利用“插入比特”的线路码型，可以方便地解决“区间通信”问题和任意上下话路问题。

（6）光纤/同轴电缆混合（Hybrid Fiber Coax，HFC）技术广泛地应用于有线电视网中。

（7）采用波分复用（Wave length Division Multiplex，WDM）技术可大大扩展光纤通信的容量，而不用增加光纤芯数。

空间光通信技术是未来光通信发展的重要领域。地球表面附近的大气激光通信技术是最先发展的现代光通信技术，由于光在大气中传播的衰减比较大，大气激光通信技术的应用也受到了一些限制。近年来，由于射频波段的无线接入受到了无线电频谱拥挤的严重制约，采用光通信提供短距离的无线接入手段受到了重视；同时目前电磁环境也愈来愈恶劣，而光频波段的频谱资源很宽，也不会造成电磁污染。在通信卫星之间建立光链路可以大幅度地提高卫星通信的容量，可彻底解决微波频段频率资源紧缺问题，高速卫星间激光通信是近年来光通信领域的研究热点。

由于水下激光通信可为对潜通信提供新的手段，因此备受各发达国家的重视。

（五）光检测器

光检测器的作用是将光信号变为电信号，并送给放大器和判决电路，经判决再生后的电信号送至电端机处理。

目前，光通信系统所用的光检测器大多是半导体光电二极管。最常用的光检测器有两类，即 PIN 型光电二极管（PIN-PD）和雪崩光电二极管（APD），它们的检测原理都是基于半导体 PN 结的光电效应，即半导体 PN 结区价带内电子吸收光子能量跃迁至导带，形成电子-空穴对，在外加反向电压的作用下，在外电路中形成光生电流。

PIN 型光电二极管是最常用的光检测器，它的主要参数是响应度和响应时间。APD 与 PIN-PD 不同，由于存在雪崩效应，APD 有内部增益。电流增益视材料不同在数十到数百之间。APD 由于有很高的内部增益，因而有很高的检测灵敏度。APD 在产生内部增益的同时也产生了倍增噪声，同时由于 APD 工作时需要较高的反向电压，这增加了电路设计困难，所以在光通信系统中 PIN-PD 仍是使用最多的光检测器。

（六）光接收机

光接收机将光信号还原为电信号。由于光检测器产生的光生电流很小，因此必须经过放大，由于信号在传输过程中会受到色散和噪声的影响，信号会产生畸变，因而需要对数字信号进行判决再生，经判决再生后的数据流送给接收电端机进行处理。

光接收机最主要的指标就是接收灵敏度，也就是在给定的信噪比或误码率指标下，光接收机允许的最小接收光功率。光接收机的噪声主要有光检测器过程的量子噪声、放大电路的热噪声、光检测器的暗电流噪声等。特定误码率指标（如 1 CT9）条件下，数字光接收机灵敏度是以每个信号比特的光子数来定义的。因而若按平均光功率计算，系统传输速率越高，灵敏度越低。

第二节　电磁场的基本规律

电磁理论的历史始于 19 世纪，当时科学家们对电和磁的研究还是两条相对独立的线。1820 年，汉斯·奥斯特发现电流能够影响指南针针，这是电与磁之间联系的首次实验观察。此后，安德烈-马里·安培进一步研究了电流之间的力，提出了著名的安培定律。迈克尔·法拉第则在 1831 年发现了电磁感应现象，即变化的磁场可以产生电场。这些发现为麦克斯韦的统一理论奠定了基础。

1865 年，詹姆斯·克拉克·麦克斯韦提出了著名的麦克斯韦方程组，首次从理论上统一了电场和磁场，并预言了电磁波的存在。这一理论后来被赫兹通过实验验证，不仅证实了电磁波的存在，也直接证明了光是一种电磁波。

综上，电磁场的基本规律不仅是理解宇宙中电磁现象的关键，也是现代通信技术，尤其是光通信技术的理论基础。通过电磁波的深入研究，科学家们能够更好地设计和优

化通信系统，使信息传输更快、更远、更可靠。

一、电磁场的基本概念

电磁场是由电荷和电流产生的场，包括电场和磁场，它们是电磁相互作用的媒介。理解电磁场的基本概念是掌握光通信原理的前提。

（一）静电场与静磁场

静电场是由静止电荷产生的电场，其特点是场强在空间中的分布仅取决于电荷的配置，并且不随时间变化。静电场的基本性质可以通过库仑定律来描述，即两点电荷之间的力与它们的电荷量成正比，与它们之间距离的平方成反比。

静磁场是由恒定电流或永久磁体产生的磁场，与静电场类似，静磁场在没有外力作用下也不会随时间变化。它的基本性质可以通过比奥-萨伐尔定律来描述，该定律说明了空间中任意位置的磁场强度是由导致该磁场的电流的大小、方向和该点到电流的距离共同决定的。

（二）电荷和电流产生电磁场的机制

电荷是产生电磁场的源头。静止的电荷产生电场，移动的电荷（电流）则同时产生电场和磁场。电流不仅可以是电荷的物理移动，如电线中的直流电，也可以是电场的变化，如在电容器中两板间电场的变化也能产生磁场。这种由电场变化产生的磁场是麦克斯韦电磁场理论的核心内容之一，为电磁波的存在提供了理论基础。

（三）电磁场的数学表述

1. 矢量场的表示（电场强度、磁感应强度）

电磁场是典型的矢量场，其中电场强度（$\boldsymbol{E}$）和磁感应强度（$\boldsymbol{B}$）是描述电磁场状态的两个基本矢量量。电场强度描述了在电场中某一点放置一个单位正电荷时，该电荷所受的力的大小和方向；而磁感应强度则描述了在磁场中某一点放置一个单位北极时，该北极所受的力的大小和方向。

2. 斯卡拉和矢量势

在数学上，电磁场可以通过斯卡拉势（$\boldsymbol{\phi}$）和矢量势（$\boldsymbol{A}$）来表述。斯卡拉势和矢量势是较为抽象的数学概念，它们提供了一种更深层次的描述电磁场的方式。

二、电磁场的理论基础

（一）电磁场基本方程

宏观电磁场现象还需要由磁场强度和电位移这两个矢量表述，其积分形式如下：

$$\oint_t \boldsymbol{H} \cdot \mathrm{d}l = \int_s \left(J + \frac{\partial \boldsymbol{D}}{\partial t} \right) \cdot \mathrm{d}S$$

$$\oint_t \boldsymbol{E} \cdot \mathrm{d}l = -\int_s \frac{\partial \boldsymbol{B}}{\partial t} \cdot \mathrm{d}S \qquad (1\text{-}1)$$

$$\oint_S \boldsymbol{B} \cdot \mathrm{d}S = 0$$

$$\oint_S \boldsymbol{D} \cdot \mathrm{d}S = q$$

相应的微分形式为：

$$\nabla \times H = J + \frac{\partial D}{\partial t}$$

$$\nabla \times E = -\frac{\partial B}{\partial t}$$

$$\nabla \cdot B = 0$$

$$\nabla \cdot D = \rho \qquad (1\text{-}2)$$

式中，J 是介质中的传导电流密度，ρ 是自由电荷密度。式（1-2）中的四个方程不是独立的，考虑电流连续性方程：

$$\nabla \cdot J + \frac{\partial \rho}{\partial t} = 0 \qquad (1\text{-}3)$$

则式（2-2）中后两个方程可以由前两个方程式推出。麦克斯韦方程可以不同的形式写出。用 **D**、**E**、**B**、**H** 四个场量写出的方程称为麦克斯韦方程的非限定形式，因为它没有限定 **D** 和 **E** 之间及 **B** 和 **H** 之间的关系，故可适用于任何介质。麦克斯韦方程表明了电磁场和它们的源之间的全部关系，揭示了时变电磁场的基本规律：变化的电场也是磁场的源；变化的磁场也是电场的源，即变化的电场产生变化的磁场，变化的磁场产生变化的电场。

介质的本构关系或物理特性方程为：

$$J = \sigma E$$

$$D = \varepsilon_0 E + P$$

$$B = \mu_0 H + M$$

式中，P 称为介质的极化强度矢量，M 称为磁化强度矢量，σ 是介质的电导率（对良介质可以认为近似为零），ε_0、μ_0 分别为真空的介电常数和磁导率。对于非磁性介质，$M=0$，从而有：

$$B = \mu_0 H$$

电极化强度 P 可写成：

$$P = \varepsilon_0 \chi^{(1)} \cdot E + \varepsilon_0 \chi^{(1)} \cdot EE + \varepsilon_0 \chi^{(1)} \cdot EEE + \cdots$$

式中 $\chi^{(1)}$ 是 $i+1$ 阶张量。若除 $\chi^{(1)}$ 外所有 $\chi^{(1)}$ 的元都为零，则介质是线性介质，否则介质是非线性的。对于各向同性的线性介质，有：

$$\chi^{(1)}=\begin{bmatrix}\chi & 0 & 0\\ 0 & \chi & 0\\ 0 & 0 & \chi\end{bmatrix}$$

它可用一个标量 χ 表示，从而得到：

$$P=\varepsilon_0\chi\bullet E$$

$$D=\varepsilon_0(1+\chi)E=\varepsilon_0\varepsilon_r E$$

对于线性和各向同性介质，麦克斯韦方程可以用 E 和 H 两个场量写出，即麦克斯韦方程的限定形式：

$$\nabla\times H=\sigma E+\varepsilon\frac{\partial E}{\partial t}$$

$$\nabla\times H=-\mu\frac{\partial H}{\partial t}$$

$$\nabla\bullet\mu H=0$$

$$\nabla\bullet\varepsilon E=\rho \tag{1-4}$$

（二）电磁场边界条件

在时变电磁场中，分析两种不同介质分界面上的边界条件必须应用麦克斯韦方程的积分形式。

1. H 的边界条件

时变电磁场中 H 的边界条件为：

$$H_{1t}-H_{2t}=J_s$$

表示成矢量形式为：

$$n\times(H_1-H_2)=J_s$$

式中，n 为从介质 2 指向介质 1 的分界面法线分向单位矢量。若分界面上不存在传导电流，即 $J_s=0$，则有：

$$H_{1t}-H_{2t}=0$$

$$n\times(H_1-H_2)=0$$

可见，若两种介质分界面上存在传导电流，则好的切向分量是不连续的，其不连续量等于分界面上的面电流密度。若分界面上没有面电流，则好的切向分量是连续的。

2. $\boldsymbol{E}$ 的边界条件

时变电磁场中 $\boldsymbol{E}$ 的边界条件为：

$$E_{1t}-E_{2t}=0$$

表示成矢量形式为：

$$n\times(E_1-E_2)=0$$

显然，在两种介质分界面上 $\boldsymbol{E}$ 的切向分量是连续的。

3. B 的边界条件

时变电磁场中 B 的边界条件为：

$$B_{1n}-B_{2n}=0$$

表示成矢量形式为：

$$n\times(B_1-B_2)=0$$

显然，在两种介质分界面上 B 的法向分量是连续的。

4. D 的边界条件

时变电磁场中 D 的边界条件为：

$$D_{1n}-D_{2n}=\sigma$$

表示成矢量形式为：

$$n\times(D_1-D_2)=\sigma$$

若分界面上不存在自由电荷，则 D 的边界条件为：

$$D_{1n}-D_{2n}=0$$

表示成矢量形式为：

$$n\times(D_1-D_2)=0$$

显然，若在两种介质分界面上存在自由电荷时，D 的法向分量是不连续的，其不连续量等于分界面上的自由电荷面密度。若在两种介质分界面上不存在自由电荷时，D 的法向分量是连续的，如图 1-4 所示。

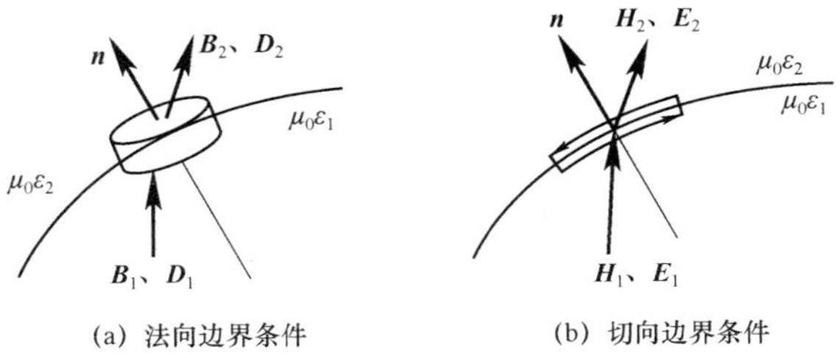

(a) 法向边界条件　　(b) 切向边界条件

图 1-4　确定电磁场边界的几何区域

（三）波动方程和亥姆霍兹方程

在良好的介质中，$\boldsymbol{J}=0$，$\boldsymbol{\rho}=0$，如果介质为均匀的各向同性的线性介质，则&为常数，在上述假设条件下，将方程（1-4）中的前两个方程取旋度，则可得到

$$\nabla^2 E - \frac{n^2}{c^2}\frac{\partial^2 E}{\partial t^2} = 0$$

$$\nabla^2 H - \frac{n^2}{c^2}\frac{\partial^2 H}{\partial t^2} = 0 \tag{1-5}$$

式中，$c = 1/\sqrt{\mu_0 \varepsilon_0}$ 是真空中的光速度，$n = \sqrt{\varepsilon_r}$ 是介质的折射率，式（1-5）即为线性、均匀、各向同性介质中的波动方程，它的解即为以速度 $v = c/n$ 传播的电磁波。

由于在频域中所有的场量都是以角频率ω振荡的正弦量，因而其波动方程为：

$$\nabla^2 E + k_0^2 n^2 E = 0$$

$$\nabla^2 H + k_0^2 n^2 H = 0 \tag{1-6}$$

式中

$$k_0^2 = \omega^2 \mu_0 \varepsilon_0$$

式（1-6）是矢量方程，每个方程都含有三个标量方程。在直角坐标系中场矢量的三个分量和柱坐标系中的纵向分量满足三个形式相同的标量方程，用少表示这些场分量，则有

$$\nabla^2 \varphi + k_0^2 n^2 \varphi = 0 \tag{1-7}$$

式（1-6）和式（1-7）分别称为矢量亥姆霍兹方程和标量亥姆霍兹方程，是求解均匀介质中波动问题的基础。

对于非均匀的各向同性线性介质，有：

$$\nabla^2 E + k_0^2 n^2 E = 0$$

$$\nabla^2 H + k_0^2 n^2 H = 0 \tag{1-8}$$

式（1-8）虽然与式（1-6）形式上相同，但二者有着重要区别，即式（1-8）中的折射率 n 是空间位置的函数，因而其求解也就要困难得多。

在分析光波导中光波的传输特性时，通常既会遇到均匀介质，也会遇到非均匀介质，但光波导中介质的非均匀性总满足所谓缓变条件。因而式（1-6）和式（1-8）是分析光波导中光波传播的基础。

第三节　电磁波的基本特性

一、均匀平面的电磁波

在均匀的线性的各向同性介质中，波动方程有均匀平面电磁波解，其场量用下式表示：

$$\boldsymbol{E} = \boldsymbol{E}_0 e^{-jkr}$$

$$\boldsymbol{H}=\boldsymbol{H}_0 e^{-jkr} \tag{1-9}$$

式中，$\boldsymbol{E}_0$ 和 $\boldsymbol{H}_0$ 是波的振幅矢量，对均匀平面波它们都是常矢量；k 称为波矢量，它的方向即为波的传播方向，它的大小 $\boldsymbol{k}=\boldsymbol{k}_0 n$，即为波的相位系数。令

$$\boldsymbol{k}\cdot\boldsymbol{r}=k_x x+k_y y+k_z z=C \tag{1-10}$$

式中，C 是任意常数。式（1-10）在空间描出一组平面，称为波的等相位面。

将式（1-9）代入式（1-2），可得

$$\begin{gathered}\boldsymbol{E}_0=-\eta e_n\times\boldsymbol{H}_0\\ \boldsymbol{H}_0=\frac{1}{\eta}e_n\times\boldsymbol{E}_0\\ \boldsymbol{k}\cdot\boldsymbol{E}_0=0\\ \boldsymbol{k}\cdot\boldsymbol{H}_0=0\end{gathered} \tag{1-11}$$

式中，$\eta=\sqrt{\mu_0/\varepsilon}$ 是介质的波阻抗，e_n 是波传播方向上的单位矢量。显然，均匀无界介质中的均匀平面电磁波是 TEM 波。

平面电磁波的相速度和群速度分别定义为：

$$\begin{gathered}v_p=\frac{\omega}{\beta}\\ v_g=\frac{d\omega}{d\beta}\end{gathered} \tag{1-12}$$

对于均匀平面波，$\beta=k_0 n=\omega\sqrt{\mu_0/\varepsilon_0}n$。若介质的折射率 n 是与频率无关的常数，则有

$$v_p=v_g=\frac{1}{n\sqrt{\mu_0/\varepsilon_0}}=\frac{c}{n} \tag{1-13}$$

显然，对均匀无色散的介质，其传播的平面电磁波的相速度和群速度相等，且与频率无关。

二、平面电磁波的偏振状态

平面电磁波的偏振状态是指电场强度矢量或磁场强度矢量的空间取向随时间的变化情况。对一个确定的观察点，若场矢量始终在一个确定的方向上振动，矢量尖端的轨迹是一线段，则称为线偏振波。若场矢量尖端的轨迹是一个圆，则称为圆偏振波。若场矢量尖端的轨迹是一个椭圆，则称为椭圆偏振波。

任意的场矢量总可以写成沿两个特征方向的分矢量之和，即：

$$\boldsymbol{E}=e_1 E_1 e^{j\varphi_1}+e_2 E_2 e^{j\varphi_2} \tag{1-14}$$

式中，e_1、e_2 为波传播的横方向上两个相互正交的单位矢量，而且 $e_1\times e_2=e_n$，e_n 是

波传播方向上的单位矢量，φ_1、φ_2 分别为两个分量的相位因子。显然，当 $\delta = \varphi_1 - \varphi_2 = 0$、$\pi$ 时为线偏振波。当 $\delta = \pi/2$、$\delta = 3\pi/2$，并且 $\boldsymbol{E}_1 = \boldsymbol{E}_2$ 时为圆偏振波当 $\delta = \pi/2$ 时，场矢量的旋转方向与波的传播方向呈右手螺旋关系，称为右旋圆偏振波；而 $\delta = 3\pi/2$ 时，则为左旋圆偏振波。除上述两种情形以外，波呈椭圆偏振状态，$0 < \delta < \pi$ 时为右旋椭圆波，而 $\pi < \delta < 2\pi$ 时则为左旋椭圆波。

式（1-14）表明，任何一种偏振状态的平面波都可以看成 e_1 和 e_2 方向偏振的两个有确定相位关系的线偏振波的叠加。类似地，也可以将任意的一个平面波看成是两个旋向相反的圆偏振波的叠加，即

$$\boldsymbol{E} = \boldsymbol{E}_L(e_1 + je_2) + \boldsymbol{E}_R(e_1 - je_2) \tag{1-15}$$

式中，$\boldsymbol{E}_L$、$\boldsymbol{E}_R$ 分别为左旋和右旋圆偏振波的振幅。若 $\boldsymbol{E}_L = \boldsymbol{E}_R$，则式（1-15）为线偏振波；若 $\boldsymbol{E}_L \neq \boldsymbol{E}_R$，则为椭圆偏振波；若中任意一个为零，则为圆偏振波。

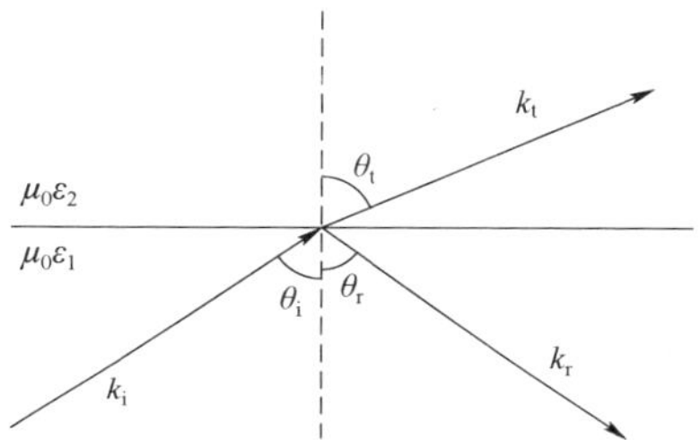

图 1-4 平面电磁波的反射与折射

三、平面波的反射和折射

平面电磁波在不同介质的平面分界面上将发生反射和折射，如图 1-4 所示。根据分界面两侧电磁场应满足的边界条件，可得到在两种介质中入射波、反射波、折射波之间的特性：

（1）入射光线、反射光线和折射光线共面或波矢量 $\boldsymbol{k}_i$、$\boldsymbol{k}_r$、$\boldsymbol{k}_t$ 共面。

（2）反射角等于入射角，即 $\theta_i = \theta_r$。阶

（3）斯涅耳（Snell）定律：

$$n_1\sin\theta_1 = n_2\sin\theta_2 \tag{1-16}$$

式中，n_1、n_2 分别为两种介质的折射率。

根据入射波的偏振状态，可以得到如下性质：

① 垂直偏振波（即电场矢量与入射面垂直的线偏振波）的反射系数和折射系数分别为

$$R_\perp = \frac{E_r}{E_i} = \frac{n_1\cos\theta_i - n_2\cos\theta_t}{n_1\cos\theta_i + n_2\cos\theta_t}$$

$$T_\perp = \frac{E_t}{E_i} = \frac{2n_1\cos\theta_i}{n_1\cos\theta_i + n_2\cos\theta_t} \tag{1-17}$$

② 平行偏振波（即电场矢量与入射面平行的线偏振波）的反射系数和折射 系数分别为

$$R_\parallel = \frac{E_r}{E_i} = \frac{n_2\cos\theta_i - n_1\cos\theta_t}{n_2\cos\theta_i + n_1\cos\theta_t}$$

$$T_{\parallel} = \frac{E_r}{E_i} = \frac{2n_1\cos\theta_i}{n_1\cos\theta_i + n_2\cos\theta_t} \quad (1\text{-}18)$$

式（1-17）和式（1-18）统称为斯涅尔定律。

由斯涅耳定律，当$n_1 > n_2$时，折射角大于入射角，若入射角$\theta_i = \theta_c$，使得$\sin\theta_t = 1$，$\theta_t = \pi/2$，折射光线将与界面平行；若入射角$\theta_i > \theta_c$。，则折射光线消失从而产生全反射。平面波从介质 1 到介质 2 的界面上产生全反射 的条件是：

$$\theta_i > \theta_c = \arcsin\frac{n_2}{n_1}$$

显仅当$n_1 > n_2$时才有可能全反射。

若入射条件满足：

$$\theta_B = \arctan\frac{n_2}{n_1}$$

则平行偏振波的反射系数为零，以θ_B入射的平行偏振波将产生全折射，θ_B称为布儒斯特角，也称为起偏振角波。

第二章　光纤通信传输介质

第一节　光纤的基本理论

一、光纤概述

（一）光纤的结构

光纤是光导纤维的简称，它是工作在光波波段的一种介质波导，通常是圆柱形。它是利用全反射原理将光波约束在其界面内，并引导光波沿着光纤轴线的方向传播。光纤的传输特性由其结构和材料决定。

光纤的基本结构是两层圆柱状介质，内层为纤芯，外层为包层；纤芯的折射率 n_1 比包层的折射率 n_2 稍大。当满足一定的入射条件时，光波就能沿着纤芯向前传播。图 2-1 给出了光纤的结构。实用光纤在包层外还有一层保护层，保护层的作用是保护光纤免受环境污染和机械损伤。有的光纤还有更复杂的结构，以满足使用不同的应用要求。

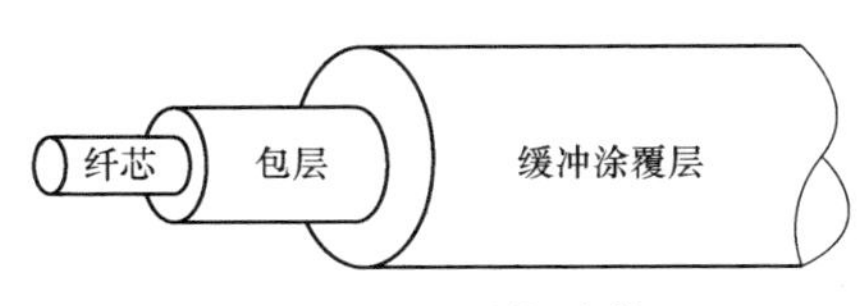

图 2-1　光纤的结构

（二）光纤材料

目前通信用的光纤主要是石英系光纤，其主要成分是高纯度的 SiO_2 玻璃。若在石英中掺入折射率高于石英的掺杂剂，就可以制作光纤的纤芯。同样，若在石英中掺入折射率低于石英的掺杂剂，就可以制作包层材料。纤芯中主要的掺杂剂为二氧化锗（GeO_2）、五氧化二磷（P_2O_5）等，包层中主要的掺杂剂为三氧化二硼（B_2O_3）、氟（F）等。

（三）光纤制造

1. 预制棒制造方法

预制棒制造方法主要有管内化学气相沉积法。如改进的化学气相沉积法 MCVD（Modified Chemical Vapour Deposition），等离子体气相沉积法 PCVD（Plasma Chemical Vapour Deposition）和管外化学气相沉积法。管外化学气相沉积法又分为气相轴向沉积法 VAD（Vapour Phase Axial Deposition）和外气相沉积法 OVD（Outside Vapour Deposition）两种。

MCVD 是目前使用最为广泛的预制棒生产工艺。MCVD 法生产光纤预制棒的基本原理是用氧气按特定的程序将 SiO_2、$GeCl_4$、$BC1_3$ 送入旋转的高纯硅管中，硅管维持较高的温度，使硅和掺杂元素（Ge、B）按受控方式产生化学反应。反应的产物均匀沉积在硅管的内壁，随着沉积不断产生，中空的硅管逐渐被封闭。

2. 拉丝工艺

预制棒拉制成光纤的生产过程是：送料机构以一定的速度均匀地将预制棒送往环状加热炉中加热，当预制棒尖端加热到一定温度时，棒体尖端的粘度下降，靠自身重量逐渐下垂变细而成纤维，由牵引辊绕到卷筒上。光纤外径和圆的同心度由激光测径仪和同心度测试仪监测，其监测结果控制送棒机构和牵引辊，以保证光纤的同心度和外径的均匀性。通常光纤的外径误差可控制在±0.5 μm 以内，拉丝速度一般为 600 m/min。

（四）光纤分类

1. 按光纤折射率分布来分

（1）阶跃型光纤

阶跃型光纤，又可称为均匀光纤，它的结构如图 2-2（a）所示。纤芯折射率 n_1 沿半径方向保持一定，包层折射率 n_2 沿半径方向也保持一定，且纤芯和包层的折射率在边界处呈阶梯形变化。

（2）渐变型光纤

渐变型光纤，又称为非均匀光纤。图 2-2（b）给出了非均匀光纤的折射率分布。纤芯折射率 n_1 随着半径加大而逐渐减小，而包层折射率 n_2 是均匀的。

2. 按传输模式的多少来分

模式是电磁场的一种场型结构分布形式，模式不同，其场型结构也就不同。根据光纤中传输模式的数量，可分为单模光纤和多模光纤。

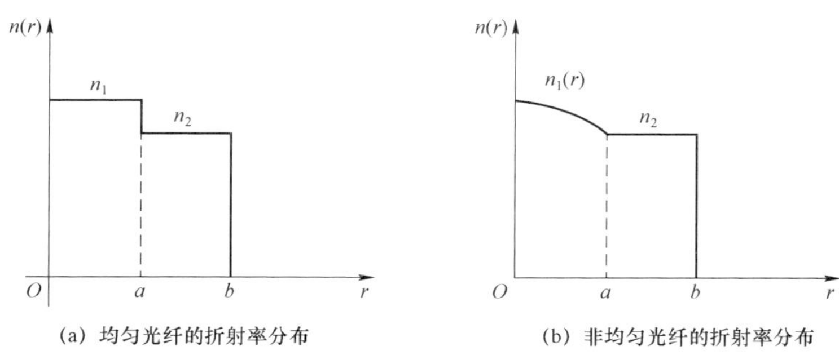

(a) 均匀光纤的折射率分布　　(b) 非均匀光纤的折射率分布

图 2-2　光纤的折射率分布

（1）单模光纤

光纤中只传输单一模式时，称为单模光纤。单模光纤的纤芯直径较小，为 4～10 pm，通常，纤芯折射率是均匀分布的。由于单模光纤只传输基模，从而完全避免了模式色散，使传输带宽大大增加。因此，单模光纤非常适用于大容量、长距离的光纤通信，单模光纤中的射线轨迹如图 2-3（a）所示。

（2）多模光纤

所谓多模光纤，是一种在一定的工作波长下可以传输多种模式的介质波导。多模光纤的纤芯既可以采用阶跃折射率分布，也可以采用渐变折射率分布。其光波传播的轨迹如图 2-3（b）和图 2-3（c）所示。多模光纤的纤芯直径约为 50 pin，由于模色散的存在使多模光纤的带宽变窄，多模光纤的优点是制造、耦合、连接都比单模光纤容易。

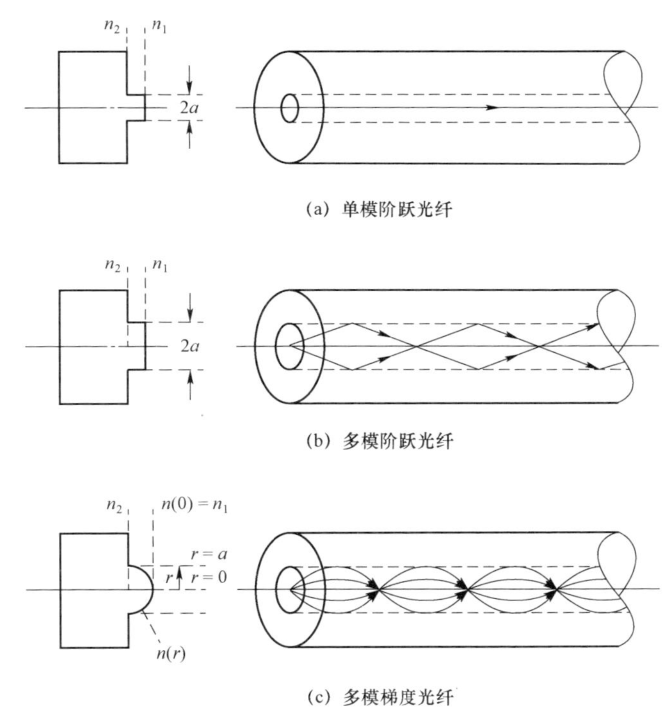

图 2-3　单模光纤和多模光纤的结构

3. 按光纤的材料来分

（1）石英光纤

石英光纤的纤芯和包层是由高纯度 SiO_2 掺有适当的杂质制成。石英光纤的优点是低损耗、高强度和高可靠性，目前光纤通信中使用的光纤主要是石英光纤。

（2）石英芯，塑料包层光纤

这种光纤的纤芯是用石英制成，包层采用硅树脂。

（3）多成分玻璃纤维

一般用钠玻璃掺有适当杂质制成。

（4）塑料光纤

这种光纤的纤芯和包层都由塑料制成。塑料光纤特点是成本低，缺点是材料损耗大，温度性能较差。

4. 按传输的偏振态分

按传输的偏振态，单模光纤又可进一步分为非偏振保持光纤（简称非保偏光纤）和偏振保持光纤（简称保偏光纤）。非保偏光纤不能传输偏振光，保偏光纤能传输偏振光。保偏光纤又可再分为单偏振光纤、高双折射光纤、低双折射光纤和圆保偏光纤。只能传输一种偏振模式的光纤称为单偏振光纤；只能传输两正交偏振模式、且其传播速度相差很大者为高双折射光纤；传播速度近于相等者为低双折射光纤；能传输圆偏振光者则称为圆双折射光纤。

（五）光缆

为了构成实用的光纤传输线路，便于工程上安装和敷设，通常将若干根光纤组合成光缆。虽然在拉丝过程中经过涂覆的光纤已具有一定的抗拉强度，但仍经不起弯折、扭曲等侧压力，因此必须把光纤和其他保护元件组合起来构成光缆，使光纤能在各种敷设条件下和各种工程环境中使用。

1. 技术要求

① 机械性能：包括抗拉强度、抗压、抗冲击和弯曲性能。

② 温度特性：包括高温和低温温度特性。

③ 质量和尺寸：每千米质量（kg/km）及外径尺寸。

机械性能是保持光缆在各种敷设条件下都能为缆芯提供足够的抗拉、抗压、抗弯曲等机械强度的关键指标。必须采用加强纤芯和光缆防护层（简称护层），根据敷设方式的不同，护层要求也不一样，例如：① 管道光缆的护层要求具有较高的抗拉、抗侧压、抗弯曲的能力。② 直埋光缆要加装铠装层，要考虑地面的振动和虫咬等。③ 架空光缆的护层要考虑环境的影响，还要有防弹层等。④ 海底光缆则要求具有更高的抗拉强度和更高的抗水压能力。

2. 光缆结构

光缆的结构可分为缆芯、加强元件和护层三大部分。

① 缆芯：缆芯是光缆结构中的主体，其作用主要是妥善地安置光纤的位置，使光纤在各种外力影响下仍能保持优良的传输性能。多芯光缆还要对光纤进行着色以便于识别。另外，为防止气体和水分子浸入，光纤中应具有各种防潮层并填充油膏。

② 加强元件：加强元件有两种结构方式：一种是放在光缆中心的中心加强方式，

要求是具有高杨氏模量，高弹性范围，高比强度（强度和重量之比），低线膨胀系数，优良的抗腐蚀性和一定的柔软性；另一种是放在护层中外层加强方式。加强元件的加强件通常采用钢丝、钢绞丝或钢管等，在强电磁干扰环境和雷区中应使用高强度的非金属材料玻璃丝和凯夫拉尔纤维（Kevlar）。

③ 光纤护层：光纤护层由护套等构成的多层组合护层一般分为填充层、内护套、防水层、缓冲层、铠装层和外护套等。填充层是由聚氯乙烯（PVC）等组成的填充物，起固定各单元位置的作用。内护套是置于缆芯外的一层聚酯薄膜，一方面可将线芯扎成一个整体，另一方面也可起隔热和缓冲的作用；防水层用在海底光缆中，由密封的铝管等构成；缓冲层用于保护缆芯免受径向压力，一般采用尼龙带沿轴向螺旋式绕包线芯的方式；铠状层是在直埋光缆中为免受径向压力而在光缆外加装的金属护套；外护套是利用挤塑的方式将塑料挤铸在光缆外面，常用材料有 PVC、聚乙烯等。

3. 光缆分类

根据缆芯结构，光缆可分为层绞式、骨架式、带状式和束管式四大类，如图 2-4 所示。

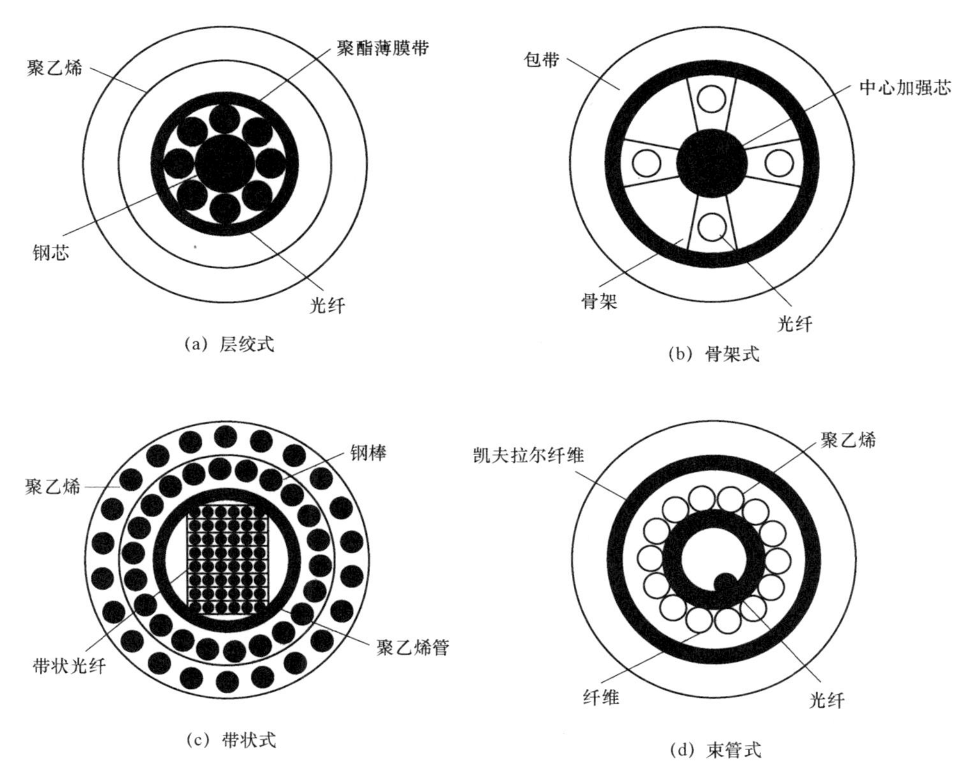

图 2-4　光缆的典型结构

层绞式光缆结构如图 2-4（a）所示，其特点是工艺比较简单成熟。层绞式光缆结构的中心加强元件承受张力，光纤环绕在中心加强元件周围，以一定的节距绞合成缆，光纤与光纤之间排列紧密。当光纤数目较多时，可先用该结构制成光纤束单元，再把这些单元绞合成缆，由此可制造出高密度的多芯光缆。由于光纤在光缆中“不自由”，当光缆受压时，光纤在护层与中心加强元件之间没有活动余地，因此层绞式光缆的抗侧压性能较差。通常采用松套光纤以减小光纤的应变。

骨架式光缆结构如图 2-4（b）所示，在中心加强元件的外面制作带螺旋槽的聚乙烯骨架，在槽内放置光纤绳并充以油膏，光纤可自由移动，骨架承受轴向拉力和侧向压力，因此骨架式结构光缆具有优良的机械性能和抗冲击性能，成缆时引起的微弯损耗也小。骨架式结构的缺点是加工工艺复杂，生产精度要求较高。

带状式光缆结构如图 2-4（c）所示，一种高密度结构的光纤组合。它将一定数目的光纤排列成行制成光纤带，再把若干条光纤带按一定的方式排列扭绞而成。带状式光缆的特点是空间利用率高，光纤易处理识别，可做到多纤一次快速连接。带状式光缆的缺点是制造工艺复杂，光纤带在扭绞成缆时容易产生微弯损耗。

束管式光缆（也称为空腔式光缆）结构如图 2-4（d）所示，其特点是中心无加强元件，缆心为一充油管，一次涂覆的光纤浮在油中。加强元件置于管外，既可作为加强，又可作为机械保护层。构成缆芯的束管是一个空腔，束管式光缆中心无任何导体，因而可避免与金属护层之间的耐压和电磁脉冲等影响。束管式光缆的缆芯可做得很细，减小了光缆的外径，减轻了质量，降低了成本，且抗弯曲性能和纵向密封性较好，制作工艺较简单。

根据不同的应用，光缆又可分为中继光缆、海底光缆、接入光缆、局内光缆、无金属光缆、复合光缆以及野战光缆等，可根据其应用场合选择以上四种结构形式。

二、光纤传输理论

光纤通信的基本问题是研究光信号如何在光导纤维中传输。光信号在光纤中的传输原理可采用波动理论或光线理论（几何光学）两种方法进行分析。波动理论分析法是将光波按电磁场理论，用麦克斯韦方程组（波动方程）来解析其传播特性，比较复杂。光线理论分析法是将光线看成一条几何射线，用几何光学的方法来分析其传播特性，比较直观。光线理论也可以看成是电磁波理论的短波长极限。

（一）阶跃型光纤的光线理论分析

1. 光在分层介质中的传播

由光学原理，当光由一种介质入射到另一种介质时，在两种介质的分界面将产生反

射和折射。通过界面进入第二种介质的光线，称为折射光线；反射回第一种介质的光线，称为反射光线。假设这两种均匀介质的折射率分别为 n_1 和 n_2。当光束由 n_1 介质以较小的入射角 φ_1 入射到介质界面上时，部分光将产生折射（折射角 φ_2）为进入 n_2 介质，部分光反射回 n_1 介质。由斯涅尔折射定律，有：

$$\frac{\sin\varphi_1}{\sin\varphi_2}=\frac{n_2}{n_1} \tag{2-1}$$

入射角与折射角正弦之比等于第二种介质与第一种介质的折射率之比。当 $n_1>n_2$ 时，光线由光密介质（即折射率高的介质）射向光疏介质（即折射率低的介质），由式（2-1）可得：$\sin\varphi_1/\sin\varphi_2=n_2/n_1<1$。当 $\sin\varphi_1>n_2/n_1$ 时，有 $\sin\varphi_2>1$，由于不能求出任何实数的折射角，因此没有意义。若所有入射光在分界面处被全部反射回第一种介质中，则这种现象称为全反射。当入射角满足条件：$\sin\varphi_1=n_2/n_1$ 时，入射角记为 φ_c 并称为临界角，相应的折射角 $\varphi_2=90°$，称为掠入射。临界角 φ_c 可由下式求得

$$\varphi_c=\arcsin\frac{n_2}{n_1} \tag{2-2}$$

显然，光线在两介质界面处发生全反射必须满足两个条件：

① 光线必须由光密介质入射到光疏介质。

② 入射角 φ_1 必须大于其临界角 φ_c 即产生全反射的条件是 $n_1>n_2$，$\varphi_c<\varphi_1<90°$。

当入射角 φ_1 发生变化时，可产生导波或辐射模。光纤通信要求光线在纤芯的上、下界面都要产生全反射，如果 n_1 和 n_2 的差别不大（例如弱导波光纤）将只限于接近 90。的很小角度范围内，即光线的传播方向与轴线几乎是平行的。当形成导波的条件不满足时，将有光能辐射出去，称为辖射模。由于辖射模向包层辐射光能，因此是不希望存在的。

2. 子午光线的传播

（1）光纤中的子午光线

所谓子午光线，是指在通过光纤中心轴线的平面（称子午面）内传输的光线，如图 2-5 所示。

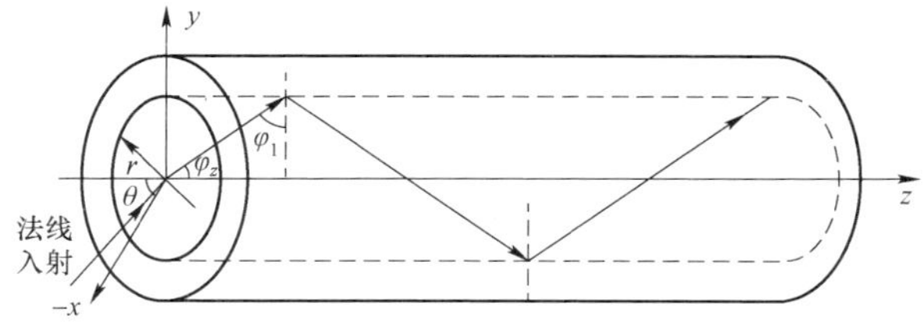

图 2-5　光纤中的子午光线

（2）光纤中光路的长度和反射次数

假设在光纤的子午面内，有一平行光以入射角 φ_1 投射到光纤的芯层-包层界面上，若入射角 φ_1 大于临界角 φ_c 将发生全反射，如图 2-5 所示。由于子午光线在光纤内的传播路径是折线，因此光线在光纤中的路径长度大于光纤的长度。长度为 L 的光纤中光路的总长度 S' 和总反射次数 η' ，分别为：

$$S' = LS = \frac{L}{\cos\varphi_z}$$

$$\eta' = L\eta = \frac{Ltan\varphi_z}{2a}$$

$$S = \frac{1}{\cos\varphi_z} = \frac{1}{\sin\varphi_1}$$

$$\eta = \frac{tan\varphi_z}{2a} = \frac{1}{2atan\varphi_1} \tag{2-3}$$

式中，S 和 η 分别为单位长度内的光路长度和全反射次数；a 为光纤的芯半径；φ_z 称为轴向角，是入射光线与光纤轴线的夹角。轴向角 φ_z 由入射光线在光纤入射端面入射时的入射介质的折射率 n_0、入射角θ和光纤芯层折射率 n_1 决定。由斯涅尔折射定律可得：

$$\frac{\sin\theta}{\sin\varphi_z} = \frac{n_1}{n_0} \tag{3-4}$$

因此可看出，光线在光纤中传播路径的总长度 S' 只取决于入射角θ和相对折射率 n_0/n_1，而与光纤的直径无关；全反射次数 η' 则与纤芯直径 $2a$ 成反比。

3. 均匀光纤的数值孔径

均匀光纤的数值孔径（Numerical Aperture）是指子午光线在光纤内全反射时，在光纤端面上入射光线的入射角变化范围的大小。它是衡量当光线在光纤端面射入时所能接收到光能大小的一个重要参数，即数值孔径是反映光纤捕捉光线（或集光）能力大小的一个参数。当光纤的数值孔径变大时，最大入射角增大，“集光”能力增强。

通常，总是希望数值孔径值越大越好，以提高光源与光纤的耦合效率。但Δ值或数值孔径值太大，会使光纤的色散增加或带宽降低。因此，ITU-T 规定的 NA 取值范围为 $NA = 0.15$～0.24，其允许误差为 0.02，我国一般取 $NA = 0.2 \pm 0.02$。

（4）传播时延和时延差

光线在光纤芯层中的传播速度 $v = c/n_1$，C 是自由空间中的光速度，n_1 是纤芯的折射率。光线在纤芯内沿锯齿状路径传播，光线沿 z 轴方向传播距离 z 时，走过的实际路径长度为

$$L' = \frac{z}{\cos\varphi_z}$$

光线传播距离 z 所需要的时间为

$$t=\frac{L'}{v}=\frac{n_1 z}{c\cos\varphi_z}$$

光线的传播时延定义为沿 z 轴方向传播单位距离的时间，用 τ 表示，有：

$$\tau=\frac{t}{\mathrm{z}}=\frac{n_1}{c\cos\varphi_z}$$

若在纤芯中有两条束缚光线，它们与 2 轴之间的夹角分别为 φ_{z1} 和 φ_{z2}，则在 Z 轴方向传播单位距离时，由于它们走过的路径不一样，因而其传播时延也就不一样，两条路径传播时延差用 $\Delta\tau$ 表示，有

$$\Delta\tau=\left|\tau_1-\tau_2\right|=\frac{n_1}{c}\left|\frac{1}{\cos\varphi_{z1}}-\frac{1}{\cos\varphi_{z2}}\right|$$

在光纤中传播的所有可能的束缚光线中，路径最短的一条光线是沿 z 轴方向直线传播的光线，其 $\varphi_z=0$，而路径最长的一条光线则是靠近全反射临界角入射的光线，其倾斜角 $\varphi_z=\arccos\frac{n_2}{n_1}$。这两条光线传播时延差最大，称为最大时延差，记为 $\tau_{\max}$，即

$$\tau_{\max}=\frac{n_1}{c}\frac{n_1-n_2}{n_2}$$

上式表明，$\tau_{\max}$ 与纤芯折射率和包层折射率之差 n_1-n_2 成正比，时延差越大，多径色散就严重，从而引起光脉冲在传播过程中展宽，导致码间串扰增加。因此实用光纤的值不宜过大。通常，光纤包层和纤芯均用同一种材料，只通过掺有不同浓度的杂质做成，其折射率差很小。而最大时延差可以表示为

$$\tau_{\max}=\frac{n_1}{c}$$

通常，上式可以用来估算光纤中由于多径传输所导致的光脉冲展宽的大小。群时延差限制了多模阶跃型折射率光纤的传输带宽。为了减小多模光纤的脉冲展宽，可采用渐变型折射率光纤。

（二）阶跃型光纤的标量近似分析

用波动理论来分析阶跃型光纤中的导波，通常有矢量解法和标量解法。矢量解法是求满足边界条件的波动方程的解，矢量解法比较繁琐。对于弱导波光纤，可以用标量近似解法推导出阶跃型光纤的场方程和特征方程，分析标量模的特性。

1. 弱导波光纤的标量近似法

对于弱导波光纤，由于 $\frac{n_2}{n_1}\to 1$，故有 $\varphi_c=\arcsin\frac{n_2}{n_1}\to\arcsin 1\to 90^\circ$，光纤中要形成

导波，φ_1 必须满足全反射条件：$90° > \varphi_1 > \varphi_c$，$\varphi_1 \to 90°$。即在弱导波光纤中，只有当光射线几乎与光纤轴线平行时，才能形成导波。

由于平面波的传播方向与平面波的 **E** 和 **H** 所处的平面互相垂直，因此，在弱导波光纤中，**E** 和 **H** 是处在几乎与光波传播方向垂直的横截面的位置上，弱导波光纤中 **E** 和 **H** 是一种近似的横电磁波，在传输过程中其电场的极化方向是不变的，其轨迹为一条直线（即为线极化波 h 在分析弱导波光纤时，可将矢量 **E** 和 **H** 近似地看做标量，可采用标量近似法进行求解。

2. 坐标选取与求解方法

对于具有圆柱形介质光波导，通常可同时采用直角坐标系和圆柱坐标系来分析，如图 2-6 所示。可用直角坐标系（x，y，z）表示场分量，而用圆柱坐标系（r，θ，z）表示分量的空间变化。假设 z 为光波的传播方向，则 xOr 平面为垂直于传输方向的横截面。假设电场沿 y 方向极化，由坡印亭矢量关系，磁场分量一定在 x 方向，则横向场分量是 $\boldsymbol{E}_y$、$\boldsymbol{H}_x$，轴向场分量是 $\boldsymbol{E}_z$、$\boldsymbol{H}_z$。采用标量近似法求解均匀光纤的场方程时，首先需求出横向场分量 $\boldsymbol{E}_x$、$\boldsymbol{H}_z$，再由麦克斯韦方程求出轴向场分量 $\boldsymbol{E}_z$、$\boldsymbol{H}_z$。最后利用边界条件就可求出特征方程。

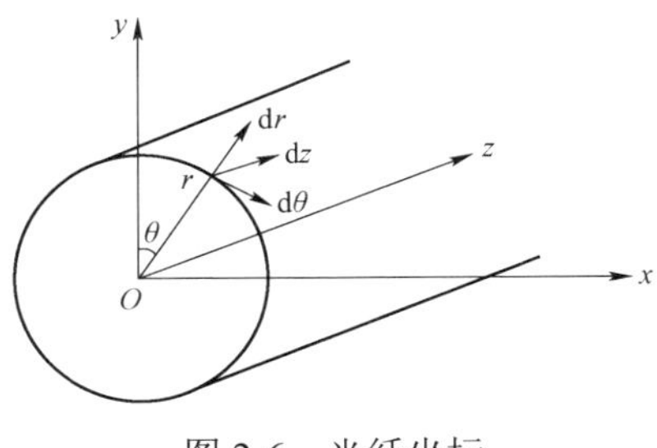

图 2-6　光纤坐标

3. 阶跃型光纤中导波的特征方程

电场和磁场在光纤的纤芯和包层的交界处的边界条件为：电场和磁场的切向分量均连续。在 $r=a$ 处，电场的边界条件有 $\boldsymbol{E}_{z1}=\boldsymbol{E}_{z2}$，由此可求出特征方程：

$$U\frac{J_{m-1}(U)}{J_m(U)} = -W\frac{K_{m-1}(W)}{K_m(W)}$$

式中，$J_m(U)$ 是 m 阶第一类贝塞尔函数；$K_m(W)$ 是 m 阶第二类贝塞尔函数，U 为导波的径向归一化相位数，$U=\sqrt{k_0^2-\beta^2}\bullet a$，它描述了纤芯中导波沿径向场的分布规律；$W$ 为导波的径向归一化相位系数，$W=\sqrt{\beta^2-k_0^2 n_2^2}\cdot a$，它描述了光纤包层中场的衰减规律。光纤的归一化频率 V 与 U 和 W 的关系为 $V^2=U^2+W^2$。可求得 $V=\sqrt{2}\bullet k_0 n_1 a$，$V$ 是与光频率成正比的量纲为一的量，它取决于光纤的结构参数，纤芯半径 a，纤芯及包层的折射指数 n_1 和 n_2，自由空间波数 $k_0=\dfrac{2\pi}{\lambda_0}$。

4. 阶跃光纤中的 LP 模

所谓 LP 模（Linearly Polarized mode），即线性偏振模（也称为标量模）或 LP_{mn} 模。LP_{mn} 模下标 m 和 n 的值，描述了各模式的场型特性。通常，模式的下标 m 描述了该模式的场分量沿光纤圆周方向最大值有几对，下标 m 描述了该模式的场分量沿光纤直径

的最大值有几对。不同的 m、n 值对应着不同的模式。

为了求解阶跃型光纤标量模的传输特性，可运用标量解的特征方程来解出方程中U或W，从而确定传输常数沐分析其传输特性。但求解超越方程十分繁琐，因此这里只讨论在导波截止和远离传输截止这两种特殊条件下的传输特性。

（1）导波截止

为了传播光波，导波应限制在光纤中，即在纤芯和包层的界面上导行，并沿着轴线方向传播。所谓导波截止，是指光纤中出现了辐射模。

根据全反射条件 $90^{\circ} > \varphi_1 > \varphi_c$，各项取正弦，可得 $1 > \sin\varphi_1 > \sin\varphi_c$，$1 > \sin\varphi_1 > \frac{n_2}{n_1}$ 各项乘以 $k_0 n_1$，得：

$$k_0 n_1 > k_0 n_1 \sin\varphi_1 > k_0 n_2$$

其中 $k_0 n_1 \sin\varphi_1 = k_1 \sin\varphi_1 = k_{1z} = \beta$。导波传输常数的变化范围为 $k_0 n_1 > \beta > k_0 n_2$。当 $\beta = k_0 n_2$ 时，对应于 $\varphi_1 = \varphi_c$，显然此时光波能量向包层辐射，不能封闭在纤芯中，该状态称为导波截止的临界状态。当 $\beta < k_0 n_2$ 时，辐射损耗将进一步增大，使光波能量不再有效地沿光纤轴向传输，此时导波处于截止状态。

（2）截止时的特征方程

由于相位系数 $\beta = k_0 n_2$ 是导波截止的临界状态，因此可求出截止时归一化径向衰减系数为 $W_0^2 = (\beta^2 - k_0^2 n_2^2) a^2$，得到截止时的特征方程为

$$J_{m-1}(U) = 0$$

（3）LP_{mn} 模的归一化截止频率 V_{c}

假设导波截止时归一化径向相位系数和归一化频率分别为 U_{c} 和 V_{c}，由 $V^2 = U^2 + W^2$ 和截止时 $W_c^2 = 0$，可得即 $U_c^2 = V_c^2$。$U_{\mathrm{c}} = V_{\mathrm{c}}$（导波在截止状态下的归一化径向相位系数 U_{c} 与光纤归一化截止频率 V_{c} 相等）。若求出了 U_{c} 值，即可知 V_{c}，也就决定了各模式的截止条件。

三、光纤的传输特性

（一）光纤损耗

所谓光纤损耗，是指在光纤中传播的光信号的能量随传播距离而不断衰减。为了实现长距离光纤通信和光纤传输，就需要隔一定距离就建立一个中继站，放大衰减了的光信号。光纤损耗决定了光信号在光纤中最大的中继距离。

光纤损耗主要有：吸收损耗、散射损耗及辐射损耗。吸收损耗与光纤材料有关，散射损耗与光纤材料及光波导的结构缺陷、非线性效应有关，上述两项损耗是光纤材料固有的。辐射损耗则与光纤几何形状的扰动有关。

1. 吸收损耗

吸收损耗是指光信号通过光纤材料时，有一部分光能被光纤中的杂质（或 OH 离子等）吸收转变成热能，造成光功率的损失。吸收损耗的原因与光纤材料有关。

（1）本征吸收

本征吸收是光纤基础材料（SiO_2）固有的吸收，并非杂质或缺陷所引起的，因此，本征吸收确定了某一种材料吸收损耗的下限。

固有吸收损耗与波长有关，对于 SiO_2 石英系光纤，本征吸收有两个吸收带：紫外吸收带和红外吸收带。紫外吸收带的波长范围为 6×10^{-3}～0.39 μm，它吸收的峰值在 0.16 μm 附近，处在现用的光通信频段之外，但此吸收带的尾部可拖尾到 1 μm 左右，影响到 0.7-1 μm 的波段范围，且随波长的增加呈指数规律下降。对于掺锗的单模光纤来说，紫外吸收带的影响小于 1 dB/km。

红外区的波长范围是 0.76～300 μm，对于纯 SiO_2 的吸收峰值在 9.1 μm、12.5 μm 和 21 μm，吸收带的尾部可延伸到 1.5～1.7 μm，已影响到目前石英光纤工作波长的上限，这也是波段扩展困难的原因之一。

（2）杂质吸收

杂质吸收是由光纤材料的不纯净而造成的附加吸收损耗。影响最严重的是铁、铬、钴和铜等过渡金属离子吸收和水的氢氧根离子吸收。目前，随着原材料的改进及工艺的完善，已基本上解决了过渡金属离子吸收问题。用 VAD（气相轴向沉积）法制作的光纤，当 OH 离子的含量小于 0.8 ppb 时，在 1.3～1.6 μm 范围内，光纤的损耗都非常小。

2. 散射损耗

散射损耗是由于光纤的材料、形状、折射指数分布等的缺陷或不均匀，使光纤中传导的光散射而产生的。散射损耗包括：线性散射损耗和非线性散射损耗。线性或非线性主要是指散射损耗所引起的损耗功率与传播模式的功率是否成线

性关系。线性损耗主要包括：瑞利散射和材料不均匀引起的散射；非线性散射主要包括：受激拉曼散射和受激布里渊散射等。瑞利散射损耗是由光纤材料的折射率随机变化而引起的。折射率变化是指材料的密度不均匀或内部应力不均匀，当折射率变化很小时，引起的瑞利散射可以忽略，这种瑞利散射是固有的，不能消除。瑞利散射损耗与 $1/\lambda^4$ 成正比，它随波长的增加而急剧减小，在长波长工作时，瑞利散射会大大减小。

结构的不均匀性以及在制作光纤的过程中产生的缺陷也可能使光纤产生色散。这些缺陷可能是光纤中的气泡、未发生反应的原材料及纤芯和包层交界处粗糙等。这种散射也会引起损耗。

3. 辐射损耗

光纤使用过程中，弯曲通常是不可避免的。当光纤弯曲到一定的曲率半径时，部分光功率将辐射到光纤包层中，光纤弯曲段外侧的一部分光要向外辐射，从而产生辐射损耗。如弯曲比较轻微，则辐射损耗很小。但随着光纤弯曲增大。辐射损耗呈指数增大；当到达某个临界值时，如弯曲进一步加大，辐射损耗就会突然变得非常大，甚至导致传输中断。

4. 光纤衰减的测量

目前，测定光纤总损耗的方法有 3 种：切断法、插入损耗法和背向散射法。

（1）切断法

图 2-7 给出了使用切断法测试衰减的原理，测试方法是：在稳态注入条件下，首先测量整根光纤的输出光功率 P_2（λ）；保持注入条件不变，在离注入端约 2 m 处切断光纤，测量此段光纤输出的光功率 P_1（λ），因其衰减可忽略，故 P_1（λ）可认为是被测光纤的注入光功率。

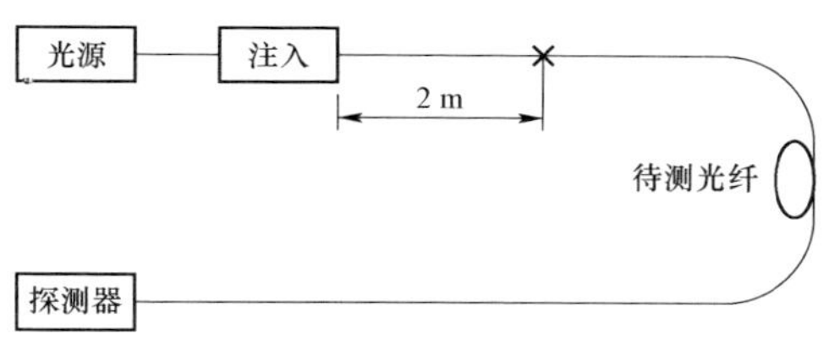

图 2-7 切割法的衰减测试原理

若要测量衰减谱，只要改变输入光波长，连续测量不同波长的衰减和衰减系数，就可得到衰减谱曲线。

切断法的优点是测量精度高，通常优于其他方法约 0.1 dB，是光纤衰减测量的一种标准测试方法。切断法的缺点是需要切断光纤，带破坏性。

（2）插入损耗法

图 2-8 给出了插入损耗法的测量原理，其方法是：先校对准输入光功率 P_1（λ），再将待测光纤插入，调整耦合头使达到最佳耦合，记下光功率 P_2（λ）。计算衰减 A′（λ）$=P_1$（λ）$-P_2$（λ）。显然，A'（λ）包括了光纤衰减 A（λ）和连接器（或接头）A_i 损耗，A（λ）$=$A′（λ）$-A_i$，计算被测光纤衰减系数α（λ）$=A$（λ）/L（dB/km）。

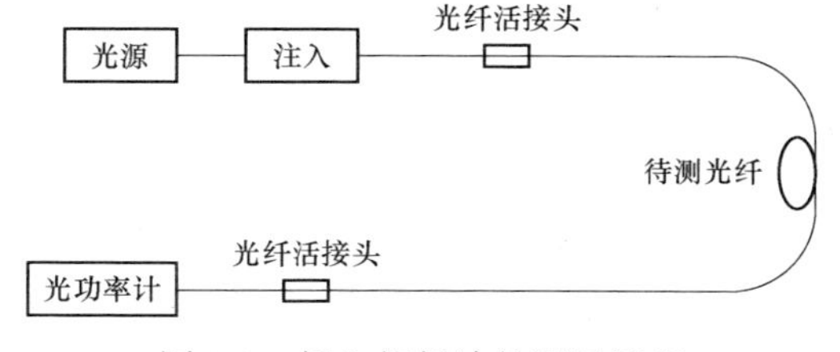

图 2-8 插入损耗法的测量原理

插入损耗法的优点是非破坏性的，测量简单方便，适合于现场使用。插入损耗法的缺点是测量精确度和重复性要受到耦合接头的精确度和重复性的影响，不如切断法的精确度高。

（3）背向散射法

图 2-9 给出了背向散射法的测量原理，方法是：将大功率的窄脉冲注入被测光纤，然后在同一端检测沿光纤背向返回的散射光功率。光脉冲通过方向耦合器注入被测光纤。光脉冲在光纤中传输，沿光纤各点来的背向瑞利散射光返回到光纤耦合器，经方向耦合器输入光检测器，经信号处理后输出，观察和记录所测的结果。利用这种方法做成的测量仪器，称为光时域反射计，简称 OTDR。

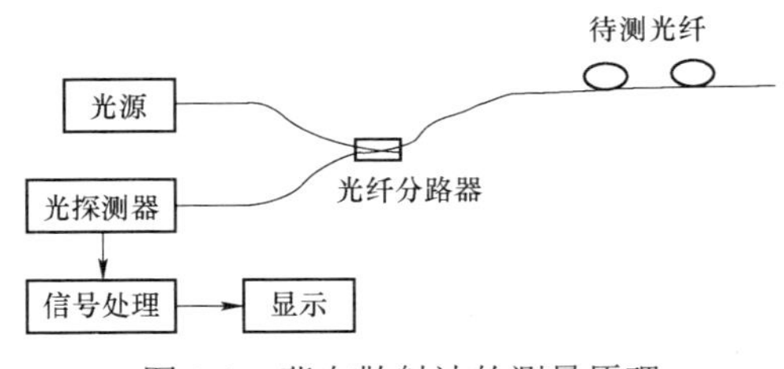

图 2-9　背向散射法的测量原理

散射机理是瑞利散射，瑞利散射光的特征是它的波长与入射光，波的波长相同，光功率与该点的入射光功率成正比，所以测量沿光纤返回的背向瑞利散射光功率就可以获得光沿光纤传输时损耗信息，从而可以测得光纤的衰减。

背向散射法的优点是一种非破坏性的测试方法。测试只需在光纤的一端进行，且一般有较好的重复性，不仅可以测量光纤的衰减系数，还能检测光纤的缺陷或断裂点位置、接头损耗和位置等，也可给出光纤长度，对实验研究、光纤制造和工程现场都很有用。

背向散射法测量衰减的主要缺点有：① 无法控制背向散射光的模式分布，这会导致在两个传输方向上测得的衰减系数不同，为此通常取两方向测量值的平均值。② 对光纤的非均匀性很敏感。光纤的不均匀（如数值孔径、直径或散射系数的变化等）对背向散射信号有影响，不利于衰减系数的确定。

（二）光纤色散

1. 光纤色散对通信的影响

所谓光纤色散，是指由于光纤中所传信号的不同频率成分或不同模式成分，在传播的过程中因群速度不同互相散开，并且造成它们到达光纤终端的时间各不相同，从而引起传输信号波形失真、脉冲展宽的现象。

在数字通信系统中，由于信号的各频率成分（或各模式成分）的传输速度不同，在

光纤中传输一定的距离后，将互相散开，致使光脉冲展宽。若脉冲展宽过大将会造成码间干扰，从而使误码率增加，通信质量下降。脉冲展宽越大，带宽能力越小。

在光纤通信中，脉冲色散越小，它所携带的信息容量就越大。例如，若脉冲的展宽由 1 000 ns 减小到 1 ns，则所传输的信息容量将由 1 Mbit/s 增加到 1 000 Mbit/s。两个中继站间可允许的距离不仅由光纤的损耗决定，而且也受到色散的限制。光纤色散主要有：材料色散、波导色散和模式色散。单模光纤没有模式色散，只有材料色散和波导色散。

表 2-1 常见光源的典型线宽

光源类型	线宽 Δλ A/nm
发光二极管（LED）	20～100
激光二极管（LD）	1～5
分布反馈半导体激光器（DFB）	50（MHz）
量子阱激光器	0.01-0.1
Dd：YAG 固体激光器	0.1
氦氖气体激光器	0.002

2. 材料色散

材料色散是由于光纤材料本身的折射率随频率而变化，使得信号各频率成分的群速不同而引起的色散。用 SiO_2 材料制作的光纤，光波长在 1.31 μm 附近时，其色散系数趋于零，称为材料的零色散波长。

（1）波导色散

波导色散主要是由光纤的几何结构、形状等的不完善而引起的，使得光波一部分在纤芯中传输，而另一部分在包层中传输，由于纤芯和包层的折射率不同，从而导致色散产生，造成脉冲展宽。

（2）模式色散

在多模光纤中，不同模式在同一频率下传输，各自的相位系数不同，群速不同，模式之间存在时延差，称之为模式色散。最大时延差为：

$$\tau_{max}=\frac{Ln_1}{c}\bullet\Delta$$

式中，L 为传输距离，c 为真空中的光速，Δ 为光纤的相对折射率差，n_1 为纤芯折射率。

（3）偏振色散

单模光纤中存在偏振方向相互正交的两个基模。当光纤存在双折射时，这两个折射率的传输速度不同。由此引起的色散称为偏振色散。

3. 单模光纤的色散

单模光纤不存在模式色散，典型单模光纤的色散与光波长之间的关系曲线如图 2-10 所示。虚线代表材料色散，点画线代表波导色散，实线代表总色散（材料色散与波导色散的叠加）。

可以看出，在λ = 1.27 μm 附近，材料色散为零；在λ = 1.3 μm 附近，材料色散与波导色散相互抵消，总色散为零。

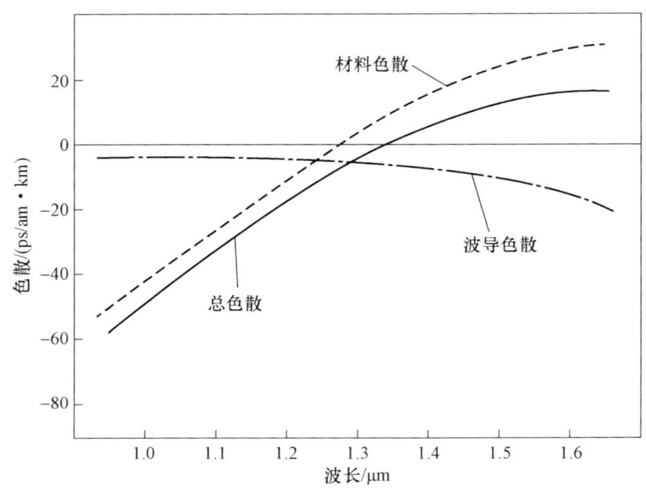

图 2-10　单模光纤中的色散

4. 光纤色散的测量

相移法是通过测量不同波长下同一正弦调制信号的相移来得出群时延与波长关系的，进而算出色散系数。相移法的本质是比较光纤基带调制信号在不同波长上的相位来确定色散特性。设波长为λ的光相对于波长为λ_0的光传播时延为Δt，则从光纤输出端接收到的两种光的调制波形相位差$\Delta\varphi(\lambda) = 2\pi f\Delta t$，其中/是光源的调制频率。

图 2-11 给出了用发光管的相移法的测试原理，LED 由频率 f= 30 MHz 的正弦信号调制。宽光谱的调制光直接经尾纤耦合到待测单模光纤，出射光由单色仪分出$\Delta\lambda\approx$ 6 nm、中心波长为λ的单色光，再经透镜会聚到探测器的光敏面，然后经放大器送至矢量电压表，经信号处理后输出，观察和记录所测的结果。

（三）光纤可用频谱

目前单模光纤的色散通信常用的光谱范围有 5 个低损耗窗口。第一低损耗窗口位于 850 nm 附近；第二低损耗窗口位于 1 310 nm 附近，即 S 波段；第三低损耗窗口位于 1 550 nm 附近，即 C 波段，它位于 1 528～1 565 nm 段。习惯将 1 528～1 545 rnn 波段称为蓝波段，1 350～1 450 nm 波段称为红波段；1 561～1 620 nm 波段定义为 L 波段（或

称为第四窗口）；1 350～1 450 nm 波段为第五窗口。

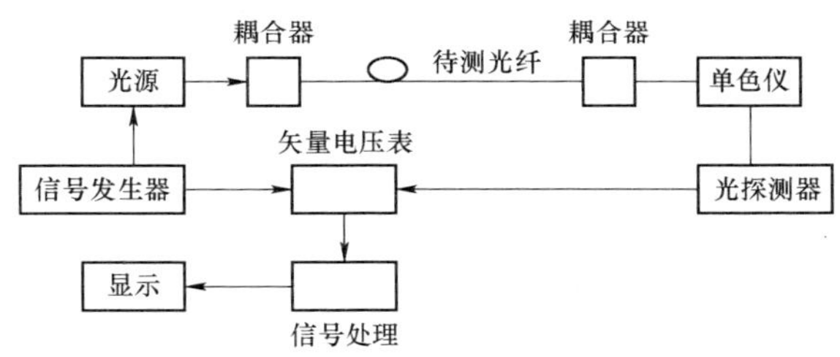

图 2-11　相移法的测试原理

四、常用单模光纤

（一）常规单模光纤

常规单模光纤的零色散波长在 1 310 nm 附近，最低损耗在 1 550 nm 附近，在 1 550 nm 处有一个较高的正色散值。ITU-T 建议的 G.652 光纤和 G.654 光纤都属于这种类型。零色散波长在 1 300～1 324 nm 之间，最大色散 D（A）＜3.5 ps/（nm • km），色散斜率 S_0≤0.093/（nm^2 • km）。

（二）色散位移光纤（DSF）

色散位移光纤的零色散波长 A。在 1.55 μm 左右，它的零色散波长范围为 1 500～1 600 nm，色散斜率 S0：S_0≤0.085/（nm^2 • km），在 1 525～1 575 nm 范围内最大色散系数 D（λ）＜3.5 ps/（nm • km）。ITU-T 建议的 G.653 光纤即属于色散位移型光纤。色散位移型光纤（DSF）就是将零色散点移到 1 550 nm 处的光纤。若能使单模光纤的材料色散和波导色散互相补偿，则单模光纤的总色散为零。方法是通过改变光纤的结构参数，加大波导色散值，实现 1 550 mn 处的低损耗与零色散，如图 2-12 所示。在光纤通信系统中，使用色散位移光纤和光放大器可实现大容量超长距离的传输。

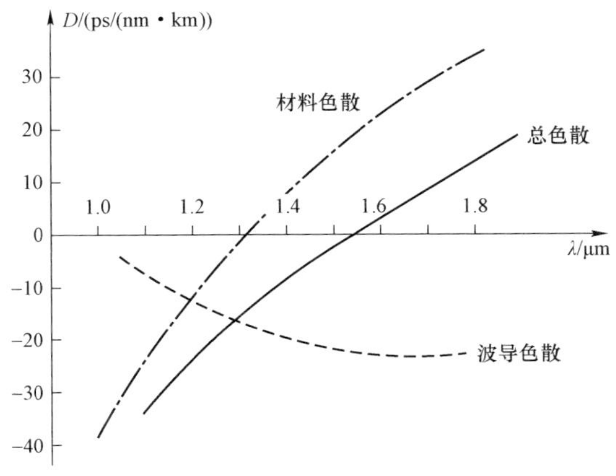

图 2-12　色散位移的光纤

（三）非零色散光纤（NZDF）

色散位移型光纤在 1 550 nm 单一波长处，进行长距离传输具有很大的优越性，但当在一根光纤上同时传输多波长光信号再采用光放大器时，DSF 光纤就会在零色散波长区出现了严重的非线性效应，这限制了波分复用（WDM）的应用。为此，ITU-T 制定了 G.655 建议，G.655 光纤在 1 550 nm 窗口保留了适量的色散，以抑制四波混频。

所谓非零色散光纤，是指光纤的工作波长不是在 1 55 0 nm 的零色散点，而是移到 1 540～1 565 nm 范围内，在此区域内的色散值较小，为 1.0～4.0 ps/（nm • km），尽管色散系数不为零，但与一般单模光纤相比，此范围内色散和损耗都比较小，且可采用波分复用技术和光纤放大器（EDFA）来实现大容量超长距离的传输。

（四）色散平坦光纤（DFF）

色散平坦光纤（DFF）的基本思想是力图使光纤在整个光纤通信的长波段（1 300～1 600 mn）均保持低损耗和低色散，以充分利用光纤的有效带宽。方法是利用光纤的不同折射率分布来实现，如图 3-16 所示。

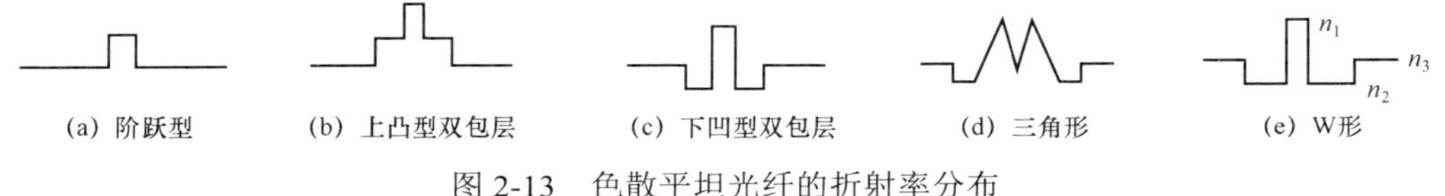

图 2-13　色散平坦光纤的折射率分布

如利用 W 形折射率分布来制造 DFF 光纤，可在 1 305 mn 和 1 620 nm 两个波长上达到零色散。且在这两个零色散之间，可保持色散值较小的色散平坦性，

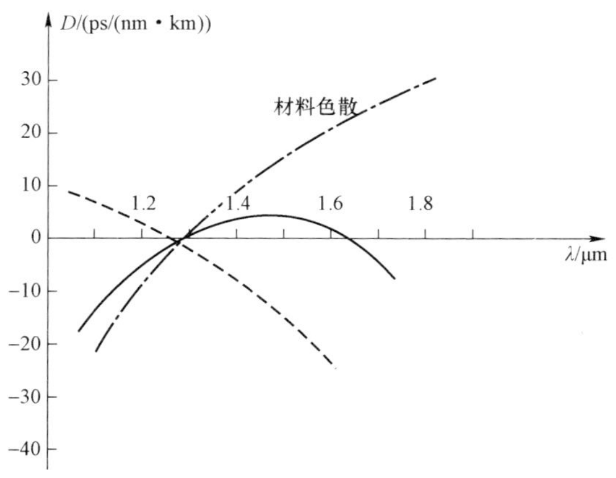

图 2-14　色散平坦光纤的色散

（五）色散补偿光纤（DCF）

色散补偿光纤（DCF）主要是利用一段光纤来消除光纤中因色散存在而使光脉冲信号发生展宽和畸变。如常规光纤的色散 1 550 nm 波长区为正色散值，而 DCF 光纤具有

负的色散系数，使得光脉冲信号在此工作窗口波形不产生畸变。由此可实现高速率长距离传输的目的。

当注入光纤的光功率较小时，光纤是线性介质，光纤的各个参量随光场作线性变化；但当光功率较大时，光纤将出现非线性效应。光纤产生非线性效应的机

理是因为过大的光功率注入使得光纤介质产生了电偶极子，电偶极子反过来与光波产生相互调制。对光纤通信影响较大的非线性效应主要有：

1. 受激散射

受激拉曼散射（Stimulated Raman Scattering，SRS）和受激布里渊散射（Stimulated Brillouin Sattering，SBS）。

2. 非线性折射率调制

自相位调制（Self Phase Modulation，SPM）、交叉相位调制（Cross Phase Modulation，CPM）和四波混频（Four Wave Mixing，FWM）。

五、光纤的非线性效应

（一）自相位调制与交叉相位调制

若注入光纤的光信号为强度调制，则非线性相移引起相位调制，称为自相位调制（SPM）。SPM 的相位调制产生新的频率，同时展宽光脉冲的频谱，在波分复用系统中若 SPM 现象比较严重，则展宽的光谱将会覆盖到相邻的信道。

所交叉相位调制（CPM）是与自相位调制产生方式相同的另一种非线性效应。自相位调制是光脉冲对自身相位的影响，而交叉相位调制则是用来描述光脉冲对其他信道信号光脉冲相位的影响，仅在多信道系统中才会发生。

（二）四波混频

当有三个不同波长的光波同时注入光纤时，由于三者的相互作用，将产生了一个新的波长或频率（即第四个波），新波长的频率是由入射波长组合产生。这种现象称为四波混频效应。在波分复用系统中，混合产生的新波长可能会与其他信道的信号波长相同，从而导致信号冲突，破坏信号的眼图，产生误码。四波混频现象对密集波分复用（DWDM）通信系统会造成不同光波长通道间的严重串扰，这是设计 DWDM 系统必须考虑的。

为了克服四波混频对相邻通道的干扰，必须采用多种措施，其中最主要的是采用非零色散光纤（NZDF）和大有效面积光纤（LEAF）。非零色散光纤将零色散波长移出 1 550 run 低损耗窗口外，使工作窗口内的色散较小［3～5 pS/（nm·km）］。这样，既可确保高速传输系统不致因色散制约使其传输距离受限，同时也保留足够大的色散，使四波混频的相位匹配条件难以满足，从而将四波混频引起的串扰降到最低程度。采用大

有效面积光纤，在注入同样的光功率条件下，可使单模光纤纤芯中单位面积上的光功率显著减小，从而有效地抑制了四波混频的影响。在系统设计时，除了选用合适的光纤以外，限制系统的注入光功率、合理安排波长间隔，也是解决四波混频问题的有效措施。

（三）受激布里渊散射

所谓受激布里渊散射（SBS），是指当一个泵浦光源向光纤注入光功率时，由于光波与介质晶体结构互作用，产生一个频率/2 B 的声振动，同时光波被散射，在入射光的反方向上产生最大的散射移频和散射光强。光纤中的 SBS 可产生两种效应：① 在光纤中注入一个较强的光波时，会在其反方向产生斯托克斯（Stocks）散射光。② 当有一个与入射泵浦光方向相反的小信号光波注入光纤时，此信号将因 SBS 被放大。

SBS 对光纤通信系统的影响，首先表现在当注入光功率增加到一定值时，相当大的一部分光功率将会转化为反方向的斯托克斯散射光，导致接收端的光功率明显下降。其次是反方向传播的斯托克斯光将反馈回光发送机，导致发送端机光源工作的不稳定。为了克服 SBS 对光纤通信系统的不良影响，需要控制发射的光功率。

通常，由于 SBS 产生的斯托克斯散射光沿反方向传播，对单向传输波分复用系统（WDM），它不会产生不同波长的通道间串扰。但对双向传输 WDM 系统，若波长间隔与布里渊频移匹配，则必须考虑 SBS 串扰。

SBS 对副载波复用（Sub carrier Multiplexing，SCM）光通信系统的影响是显著的。这是因为 SCM 技术一般用于有线电视网（CATV），光载波被多个子信道调制（采用模拟调制）。由于 SBS 导致光载波功率下降，从而导致接收端载噪比（CNR）下降。由于 CATV 系统对载噪比的要求较高，即要求发送光功率较大，从而加重了 SBS 的影响，因此 CATV 网络设计时必须考虑 SBS 的影响。

在光纤通信中 SBS 也有重要应用，例如 SBS 可实现对光信号的窄带选频放大，以实现对一个波长间隔小，但每个波长信道所携带的信息带宽较窄（100 MHz 以内）的 DWDM 系统实现解复用。

（四）受激拉曼散射

受激拉曼散射（SRS）过程可以看成是物质分子对光子的散射过程（或者说光子与分子谐振子的相互作用过程），即当一束强光信号在光纤中引发分子共振时，这些分子振动会产生前后两个方向的斯托克斯散射光和反斯托克斯光。通常，斯托克斯散射光起决定作用，反斯托克斯光可以忽略。

假设在石英光纤中同时存在频率为 ω_s 的信号光波和频率为 ω_p 的泵浦光波，若在石英的拉曼增益谱内 $\omega_p-\omega_s$，则此信号光将被放大。若频移 $\omega_p-\omega_s$ 等于或接近最大增益对应的频偏，则信号光将被最有效地放大。若在光纤的输入端没有信号光，仅仅注入泵

浦光，则由于石英的自发拉曼散射会产生一个宽谱的初始斯托克斯散射光。此宽谱斯托克斯散射光中的频率和泵浦光中的频移最接近产生最大增益的频率成分将被有效地放大，而其他频率成分将被抑制。当泵浦光的光强足够大时，所获得的斯托克斯散射光的增益足够大，以致可以克服光纤的损耗而获得净增益，传播一定距离后，泵浦光的光能量将有很大一部分转换为信号光能量。即斯托克斯散射光按指数规律获得净增长的现象就是所谓受激拉曼散射。

（1）拉曼光纤放大器

若将频率为的 ω_s 信号光与一个频率为 ω_p 的强泵浦光同时注入光纤，且 $\omega_p-\omega_s=\Omega$ 在光纤的拉曼增益谱的主瓣以内，则信号光将被有效地放大。基于这种原理做成的光放大器是一种分布式放大器，称为拉曼光纤放大器。拉曼光纤放大器的泵浦光与信号光可以是同向的，也可以是反向的，同时也可以采用双向泵浦。

与其他光放大器相比，拉曼放大器的主要优点是：信号输出功率大，而且频带宽。在多波长光纤通信系统中，可用拉曼放大器对 40～50 nm 波长带宽内的光信号同时进行放大。

（2）拉曼串扰

对于多波长光纤通信系统，不同波长通道间的相互串扰是个严重问题。对于 M 个波长通道的光纤通信系统，最短波长通道将对所有处于拉曼增益谱内的其他波长通道提供泵浦，因而其功率损耗最大；而最长波长通道将受到所有短波长通道的干扰。中间的波长通道则同时要为长波长通道提供栗浦，同时又受到短波长通道的干扰。SRS 引起的串扰的严重程度与总的波长通道数和波长间隔直接相关。

第二节 光源和光发送机

一、半导体光源

（一）半导体激光器原理

1. 晶体能带

所谓晶体，其主要特征是晶体内部的原子有规则地、周期性地排列着。在单个原子中，电子在原子内的量子态中运动，当大量原子结合成晶体后，邻近原子中的电子态将发生不同程度的交叠，原子间将发生影响。原来绕一个原子运动的电子，则可能转移到邻近原子的同一轨道上，晶体中的电子不再属于个别原子，它们一方面绕每个原子运动，同时又要在原子之间作共有化运动。作共有化运动的电子受到周期性排列的原子的作用，其势能具有晶格的周期性。晶体的能谱在原子能级的基础上，按共有化运动的不同而分裂成若干组。每组中能级彼此靠得很近，组成有一定宽度的带，称为能带，如图2-15所示。内层电子态之间的交叠小，原子间的影响小，其能带比较窄；外层电子态之间的交叠大，能带比较宽。

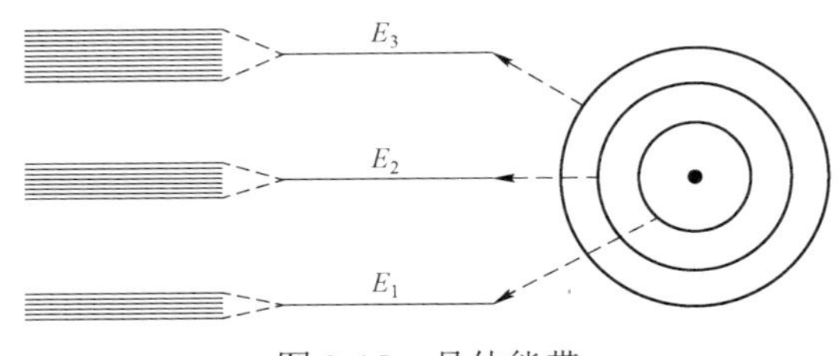

图 2-15　晶体能带

锗（Ge）、硅（Si）和砷化镓（GaAs）等一些重要的半导体材料，都是典型的共价晶体。在共价晶体中，每个原子最外层的电子和邻近原子形成共价键，整个晶体通过这些共价键把原子联系起来。在半导体物理学中，通常将这种形成共价键的价电子所占据的能带称为价带，而将价带上面邻近的空带（自由电子占据的能带）称为导带。导带和价带之间，被宽度为 E_g 的禁带所分开，如图 4-2 所示。原子的电离以及电子与空穴的复合发光等过程，主要发生在价带和导带之间。

② 费米-狄拉克统计

半导体中电子在各能级上的分布是一个量子统计问题。电子在各能级上的分布遵循泡利不相容原理，即每个单电子量子态中最多只能容纳一个电子，它们或者被一个电子占据，或者空着。电子在各能级中的分布服从费米-狄拉克统计。

根据费米-狄拉克统计，对于由大量电子所组成的电子体系，每个能量为£的单电子态，被电子占据的概率 $f(E)$ 服从费米分布函数，即：

$$f(E)=\frac{1}{e^{(E-E_f)/(kK)}+1}$$

式中，E_f 称为费米能级。

费米能级不是一个可以被电子占据的实际能级，它是反映电子在各能级中分布情况的参量，具有能级的量纲。对于具体的电子体系，在一定温度下，费米能级确定后，电子在各量子态中的分布情况就完全确定了。费米能级的位置由系统的总电子数、系统能级的具体情况以及温度等所决定。对于本征半导体，在较低温度下，费米能级的位置处于禁带的中心；对于掺杂的半导体，则随掺杂的不同费米能级的位置也不同。

由上式，$E=E_f$ 时，$f(E)=1/2$，即能级 E 被电子占据的概率和空着的概率相等。$E<E_f$ 时，$f(E)>1/2$，能级被电子占据的概率大于空着（或称被空穴占据）的概率；若 $E_f-E\gg kK$ 时，则 $f(E)\to 1$，此时能级几乎都被电子所占据。$E>E_f$ 时，$f(E)<1/2$。若 $E-E_f\gg kK$，则费米分布函数可以简化为玻耳兹曼分布，即

$$f(E) \approx e^{(E-E_f)/(kK)}$$

此时能级基本上都被空穴所占据。

3. PN 结的能带

（1）PN 结的形成

将 P 型半导体材料与 N 型半导体材料紧密接触，就会在其接触面附近形成 PN 结。由于其接触面两边存在载流子的密度差，引起多数载流子的扩散运动。在 P 型半导体中存在大量带正电的空穴和相同数量带负电的电离受主，其电性相互抵消而表现出电中性。同样，在 N 型半导体中，带负电的电子和相同数量带正电的电离施主，在电性上相互抵消也表现出电中性。当 P 型半导体和 N 型

半导体形成 PN 结时，P 区的空穴向 N 区扩散，剩下带负电的电离受主，从而在靠近 PN 结界面的区域形成一个带负电的区域。同样，N 区的电子向 P 区扩散，剩下带正电的电离施主，从而形成一个带正电的区域。载流子扩散运动的结果形成了一个空间电荷区，如图 4-3 所示。在空间电荷区里，电场的方向由 N 区指向 P 区，这个电场称为“自建场”。在自建场的作用下，载流子将产生漂移运动，漂移运动的方向与扩散运动相反。开始时，扩散运动占优势，但随着自建场的增强，漂移运动也不断增强，最终漂移运动完全抵消扩散运动，达到动态平衡状态。因此，当不加外电压时，PN 结是处于动态平衡状态，宏观上没有电流流过。

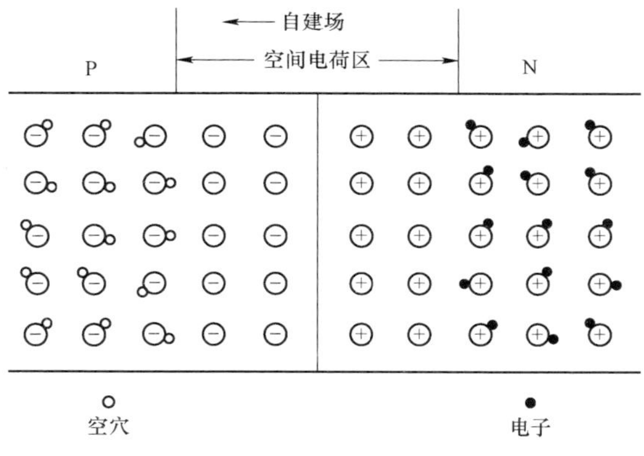

图 2-16 PN 结空间电荷区

当 PN 结加上正向电压时，由于外加电压的电场方向与自建场的方向相反，因此削弱了自建场，原来的动态平衡被打破。这时，扩散运动超过漂移运动，P 区的空穴将通过 PN 结流向 N 区，N 区的电子也流向 P 区，形成正向电流。由于 P 区的空穴和 N 区的电子均较多，因此正向电流比较大。当 PN 结加反向电压时，外电场的方向和自建场相同，多数载流子将背离 PN 结的交界面移动，使空间电荷区变宽。由于空间电荷区内电子和空穴均较少，因此反向电流较小，即 PN 结具有单向导电性。

（2）PN 结的能带

在热平衡状态下，PN 结有统一的费米能级，P 区导带中的费米能级提高，N 区导带中的费米能级下降，相互对齐，从而在 PN 结区产生一个势能斜坡，其高度为势垒 U_D（即接触电位差），如图 2-17 所示。

当 PN 结上加正向电压时，正向电压打破了原来的平衡状态，非平衡载流子很快在导带和价带中建立局部平衡状态，费米能级发生了分裂，形成了两个准费米能级，如图 2-18 所示。其中，导带中的费米能级为 E_{fc}，价带中的费米能级为 E_{fv}，且 $E_{fc}-E_{fv}=eU$，这里 e 为电子电量，U 为外加正向电压。

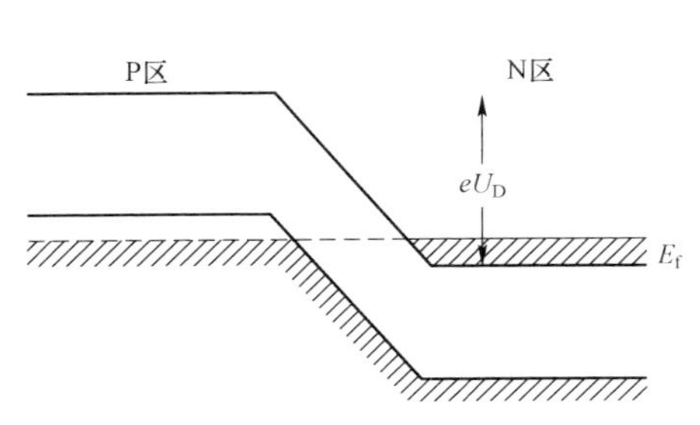

图 2-17　热平衡状态下 PN 结的能带

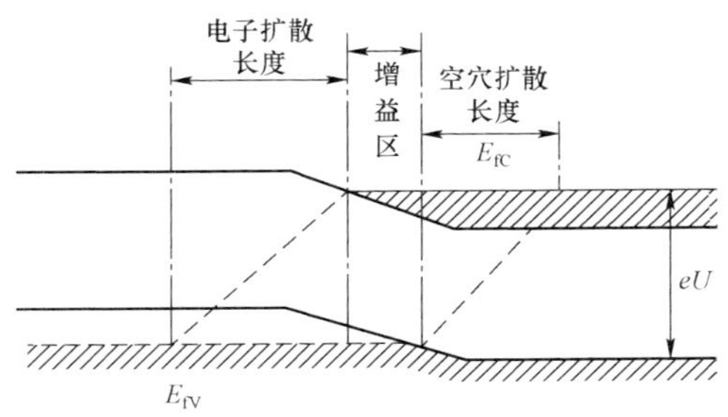

图 2-18　加正向电压 1/时 PN 结的能带

在 P 区，空穴是多数载流子变化很小，基本上与平衡状态下的费米能级差不多。进入 N 区，空穴是少数载流子，在 N 区变化显著是倾斜的，这表明在 N 区空穴分布不是均匀的，空穴处于不断向 N 区扩散的运动中，而且在扩散运动中不断地与 N 区的电子复合而减小，直到非平衡载流子完全复合掉为止。

在 N 区，电子是多数载流子，E_{fc} 变化很小，在 P 区五变化显著，是倾斜的，电子处在不断向 P 区扩散的运动中，而且在扩散运动中不断地与 P 区的空穴复合而减少，直到非平衡载流子完全复合掉为止。

（3）增益区的形成

当注入电流（或正向电压）加大到一定的值后，准费米能级的能量间隔大于禁带宽度，即，由图 2-19 可以看出，在 PN 结区域出现一个增益区（也称为有源区），在该区域中，价带主要由空穴占据，而导带主要由电子占据，即实现了粒子数反转。此时能量满足的光子有光放大作用，半导体激光器的光辐射就发生在该区城，这是半导体发光器件产生光辐射的基础。

（二）激光器的基本组成

激光器产生激光，激光器由三个部分组成：产生激光的工作物质，使工作物质具有放大作用的激励源，完成频率选择及反馈作用的光学谐振腔，如图 2-19 所示。

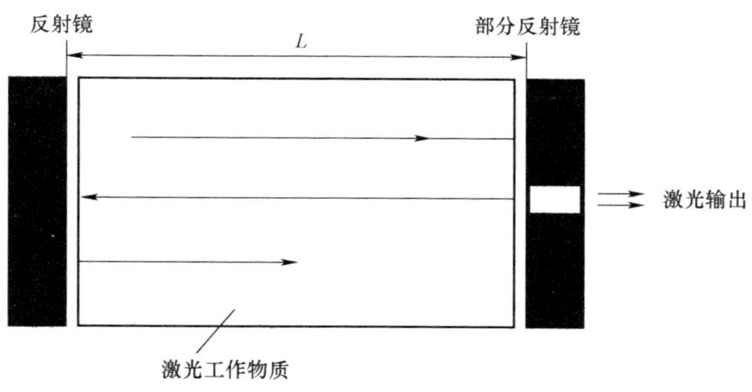

图 2-19　激光器的组成

① 激光工作物质

激光工作物质是指能产生激光的工作物质，也就是在一定条件下，可以在所需要的光波范围内辐射光子。

② 泵浦源

所谓泵浦源，就是一个能保证粒子数反转分布形成激光的激励能源，即能使工作物质产生放大作用的激励源。在泵浦源的激励下，工作物质被激活而成为激活物质或增益物质。

③ 光学谐振腔

最简单的光学谐振腔是在激光工作物质两端分别加一块平面反射镜，使受激辐射产生的光子在两块反射镜之间往复反射。在两块反射镜中，一块的反射率理想情况应为100%，另一块反射率在 90%左右，且需要开一个孔以便输出激光。若反射镜为平面镜，则称为平面腔；若反射镜是球面镜，则称为球面腔，如图 2-20 所示。

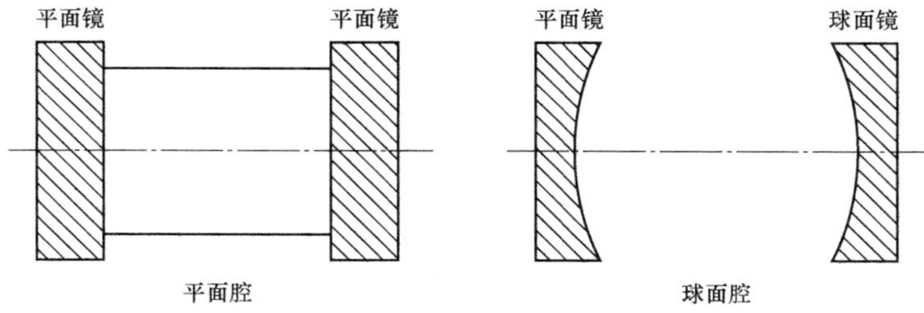

图 2-20　光学谐振腔

产生正反馈作用的谐振腔使光的增益大于光的损耗，产生激光。在泵浦源的作用下工作物质变为激活物质，处于粒子数反转分布状态，即产生放大作用。被放大的光有一部分反馈回来再参加激励，在两个反射镜之间来回反射，并不断地激发出新的光子，进一步放大光。当放大的光足以抵消腔内的损耗时，就可以使这种光子运动不停地进行下去，即产生光振荡。当满足一定条件后，激光就会从反射镜透射出来。

（三）半导体激光器的机理

半导体激光器可以看成是由放大器、谐振腔和正反馈组成一体的光振荡器，它利用光学谐振腔产生光振荡的原理而获得激光。

光学谐振腔是把 PN 结的两端解理成两个非常平行光滑的反射镜，镜面垂直于 PN 结平面，适当选择腔长 L，使其形成正反馈，如图 2-21 所示。

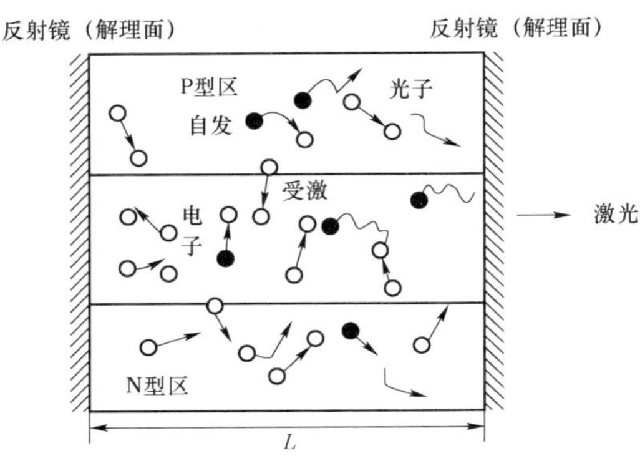

图 2-21　半导体激光器原理

当 PN 结加上正向电压后，N 区电子和 P 区空穴就会不断地流向 PN 结，此时有一部分复合发光（即自发辐射），还有一部分光子沿着与反射镜面垂直的方向运动，由于反射镜的反射，就会在谐振腔内来回反射。由于该部分的新光子也同样在谐振腔内来回反射，又会激发出更多的光子。适当选择腔长以形成正反馈，这样使光辐射越来越强，当辐射光能超过晶体内部的吸收损耗时，就开始光振荡而产生激光。由于反射镜面是半透明的，因此它能使一部分光子在腔内不断反射，而使一部分光子透过镜面辐射出去，输出激光。

半导体激光器的核心部分是 PN 结。为了产生粒子数反转，该 PN 结是高掺杂的。在有源区内，由于电子数反转分布，因此在自发辐射的激发下，产生的受激辐射大于受激吸收，一个光子会不断激发出更多完全相同的光子，以实现光放大。自发辐射的光子方向是各不相同的，只有与 PN 结面平行且与解理面垂直的光子，才有可能在两个解理面间来回反射，不断增强，从而辐射出激光来。

产生激光的基本条件是必须注入足够大的电流，电流越小，注入结区的电子和空穴也就越少，此时辐射小于吸收，增益系数 $G<0$，只能发出普通的荧光。随着电流的不断加大，注入结区的电子和空穴增多，当 $G>0$ 时，辐射光能大于谐振腔的损耗，称为“超辐射”现象，此时仍不能在腔内产生光振荡。只有当注入电流增大到使增益足以补偿损耗时，才能产生激光。使激光器产生激光的最小电流，称为激光器的阈值电流。

总之，在半导体激光器中形成激光的条件是：有源区里产生足够的粒子数反转分布；存在光学谐振机制，并在有源区建立起稳定的光振荡。

当PN结加上正向电压后，扩散运动占优，P区和N区注入的非平衡载流子在扩散过程中不断地复合而减小，电子和空穴复合过程（自发发射过程）中所发出的光，形成了半导体激光器中的初始光场。通常，电子扩散长度远大于空穴的扩散长度，因此，复合发光的区域偏向p区一侧。在有源区实现了粒子数反转后，受激辐射占据主导地位，但激光器的初始光场出自导带和价带的自发发射，频谱较宽，方向杂乱无章。为了得到单色性和方向性好的激光输出，就必须构成光学谐振机制，形成稳定的光振荡。

在半导体激光器中，形成光振荡主要采用两种方式：一种方式是用从晶体天然的解理面形成法布里-珀罗谐振腔（F-P腔），当光在谐振腔中满足一定的相位条件和振幅条件时，建立起稳定的光振荡。这种激光器称为F-P腔激光器。另一种方式是利用有源区一侧的周期性波纹结构来提供光耦合而形成光振荡，如分布反馈（DFB）激光器和分布布拉格反射（DBR）激光器。

（四）制作激光器的材料

根据禁带形状，可将半导体分成直接带隙和间接带隙，如图2-22所示。在直接带隙材料中，导带最小能级和价带最大能级有相同的动量，电子垂直跃迁，发光效率高，如图2-22（a）所示。在间接带隙材料中，要产生电子跃迁就必须有其他粒子参与以保持动量守恒，图2-22（b）描述了能量为、动量为AP的粒子的参与过程。显然，半导体激光器的材料应该是“直接带隙”的半导体材料。目前，直接带隙半导体材料主要有GaAS、AlGaAs、InP和InGaAsP等。

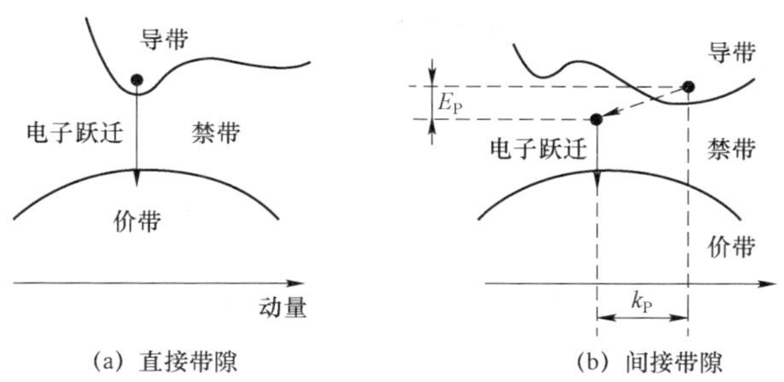

图2-22　直接带隙和间接带隙

半导体材料的禁带宽度E_g决定了激光器的发射波长，即

$$\lambda \approx hc / E_g$$

式中，h为普朗克常量，c是真空中的光速。

通常，在短波长波段（0.85 μm），采用 GaAs 和 GaAlAs 材料构成异质结激光器；在长波长波段（1.30-1.50 μm），采用 InGaAsP 材料和 InP 材料构成异质结激光器。

不同的半导体材料有不同的禁带宽度，且发光的波长也不同。表 2-2 给出了常用半导体材料的禁带宽度（带隙）及其发光波长。

表 2-2 常用半导体材料的禁带宽度（带隙）及其发光波长

材料名称	分子式	发光波长λ/ μm	带隙能量 E_g/eV
磷化铟	InP	0.92	1.35
砷化铟	InAs	3.6	0.34
磷化镓	GaP	0.55	2.24
砷化镓	GaAs	0.87	1.424
砷化铝	AlAs	0.59	2.09
磷化铟镓	GalnP	0.64-0.68	1.82-1.94
砷化镓铝	AlGaAs	0.8～0.9	1.4-1.55
砷化镓铟	InGaAs	1.0～1.3	0.95-1.24
砷磷化铟镓	InGaAsP	0.9～1.7	0.73-1.35

（五）腔激光器

1. F-P 腔激光器原理

在 F-P 腔激光器中，用晶体的天然解理面来构成谐振腔。F-P 腔的作用是选择输出光的方向，使不能被反射镜面截获的、方向杂乱的光逸出腔外而损耗掉；在谐振腔内建立起稳定光振荡的是与反射镜面垂直方向的光。要在谐振腔内建立起稳定的光振荡，就必须满足一定的相位条件和振幅条件，相位条件使激光器能选择发射光谱，振幅条件使激光器成为一个阈值器件。

谐振腔中的介质是实现了粒子数反转分布的区域（称为有源区），有源区对光有放大作用。由于有源区腔内也存在着损耗（例如镜面的反射损耗、工作物质的吸收和散射损耗等），因此，谐振腔内建立起稳定光振荡须满足如下阈值条件：

$$e^{(\gamma_{th}-\alpha)2l}R=1$$

式中，γ_{th} 为阈值时增益系数，α 为谐振腔内部工作物质的损耗系效为谐振腔两个镜面的反射率之积。

阈值条件表明，只有在谐振腔内的增益增大到能够克服损耗时，才能建立起稳定的光振荡，输出谱线尖锐、方向性好的激光。加大注入的正向电流能增大谐振腔内的增益。

2. F-P 腔激光器分类

F-P 腔激光器可分为同质结激光器、单异质结激光器和双异质结激光器，如图 4-10 所示。

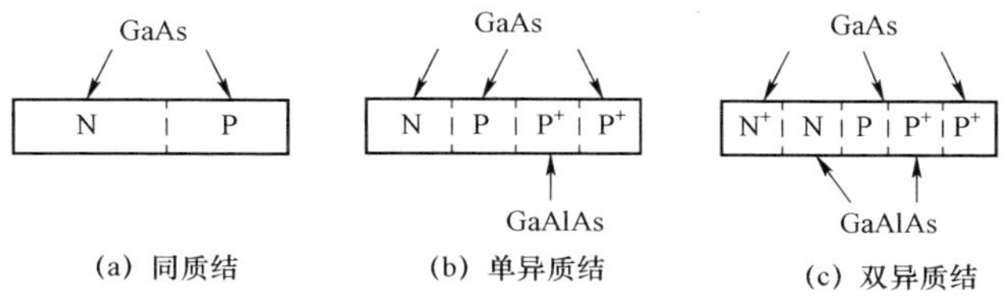

图 2-23　F-P 腔激光器分类

GaAS 同质结激光器是早期研制的半导体激光器，其原理如图 2-23（a）所示。在 GaAs 同质结激光器中，PN 结两边都是同一种材料，不存在带隙差，有源区两边的折射率差是由掺杂不同（载流子浓度不同）所决定的。由于没有带隙差，折射率差很微小（0.1%～1.0%），有源区对载流子和光子的限制作用很弱，因此阈值电流密度很大。

单异质结激光器原理如图 2-23（b）所示，它是介于同质激光器和双异质激光器的过渡形式。双异质结半导体激光器的优点是降低了阈值电流，增加了发光强度。

图 2-23（c）给出了双异质结（DH）激光器的原理，窄带隙的有源区（GaAs）材料被夹在宽带隙的 GaAlAs 之间，带隙差形成的势垒对载流子有限制作用，阻止有源区里的载流子逃离出去。同时，双异质结构中的折射率差是由带隙差决定的，基本上不受掺杂的影响，有源区可以是重掺杂的，也可以是轻掺杂的。有源区里粒子数反转的条件取决于注入电流。由于折射率差较大（可达到 5%左右），使得光场能很好地限制在有源区里。载流子的限制作用和光子的限制作用使激光器的阈值电流密度大大下降，从而可实现在室温下激光器连续工作。目前光纤通信中使用的 F-P 腔激光器，基本上都是双异质结构。

（六）量子阱半导体激光器

量子阱（QW）激光器与 F-P 腔双异质结激光器的结构基本相同，只是量子阱（QW）激光器的有源区的厚度很薄。普通 F-P 腔激光器的有源区厚度约为 1 000～2 000 A，而量子阱激光器的有源区只有 10～100 Å。量子阱（QW）激光器的结构特点是：两种不同成分的半导体材料在一个维度上以薄层的形式交替排列而形成周期结构。从而将窄带隙的很薄的有源层夹在宽带隙的半导体材料之间，形成势能阱。势能阱的数目，可以是多个（多量子阱，MQW），也可以是单个（单量子阱，SQW）。量子阱激光器的主要优点有：

（1）阈值电流非常小，由于势能阱的作用，电子和空穴被限制在很薄的有源区内，从而使有源区内粒子数反转浓度很高，因而大大降低了阈值电流。阈值电流的降低使量子阱激光器具有功耗低、温度特性好等优点。

（2）量子阱激光器的谱线宽度窄，由于量子阱中带间复合的特点，减小了发射激光光谱的线宽。

（3）频率啁啾（Chirp）改善，所谓频率啁啾是指对激光器进行直接调制时，由于注入电流的变化，引起载流子浓度的变化，进而导致折射率的变化，从而使发射激光光谱的动态谱线展宽。谱线宽度与频率啁啾和线宽增强因子α密切相关，而α又与有源区的厚度有关，通常量子阱激光器的α可降低为F-P腔激光器的60%左右，从而使发射激光光谱的谱线变窄，频率啁啾得到有效改善。

（4）动态单纵模特性好，调制速率高。

（七）分布反馈激光器

1. DFB和DBR激光器

F-P腔激光器的光反馈是由腔体两端面的反射来实现的，实际上，光的反馈也可以是分布方式，即由一系列靠得很近的反射端面的反射来实现，例如将腔体的宽度设计成周期性变化的。采用周期性波导来获得单纵模激光的激光器都可称为分布反馈激光器。DFB（Distributed Feed Back）激光器的周期性波导在腔体的有源增益区，如图2-24（a）所示；DBR（Distributed Bragg Reflection）激光器的周期性波导在有源增益区的外面，如图2-24（b）所示。

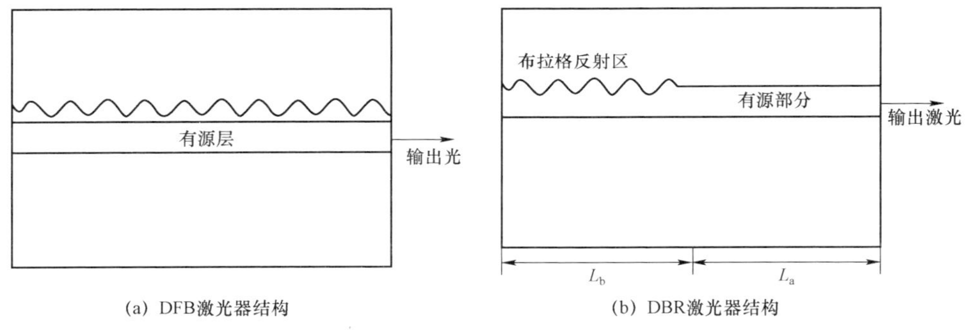

图2-24　分布反馈激光器

DFB激光器具有单纵模振荡、谱线窄、波长稳定性好、动态谱线好和线性度好等特点，在高速数字光纤通信系统和CATV模拟光纤传输系统中得到广泛的应用。DBR激光器的优点是其增益区和波长选择是分开的，可以对它们分别进行控制。

（2）DFB激光器工作原理

DFB激光器的工作原理，可用布拉格（Bragg）反射来加以解释。入射光波在周期性变化部分经历了一系列的反射，这些反射光波进行相位叠加。若干变化的周期是腔体中光波波长的整数倍，则满足腔体内的驻波条件，称为布拉格条件。满足变化周期为

1/2 波长的整数倍的波长形成最强的反射光波，即该波长得到优先放大。合理设计器件，该效应可抑制其他纵模，波长等于变化周期 2 倍的单个纵模最终形成激光振荡，改变其变化周期就可得到不同工作波长的 DFB 激光器。

（八）半导体激光器的工作特性

1. 阈值特性

对半导体激光器，当外加正向电流达到某一值时，输出光功率将急剧增加，此时将产生激光振荡，该电流值称为阈值电流，用 I_t，表示。当 $I<I_t$ 时，激光器发出的是荧光；当 $I>I_t$，时，激光器才发出激光。图 2-25 给出了半导体激光器的输出特性曲线。另一方面由于阈值电流过大会导致激光器的温度升高，从而影响激光器的寿命，因此为了确保光纤通信系统稳定可靠工作，通常希望阈值电流越小越好。

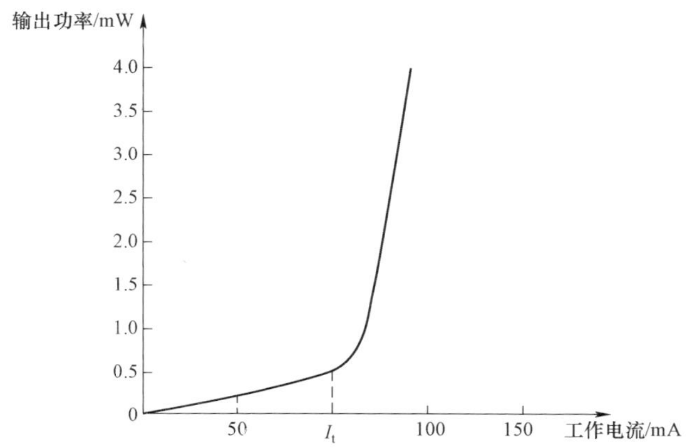

图 2-25　半导体激光器的输出特性

（2）光谱特性

半导体激光器发射的光谱随注入电流而变化，当 $I<I_t$ 时，发出的是荧光，荧光的光谱很宽（达数百埃），如图 2-26（a）所示。当 $I>I_t$ 后，发射光谱突然变窄，谱线中心强度急剧增加，表明发出激光，如图 2-26（b）所示。当注入电流进一步增大，主模的增益增加，边模的增益减小，振荡模式减少，最后出现单纵模激光，单纵模激光的光谱如图 2-26（b）所示。

（3）温度特性

激光器的输出特性对温度很敏感，激光器的阈值电流和光输出功率随温度变化的特性称为温度特性。阈值电流随温度的升高而加大，如图 2-27 所示。

可见，随着温度的升高，阈值电流增大，发光功率降低。阈值电流与温度的关系为：

$$I_t(T) = I_0 \exp\left(\frac{T}{T_0}\right)$$

式中，T 为器件的热力学温度，T_0 为激光器的特征温度，I_0 为激光器的特征常数。

目前，解决半导体激光器温度敏感问题的主要方法是：在驱动电路中进行温度补偿，或是采用制冷器来保持器件的温度稳定，通常是将半导体激光器与热敏电阻、半导体制冷器等封装在一起构成组件。热敏电阻用来检测器件温度并控制制冷器，以实现闭环负反馈自动恒温。

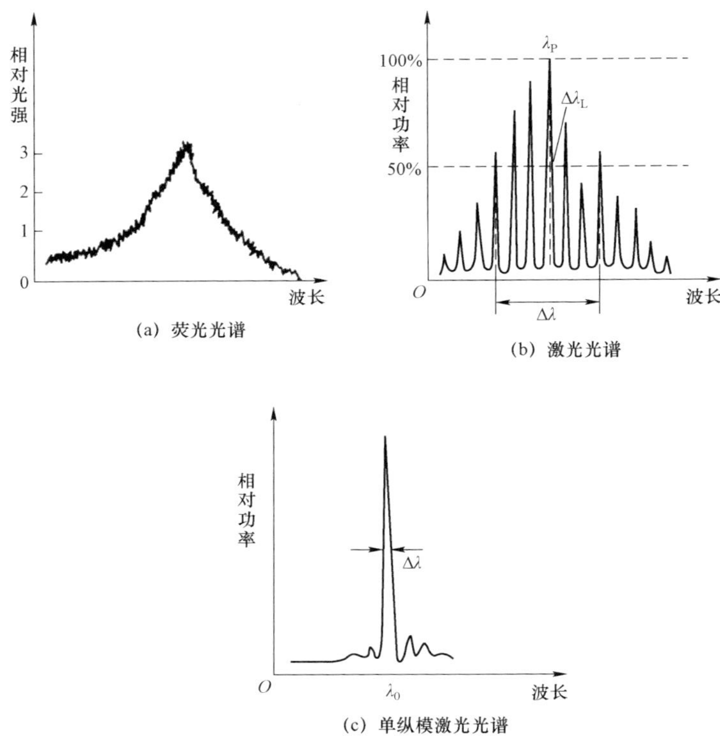

图 2-26　半导体激光器的光谱特性

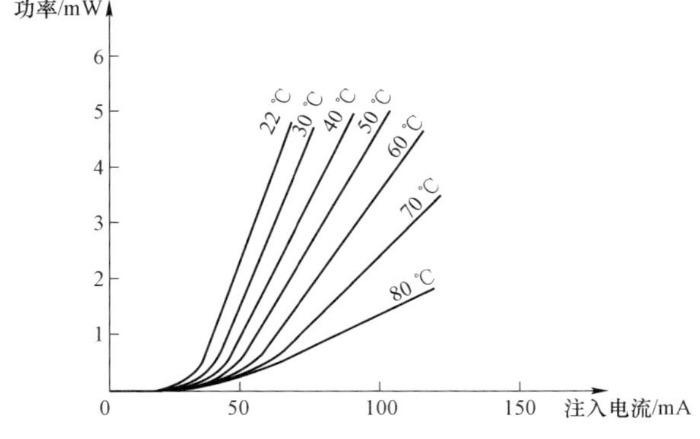

图 2-27　阀值电流随温度变换的特性

（4）光电效率

半导体激光器是将电功率直接转换成光功率的器件，其转换效率常用光电效率来描述。光电效率定义为输出光功率与消耗电功率之比，即：

$$\eta_p = \frac{R}{U}\left(1 - \frac{I_t}{I}\right)$$

式中，R 为与激光器的内部量子效率、激光波长和模式损耗有关的常数，U 为工作电压；I_t 为阈值电流，I 为工作电流。

5. 瞬态特性

所谓调制，是指将电信号加载到激光束上的过程。在数字调制时，需要考虑·激光器的瞬态特性，瞬态特性主要有电光延迟、张弛振荡和持续振荡，如图 2-28 所示。

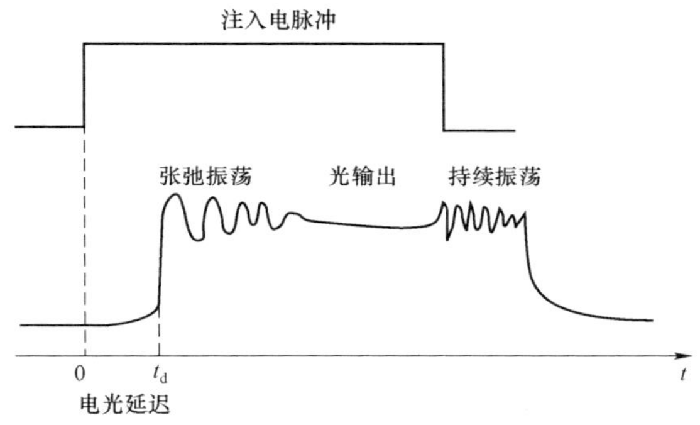

图 2-28　激光器的瞬态特性

（1）电光延迟

所谓电光延迟效应，是指输出光脉冲的起点与注入电脉冲的起点之间存在一定的延迟时间。电光延迟效应不仅会使光脉冲变窄，且当电脉冲宽度与电光延迟时间～相当时，甚至还会使脉冲调制失效。产生电光延迟效应的主要原因是电子和光子密度达到平衡值时都需要一个时间过程。为了提高调制速率，就必须设法减小电光延迟时间 t_d。电光延迟时间 t_d 与注入电流密度 J 的关系为

$$t_d = \tau \ln\left(\frac{J}{J - J_{\mathrm{th}} + J_{\mathrm{b}}}\right)$$

式中，τ 为复合区载流子的寿命，J_{th} 为阈值电流密度，J_{b} 为直流预偏置电流密度。显然，加大直流预偏置可抑制电光延迟，当 J_{b} 接近或等于 J_{th} 时，t_d 趋于零。

（2）张弛振荡

所谓张弛振荡，是指当电脉冲注入激光器后，输出光脉冲出现衰减式振荡，如图 2-28 所示。张弛振荡的频率一般在几百 MHz～2 GHz 的量级。张弛振荡是激光器内部光电相互作用时的固有特性，加大直流预偏置可抑制张弛振荡，且预偏置越接近阈值，

效果越显著。

（3）持续振荡

持续振荡也称为自脉动现象，通常出现在某些性能不好的激光器，即在注入电流时发生的一种不稳定状态。若发现这类激光器，则必须更换。对于直接强度调制方式，不论是数字调制还是模拟调制，其调制频率都受限于激光器的张弛振荡频率，阈值较低的激光器，可获得较大的带宽。

（九）光纤通信使用的激光器

目前，光纤通信中的三个低损耗窗口分别为短波长段的 0.85 μm 和长波长波段的 1.31 μm 与 1.55 μm。在短波长波段，激光器通常采用 GaAlAs/GaAs-LD，该激光器的使用寿命一般为 10^4 h；在长波长波段，激光器通常采用 InGaAsP-LD，该激光器的发射光功率较大（毫瓦数量级），谱线较窄（约 3 nm），与光纤耦合效率较高（可达 50%左右）。目前，该激光器的输出功率为几微瓦到十微瓦，最大可达几毫瓦，使用寿命为 10^4 h 以上。

在 1.3-1.6 μm 波长的光纤通信中，广泛使用的是单纵模激光器。目前，分布反馈激光器是比较成熟的单纵模激光器之一。

（十）固体蓝光激光器

1. 概述

通常，人眼能察觉得到的光是指红、橙、黄、绿、青、蓝和紫等色，尽管在近红外（如波长为 780 nm）处也能察觉到红光，在近紫外（例如 350 run）处也能察觉到紫光。可见光光谱范围约为 380 nm（紫色）至 750 nm（红色）。

由于海水透射窗口落在蓝光波段内，蓝光激光将成为海底探测和对潜通信的有效手段，目前已经推出了多种实用的蓝光激光器。

2. 使用半导体激光器直接产生蓝光激光

半导体蓝光激光器使用的II-IV族化合物半导体 ZnSe 具有能量大于 2.75 eV 的直接带隙。该材料系的最大优点是它们有与 GaAs 相同的晶格常数和晶体结构，能在未掺杂的半绝缘 GsAs 衬底上生长出高质量的晶体

由于高带隙势垒的量子阱交替层可形成多量子阱，交替层厚度可防止量子隧道效应，通过调节各层厚度和成分可控制激光波长。且多量子阱激光器比单量子阱型的增益高，阈值电流更低，因此激光器大多采用多量子阱结构。

多量子阱蓝光激光器的结构如图 2-29 所示，其结构包括 ZnMgSSe 光学包层、ZnSSe 波导区以及产生光学增益的 ZnCdSe 量子阱。

目前，半导体蓝光激光器要达到实用还面临比较大的困难，例如如何提高输出光功

率、延长激光器的寿命和缩短工作波长等，且大多数半导体蓝光激光器仅能工作在低温状态下，在室温条件下连续运行时，其寿命很短。

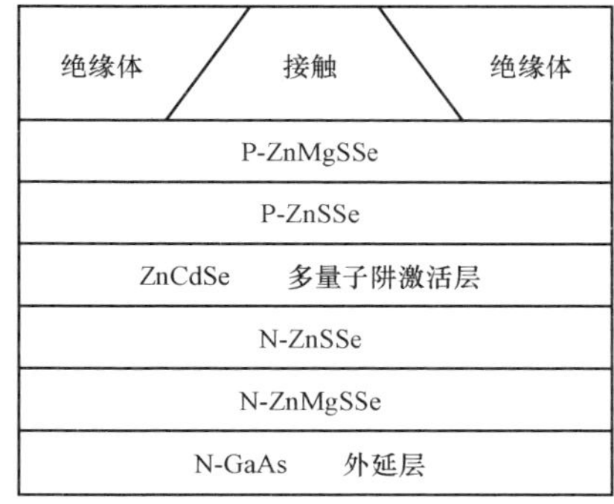

图 2-29　半导体蓝光激光器结构

4. 半导体激光器泵浦固体激光器倍频产生蓝激光

为了得到高功率蓝光激光器，可用半导体激光器泵浦 Nd：YAG 或 Nd：YVO_4，将泵浦输出的 946 nm 进行腔内倍频来产生 473 nm 蓝光，如图 2-30 所示。所谓倍频，即将倍频晶体置于激光谐振腔内。倍频晶体在腔内的位置应选择在腔内模场束腰处。为提高倍频效率，谐振腔应有较小的束腰半径，而在固体激光材料中应采用较大的模场半径，以使有源介质内的模体积与来自泵浦光模体积相匹配。通过调谐倍倾晶体角度可实现谐波与谐波之间的相位匹配。当然，也可采取腔外倍频结构，但倍频效率相对低些。

采用半导体激光器（LD）泵浦可得到光束质量好、体积小、结构紧凑的全固态蓝光激光器。

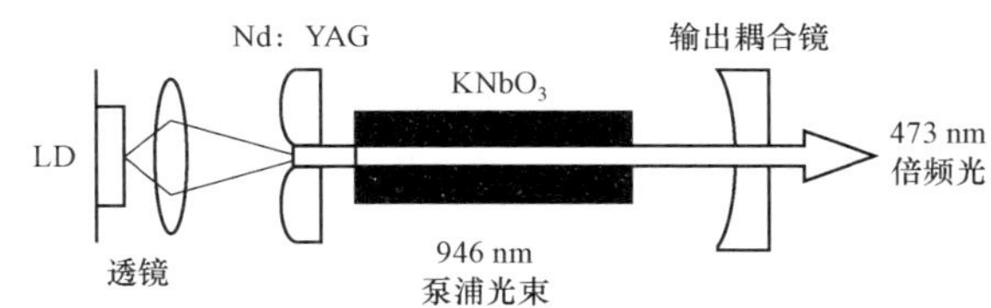

图 2-30　半导体激光器杲浦固体激光器倍频产生蓝激光原理

二、光发送机

光纤通信系统根据传输信号的形式，可以分为数字光纤通信系统和模拟光纤通信系统两大类。因为光纤的频带很宽，对传输数字信号十分有利，所以高速率、大容量、长距离的光纤通信系统均为数字光纤通信系统。令人感兴趣的是多路光纤 CATV 系统采用模拟制调制方式。在光纤通信系统中，光发送机的作用是将输入电信号变成光信号并用耦合技术把光信号有效地注入光纤传输。

（一）光发送机的基本组成及指标

图 2-31 为光发送机的组成框图，其核心是光源及驱动电路。在数字通信中，输入电路将输入的 PCM 脉冲信号进行整形，变换成 NRZ/RZ 码后通过驱动电路调制光源（直接调制），或送到光调制器，调制光源输出的连续光波（外调制）。对直接调制，驱动电路还要给光源加一直流偏置；而外调制方式中光源的驱动为恒定电流，以保证光源输出

连续光波。控制电路是为了稳定输出的平均光功率和工作温度。此外，光发送机中还有报警电路，用以检测和报警光源的工作状态。光纤数字通信系统中的光发送机与模拟系统中的光发送机组成相比，除了都有一个驱动电路和光源外，它还多了线路编码和控制部分。

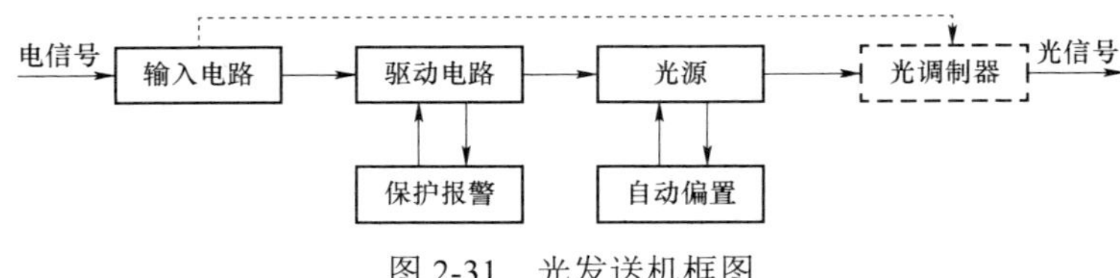

图 2-31　光发送机框图

光发送机的性能主要包括以下几个方面：

（1）光源性能，包括波长、谱宽、特性及寿命等。

（2）输出光功率及其稳定性。

发送机的输出光功率，实际上是从其尾纤的出射端测得的光功率，因此应称为出纤光功率。光功率的单位有时用绝对值表示，如或 mW。有时用相对值表示，即相对于 1 mW 光功率的分贝数（1 mW 光功率定义为 0 dB)，在工程上主要采用相对值表示，即：

$$P_{\mathrm{T}}=10\lg\frac{\mathrm{P(mW)}}{\mathrm{l(mW)}}$$

发送机的输出光功率大小直接影响系统的中继距离，是进行光纤通信系统设计时不可缺少的一个原始数据。输出光功率的稳定性要求是指在环境温度变化或器件老化过程中，输出光功率要保持恒定，如稳定度为 5%～10%。

（3）消光比 EXT。

消光比是指发全“0”码时的输出光功率和发全“1”码时输出光功率巧之比，即：

$$\mathrm{EXT}=\frac{\text{全“0”时平均功率}P_0}{\text{全“1”时平均功率}P_1}$$

（4）调制方式，模拟、数字或外调制。

（5）光脉冲的上升时间 t_r、下降时间 t_r 以及电光延迟时间 t_d。

（6）无张弛振荡。

下面先简要介绍光载波的调制方式，然后着重介绍光源的驱动电路，并对主要附属电路作简单讨论。

（二）光源的调制

在光纤通信系统中，信息由 LED 或 LD 发出的光波所携带，光波就是载波。把信息加载到光波上的过程就是调制。按调制信号的形式，光调制通常可分为两大类，

即模拟调制和数字调制。模拟调制又有两类，一类是用模拟基带信号直接对光源进行强度调制（D～IM），另一类采用连续或脉冲的射频（RF）波作为副载波，模拟基带信号先对它的幅度、频率或相位等进行调制，再用该受调制的副载波对光源进行强度调制。

图 2-32（a）就是对发光二极管进行模拟信号强度调制的原理图。如图所示，连续的模拟信号电流叠加在直流偏置电流上，适当地选择直流偏置电流的大小，可以减小光信号的非线性失真。图 2-32（b）为一个最简单的模拟调制电路图。模拟调制的优点是设备简单，占用带宽较窄，但它的抗干扰性能差，中继时噪声累积。

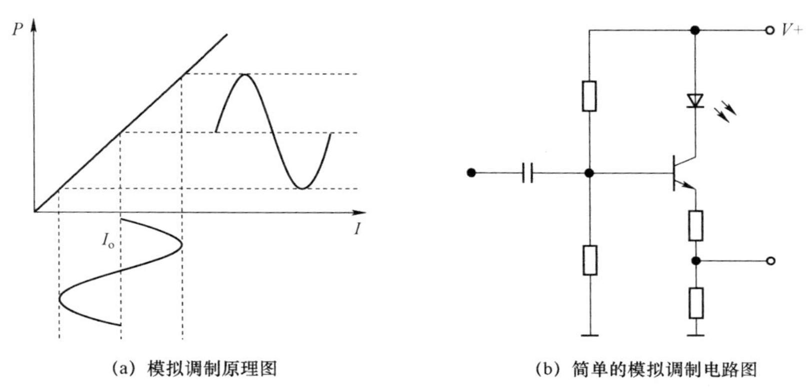

图 2-32　发光二极管的模拟调制

数字调制是光纤通信的主要调制方式，模拟信号经过抽样、量化、编码（PCM）以后，以二进制数字信号“1”或“0”对光载波进行通断调制，因此也常称为光源的 OOK（On-Off keying）调制。图 2-33 给出 LED 和 LD 数字调制原理。数字调制电路最常用的是差分电流开关，其基本电路形式如图 2-34 所示。数字调制的优点是抗干扰能力强，中继时噪声及色散的影响不积累，因此可实现长距离传输。

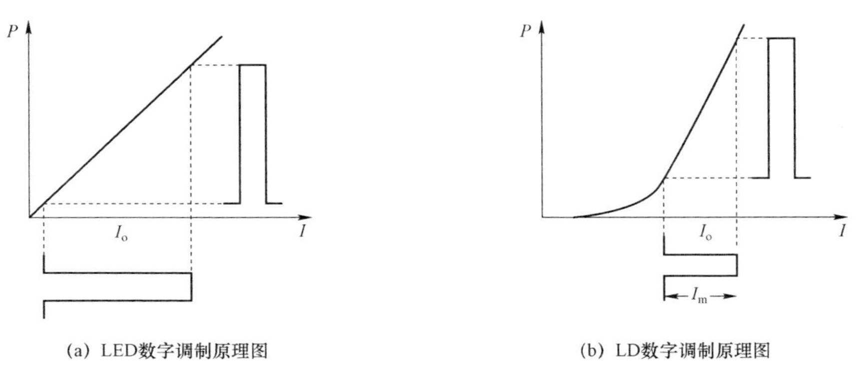

图 2-33　数字调制原理

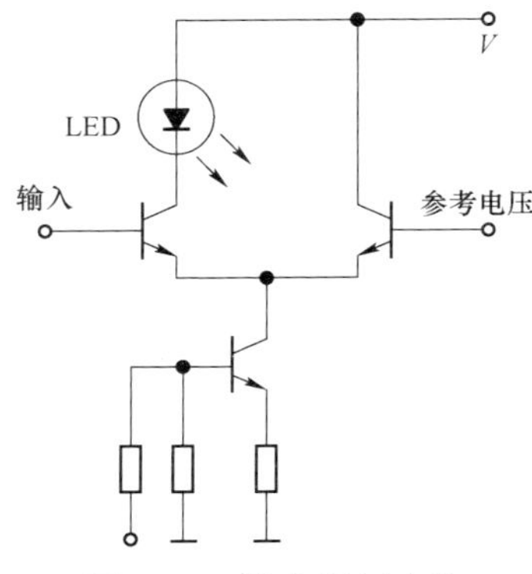

图 2-34　数字调制电路

按调制方式与光源的关系来分，光调制又可分为直接调制和外调制两种。前者指直接用电调制信号来控制半导体光源的振荡参数（光强、频率等），得到光频的调幅波或调频波，这种调制也称内调制；后者是让光源输出的幅度与频率等参数恒定的光载波通过光调制器，电信号通过调制器实现对光载波的幅度、频率及相位等进行调制。光源直接调制的优点是简单，但调制速率受到载流子寿命及高速率下的性能劣化的限制（如频率啁啾等）。外调制方式需要调制器，结构复杂，但可获得优良的调制性能，尤其适合于高速率下运用。

（三）模拟光发送机与数字光发送机的驱动电路

光源是光发送机的主要器件，但是它并不是唯一的器件，其他一些器件，如转变电数据流为光脉冲流的调制器，供给光源电流的驱动电路以及把发射光信号耦合进光纤的耦合器等也是构成光发送机所必不可少的。光源注入偏置电流和调制电流，就能发射光，光源接上驱动电路就构成了发送机的主体部分。

1. 模拟光发送机的驱动电路

在模拟系统中，对驱动电路的要求有两个，第一是提供合适的工作点（偏置）及足够的信号驱动电流，以使光源能输出足够的功率；第二是输出光功率的幅值和相位按输入信号变化，非线性失真小。通常 LED（或 LD）的线性并不很理想，其非线性失真为 –30～–50 dB，因此在高质量要求的信号传输中（如 TV 传输），需对 LED 的线性进行补偿。

图 2-35 为共发射极互阻抗 LED 模拟驱动电路，它也适合于 LD。该电路把输入基极的信号转换成集电极电流的变化。调整基极偏置使电路工作在 A 类，静态集电极电流即为 LED 的偏置电流，即 $I_b = I_m / m$，I_m 为信号电流峰值，m 为调制系数。设 $I_m = 24$ mA，m = 0.8，则 $I_b = 30$ mA，工作电流范围为 30±24 mA，频响超过 100 MHz。图中 D_1 为锗二极管，这里利用它的正向特性，以改善 LED 的线性。

在模拟光纤电视传输系统中，光源的非线性失真造成微分增益（DG）和微分相位（DP）两个参量的恶化。视频信号的 DG 失真是由于在不同亮度电平上的副载波（$f_{sc} = 4.43$ MHz）振幅放大程度不同，使图像的彩色饱和度随亮度电平发生变化；DP 失真为副载波频率上系统的相移特性随输入的视频信号变化，使彩色色调随亮度电平发生变化。LED 的 DG、DP 可从其 P-J 特性及与工作点有关的相位φ，由驱动电流在 I_1 与 I_2 间变化时信号副载波幅度和相位的最大变化来决定。

一般情况下，LED 的 DG 高达 20%，DP 可达 20%这与电视传输标准的要求差得较

远，如一级广播电视标准允许的 DG 为 1%，DP 为 1°。因此，要在驱动电路中进行非线性补偿，通常可以采用光负反馈法、前馈补偿法、移相调制法及预失真校正法等，其中尤以预失真校正法最为成熟，用得最多，电路简单、成本低，经仔细调整，可使 DG、DP 下降到 0.5%和 0.5°。

采用预失真校正法的 LED 光发送机框图如图 2-35 所示。TV 信号经缓冲放大器后先进行 DP 及 DG 预校正，再送到驱动器，推动 LED。DP、DG 预校正电路由电阻和二极管组成，如图 2-36 所示，二极管偏置于不同的电压 V_2、V_3，使它们依次导通，使总电阻（i^//P2//J？3）不断变化，因而电路总增益也在变化，分别补偿 LED 的 P-J 特性非线性及相移的非线性失真。通常用三点补偿就足够了。

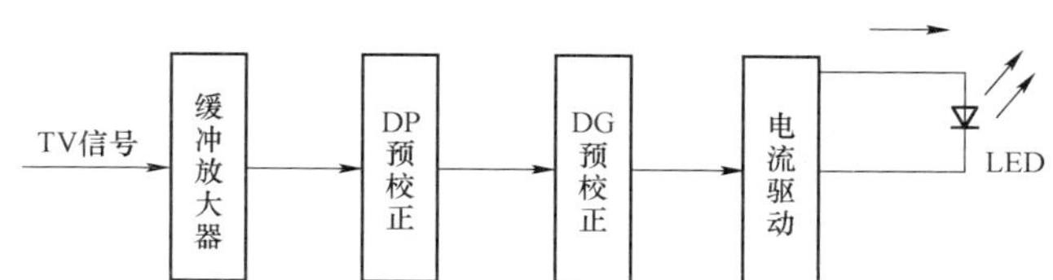

图 2-35　有预失真校正电路的模拟光发送机框图

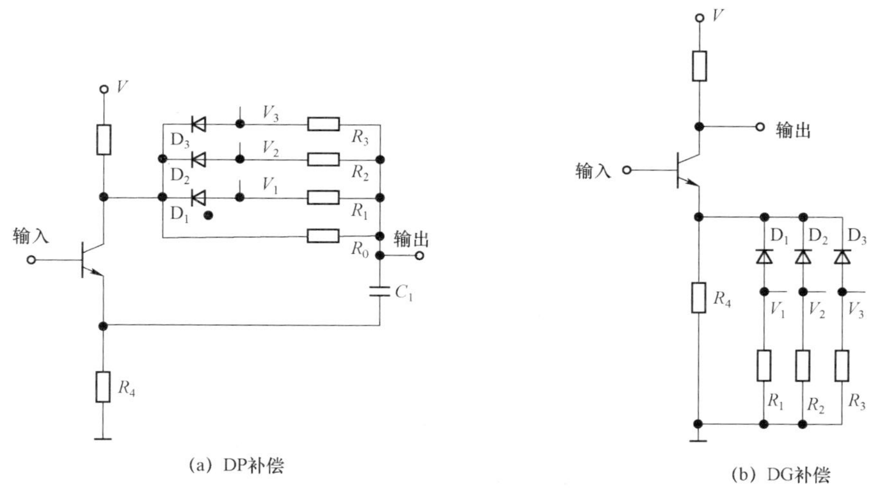

图 2-36　LED 的 DP 与 DG 补偿电路

2. 数字光发送机的驱动电路

LED 用作数字光纤通信系统光源时，驱动电路应能提供几十到几百毫安的“开”、“关”电流。一般 LED 不加偏置或只有小量的正向偏置电流。LED 对温度不是很敏感，因此驱动电路中一般不采用复杂的自动功率控制（APC）和自动温度控制（ATC）。

与 LED 相比，对 LD 的调制要复杂得多。由于 LD—般用于高速率系统，而且是阈值器件，它的温度稳定性较差，因此LD驱动电路就要复杂得多。尤其在高速率调制系统中，驱动条件的选择、调制电路的形式和工艺、激光器的控制等，都对调制性能至关重要。

图2-37给出一个实际的工作于44.7 Mb/s光发送机的射极耦合LD驱动电路。VT_1、VT_2组成电流开关发射极耦合对。如果VT_1的基极电位高于VT_2基极电位时，电流源的所有电流流经VT_1集电极，则没有电流流经激光器，就不发光。如果VT_1的基极电位低于VT_2的基极电位时，所有驱动电流通过激光器LD从而发光。这两种情况由ECL输入信号控制，输入信号“1”码为-1.8 V，“0”码为-0.8 V，经过VT_3和二极管VD_5使电平移动，再加到VT_1管，VT_2的基极则由温度补偿的参考电压固定在-2.6 V，这是“1”码和“0”码电平移动后的中间电压。用了发射极耦合电路并适当选择输入电压的大小，就可以不把晶体管驱动至饱和状态，不需从饱和晶体管消除存储电荷，从而能得到快速开关作用。

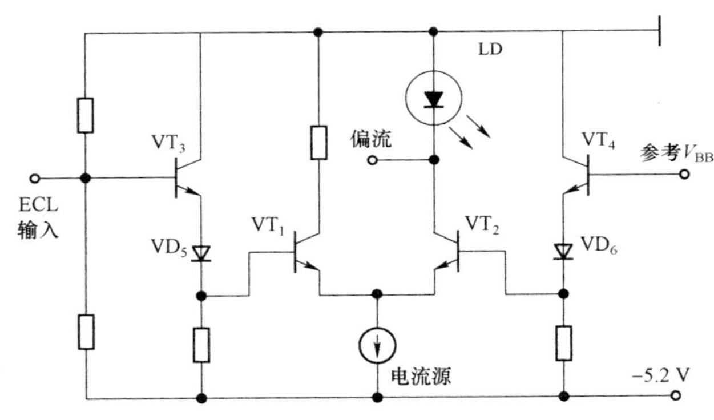

图2-37　半导体激光器驱动电路

3. 激光器控制电路

半导体激光器是高速调制的理想光源，但是，半导体激光器对温度的变化是很敏感的，稳定激光器的输出光信号是必须研究的问题。

控制电路的作用，就是消除温度变化和器件老化的影响，稳定输出光信号。除一些特殊的发光器件以外，一般的半导体激光器发送机中都含有温度控制（ATC）电路和自动功率控制（APC）电路。

（1）温度控制电路

通常温度控制采用微型制冷器、热敏元件以及控制电路组成，方框图如图2-38所示。热敏元件监测激光器的结温，与设定的基准温度比较、放大以后，驱动制冷器的控制电路，改变制冷量，从而保持激光器在恒定的温度下工作。

目前微型制冷器多采用半导体制冷器，它是利用半导体材料的珀尔帖效应制成的。所谓珀尔帖效应，是指当直流电流通过两种半导体（P 型和 N 型）组成的电偶时，可以使一端吸热而另一端放热的物理现象。一对电偶的制冷量是很小的，根据用途的不同，可将若干对电偶串联或并联，组成温差电功能器件。微型半导体制冷器的控制温差可以达到 30～40 ℃。

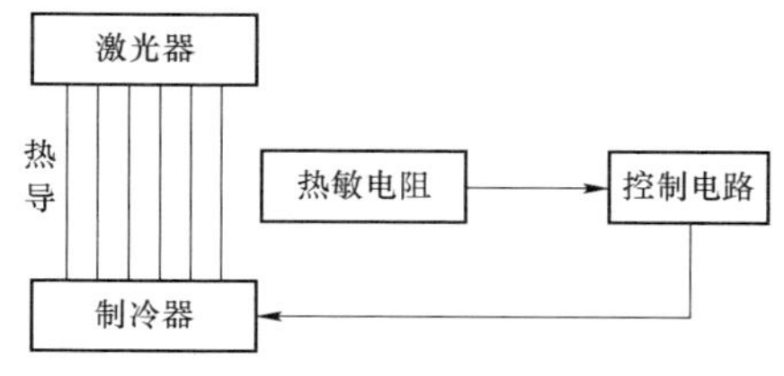

图 2-38　温度控制电路方框图

为提高制冷效率和控制精度，激光器的温度控制常采用内制冷的方式：即将制冷器和热敏电阻封装在激光器管壳内部，热敏电阻直接探测结区温度，制冷器$和激光器的热沉接触。据报道，这种方式可以控制激光器的结温变化在±0.54 范围之内，从而使激光器有较恒定的输出光功率和发射波长。但是，温度控制方式不能控制由于激光器老化而产生的输出功率的变化。

图 2-39 是常用的温控（制冷）电路。热敏电阻 R_T 接在电桥的一个臂上，在设定的温度下，电桥的状态应刚好处在使制冷器没有电流通过，而当温度升高时，制冷器开始工作。热敏电阻具有负温度系数，电桥状态的变化自动控制制冷量的大小，从而维持激光器的结温不高于设定的温度。

温控电路的控制精度，不仅取决于外围电路的设计，而且受激光器封装技术的影响。激光器封装应使热敏电阻能准确地反映结区温度，同时制冷器和 PN 结应有良好的热传导。

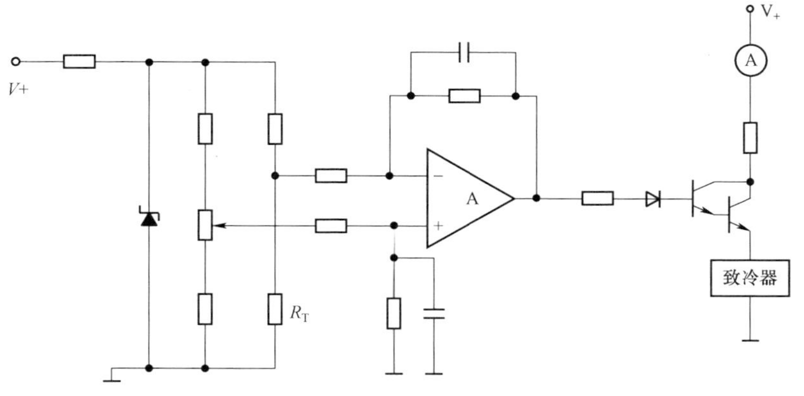

图 2-39　半导体激光器驱动电路

（2）自动功率控制（APC）电路

由于激光器的阈值电流和外微分量子效率都会随温度和器件的老化而变化，因此，要精确控制激光器的输出功率，应从两个方面着手：第一，控制激光器的偏置电流，使其自动跟踪阈值的变化，从而使激光器总是偏置在最佳的工作状态；第二，控制激光器调制脉冲电流的幅度，使其自动跟踪外微分量子效率而变化，从而保持输出光脉冲信号的幅度恒定，图 2-40 给出一个这样的 APC 电路的框图。

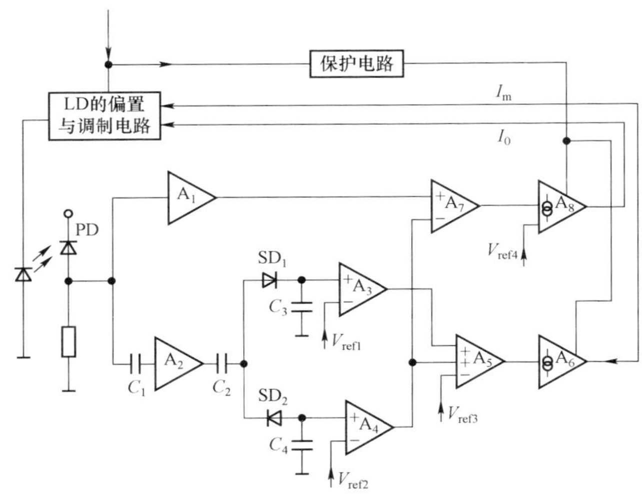

图 2-40　APC 电路方框图

在图 2-40 中所示的控制系统中，利用激光器谐振腔的后镜面发射的光作为反馈光信号，用光电二极管 PD 将光功率转换成光生电流，其输出的电信号馈送到一个低漂移的直流放大器 A_1 和一个宽带交流放大器 A_2。A_1 的输出信号弓激光器发射的平均光功率 P_{av} 成比例，A_2 的输出信号送入由 SA 和 C_3 组成的正峰值检波器，A_3 的输出信号与比例；SD_2 和 C_4 组成负峰值检波器，A_4 的输出信号与 P_{av}-P_{min} 成比例。因此，放大器 A_5 的输出信号与 P_{max}-P_{min} 成比例，即与光脉冲的幅度成比例。A_6 作为电流源输出，控制调制电流的幅度，从而维持激光器输出光脉冲的幅度恒定。放大器 A_1 和 A_4 输出信号之差在 A_7 形成。A_7 的输出信号与 P_{min}。成比例，A_8 作为电流源输出控制直流偏置电流使心跟随阈值的变化，从而使激光器总是偏置在最佳位置。

一般来说，激光器的外微分量子效率对温度变化不是很敏感。为降低成本、简化控制电路，也可以直接探测激光器发射的平均光功率，控制偏置电流，从而维持输出光功率恒定。这种平均功率控制法被广泛采用。

第三节　光检测器与光接收机

在光纤通信系统中，光接收机的任务是以最小的附加噪声及失真，恢复出经光纤传输后光载波所携带的信息，因此光接收机的输出特性综合反映了整个光纤通信系统的性能。

一、光接收机的构成及其主要性能指标

1. 光接收机的构成

光纤通信系统有模拟及数字两大类，光接收机相应也有模拟接收机和数字接收机两类，分别如图 2-41（a）、（b）所示。它们均由光检测器、低噪声前置放大器及其他信号处理电路组成，显然，这是一种直接检测方式。相比于模拟接收机，数字接收机更复杂，在主放大器后还有均衡滤波、定时桲取与判决再生、峰值检波与 AGC 放大等电路，但因它们在高信号电平下工作，并不影响对光接收机基本性能的分析。

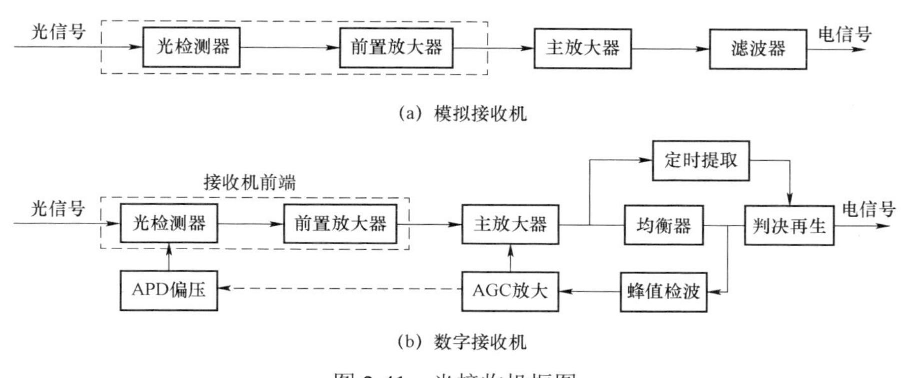

图 2-41　光接收机框图

光检测器的作用是把接收到的光信号转换成光电流。对光检测器的基本要求是高的光电转换效率、低的附加噪声和快速的响应。由于光检测器产生的光电流非常微弱（纳安到微安），必须先经前置放大器进行低噪声放大，当然这时也不可避免地会引进附加噪声。光检测器和前置放大器合起来叫做接收机前端，其性能的优劣是决定接收灵敏度的主要因素。无论是模拟接收机还是数字接收机，基本性能的分析计算都是针对前端进行的。主放大器的任务是把前端输出的毫伏级信号放大到后面信号处理电路所需的峰-峰值电压为 1～3 V 电平。接收机的其余电路则对信号进行进一步的处理、整形，以提高系统的性能，最后解调出发送信息。例如，均衡滤波器的作用是消除放大器及其他部件（如光纤）引起的信号波形失真，使噪声及码间干扰的影响减到最小。抽样所需的时钟由定时提取电路恢复。自动增益控制（AGC）电路用来控制 APD 偏压及放大器增益，以提高接收机的动态范围。

2. 光接收机的性能指标

衡量光接收机性能的主要指标包栝：

① 灵敏度。对数字光接收机来说，灵敏度是指保证一定的误码率条件下，光接收机所能接收的最小光功率；而对模拟光接收机，则是指在保证一定的输出信噪比条件下，光接收机所需接收的最小光功率，一般用 dBm 作为单位。如果一部光接收机在满足给

定的误码率指标下所需的平均光功率低，说明它在微弱的输入光条件下就能正常工作，显然这部接收机的性能是好的。

② 数字光接收机的误码率。误码率（BER）指的是数字信号中码元在传输过程中出现差错的概率。常用一段时间内出现误码的码元数与传输的总码元数之比来表示，如 $BER = 10^{-9}$，表示每传输 1×10^9 bit 只允许错一个比特。

③ 模拟光接收机的信噪比。模拟光接收机信噪比是用电信号电流均方值和噪声电流均方值来表示的。在传送视频或多路电视信号的光传输系统中，信噪比的指标至关重要。

④ 动态范围。动态范围是指在保证系统的误码率指标要求下，光接收机所允许接收的最大和最小光功率之比，即：

$$D = 10\lg \frac{\text{最大输入光功率}}{\text{最小输入光功率}} (\text{dB})$$

动态范围表示了光接收机对输入信号的适应能力，其数值越大越好。

因为传输到光接收机的光信号已经很微弱，所以如何提高光接收机的灵敏度、降低输入端的噪声是研究光接收机的主要问题。光检测器和前置放大器对光接收机的性能起着关键性作用。对模拟光接收机来讲，表征其性能的指标是信噪比和接收灵敏度。对数字光接收机而言误码率、接收灵敏度及其动态范围则是其主要指标。这些指标都与这两部分电路有关。

二、前置放大器

前置放大器是光接收机的关键部分之一，它直接影响接收机的灵敏度。前置放大器主要有以下三种类型。

1. 低阻型前置放大器

用普通晶体管做前置放大器，如图 2-42（a）所示，其特点是线路简单，输入阻抗低，输入电路的时间常数 RC 小于信号脉冲宽度 τ，以防止产生码间干扰，如图 2-43 所示。因此，这种接收机不需要或只需很少的均衡，前置级的动态范围也较大。但是，这种电路的噪声也较大。

2. 高阻型前置放大器

用场效应管（FET）做前置放大器，如图 2-42（b）所示。其设计应尽量加大偏置电阻，把噪声减到尽可能小，因此，其特点是噪声小。高阻型前置放大器不仅动态范围小，而且当比特速率高时，由于输入电路的时间常数太大，$RC > \tau$，脉冲沿很长，码间干扰严重。因而对均衡电路要求较高，一般只在码速率较低互阻型（也称跨阻型）前置

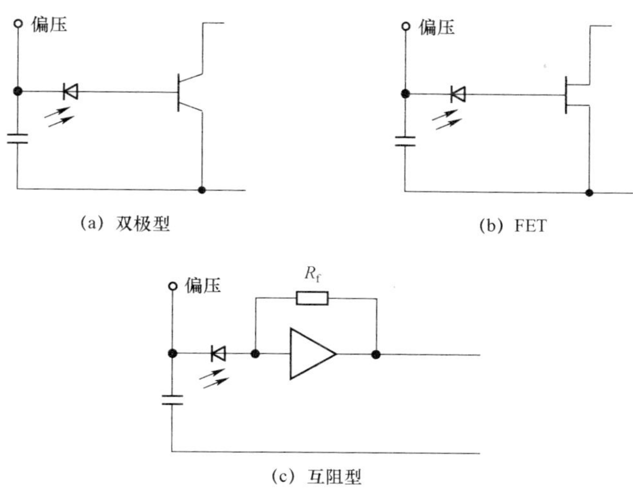

图 2-42　光接收机的前置放大电路

放大器实际上是电压并联负反馈放大器，如图 2-42（c）所示。由于负反馈改善了放大器的带宽和非线性，因此是一个性能优良的电流-电压转换器，具有频带宽、噪声低等优点，而且它的动态范围也比高阻型前置放大器有很大改善，在光纤通信中得到广泛应用。

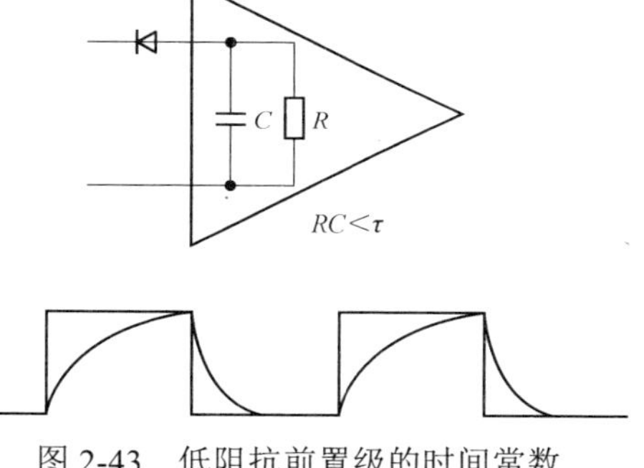

图 2-43　低阻抗前置级的时间常数

图 2-44 给出了一个采用互阻型前置放大器的接收机前端的典型电路。前端是一个光电检测器组件，为了减小引线电容，以提高检测速度和灵敏度，利用混合集成电路工艺，把光电检测器和前置放大电路做成组件，使用十分方便。由 PIN 管与 FET 电路做成的组件使用很普遍，效果良好，常称为 PIN-FET 组件。该组件管脚接线为：1 和 4 为电源-5 V，3、5、8 为外壳接地，7 为信号输出，10 为电源＋5 V。其技术指标见表 2-3。

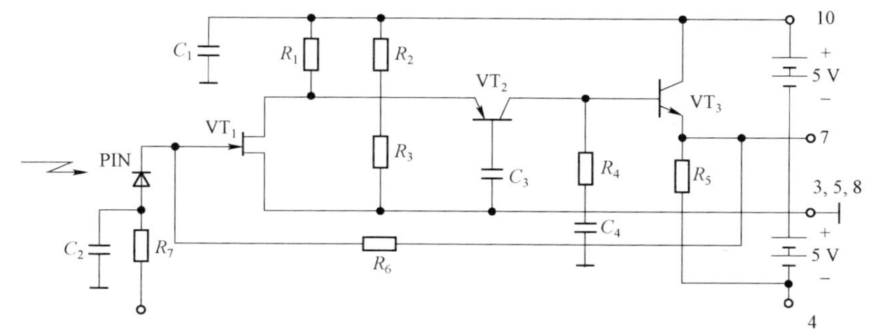

图 2-44　前置放大器电路

表 2-3 PIN-FET 前端指标

序号	项目	指标	备注
1	工作波长 μm	1.0～1.65	
2	灵敏度/dBm8.4 Mb/s	-53	二次群
	34 Mb/s	-47	三次群
	140 Mb/s	-42	四次群
	560 Mb/s	-30	五次群
3	动态范围/dB	＞20	
4	输出阻抗/n	50	
5	电源电压/V	±5	
6	工作温度	-10～50	

主放大器接在前置放大器之后，因输入信号较大，所以不考虑噪声影响，是一个宽带高增益放大器。由于接收机要具有自动增益控制功能，主放大器电路应有可变增益的性能。

三、光接收机的噪声

影响光接收机性能的主要因素是接收机内的各种噪声源。光接收机的各种噪声源可以分为两大类：散弹噪声和热噪声。散弹噪声包括光载波的量子噪声、光电检测器的暗电流噪声、漏电流噪声和 APD 的过剩噪声。热噪声包括检测器负载电阻的热噪声和放大器的噪声。图 2-45 为各种噪声源的分布位置。

1. 光检测器的噪声

光检测器在工作时，将光信号转换成电信号。在这一过程中，将一些与信息无关的随机变化的量引入信息量中，产生噪声。主要有量子噪声、暗电流和漏电流噪声，对于 APD 光电二极管还有雪崩倍增噪声。倍增噪声又称过剩噪声。

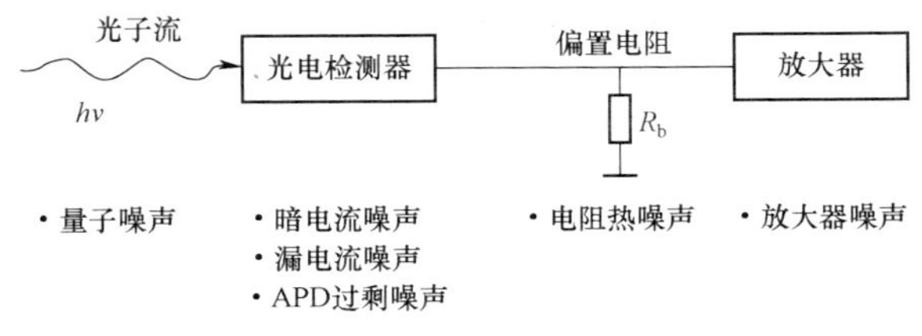

图 2-45 接收机噪声及其分布

（1）量子噪声

出现量子噪声的原因可以这样来解释：光束由大量光量子（光子）组成，例如，1 mW 频率为 $v=10^{15}$ Hz 的光功率，所对应的每秒钟接收到的光子数 n 应为 1.509×10^{15}。

这只是一个平均值，实际上某一个时间间隔内接收的光子数是一个随机量，可以认为满足泊松分布。光电检测器在某个时刻实际接收到的光子数，是在一个统计平均值附近浮动，因而产生了噪声。从噪声产生的过程看出，这种噪声是顽固地依附在信号上的，增加发射光功率，或采用低噪声放大器都不能减少它的影响。因而，它限制了光接收机灵敏度指标。

（2）光检测器的暗电流噪声

当没有光照射时，在理想条件下，光电检测器应没有光电流输出。但是，实际上由于热激励、宇宙射线或放射性物质的激励，在无光的情况下，光电检测器仍有电流输出，这种电流称为暗电流。

由于上述各种激励条件是随机的，因此，暗电流也是随机浮动的，从而形成了暗电流噪声。表面暗电流也称表面漏电流，或简称漏电流。它是由于光电检测器表面的缺陷或受污染等表面状态不完善所致，并与偏置电压及表面面积的大小有关。漏电流不会被倍增，它所产生的噪声并非本征噪声，可借助于器件的合理设计、良好的结构和工艺的严格要求来降低，甚至可以忽略不计。一般将暗电流 I_D 的散弹噪声和漏电流 I_L 的散弹噪声统称为暗电流噪声。光检测器的总的暗电流噪声为：

$$\frac{di_D^2}{df}=2e(I_DG^{2+x}+I_L)$$

式中 I_D 和 I_L 都是平均值，其中因通过倍增区而被倍增。对于 PIN 检测器，取 G＝1。

（3）雪崩光电二极管的倍增噪声

雪崩光电二极管的倍增作用是一个十分复杂的随机过程。这种随机性必然要引起雪崩光电二极管输出信号的浮动，从而引入噪声。这种由于倍增的随机性而产生的附加噪声称为倍增噪声。考虑了附加的倍增噪声后，APD 的量子噪声电流的均方值为

$$i_q^2=2eI_DG^{2+x}\Delta f$$

APD 的量子噪声电流谱密度为

$$\frac{di_q^2}{df}=2eI_DG^{2+x}$$

为了减少过剩噪声，应选用 x 值小的 APD。用不同材料和工艺制作的 APD，其 x 值也不同。例如，对 Si-APD，$x=0.3$～0.5；对 Ge-APD，$x=0.6$～1.0；对 InGaAsP，$x=0.5$～0.7。

2. 热噪声

热噪声是由热力学温度在零度以上的物体内部电子的无规则热运动造成的，它具有高斯分布。在负载电阻和放大电路中都会产生这种热噪声。流过电阻 R_b 的热噪声电流

谱密度为：

$$\frac{di_n^2}{df}=\frac{4kT}{R_b}$$

式中 k 为玻尔兹曼常量，其值为 1.38×10^{-34} j/k（焦/开），i_n 为流过电阻的热噪声电流，T 为电阻工作时的热力学温度。可见，热噪声与光电流无关，即使没有光功率输入，热噪声依然存在。

光接收机除了负载电阻产生热噪声外，放大器（特别是前置放大器）也产生附加热噪声。前置放大器的种类不同，附加的热噪声也不同。

设放大器的输入信号功率和输入噪声功率分别为 P_s 和 P_{ni}，输出噪声为 P_{no}，放大器的功率放大系数为 M，放大器的噪声系数 F_N 定义为输入信噪比与输出信噪比之比，即

$$F_N=\frac{(\text{SNR})\text{输入}}{(\text{SNR})\text{输出}}=\frac{P_s/P_{ni}}{MP_s/P_{no}}=\frac{P_{no}}{MP_{ni}}$$

表明 F_N 是输出总噪声功率与放大器无噪声（理想放大器）时输出噪声功率之比值，即表示热噪声被前置放大器放大的倍数。

四、光接收机的信噪比

信噪比是评价光接收机性能的重要指标。特别是模拟接收系统，它直观地表示出噪声对信号的干扰程度；对数字接收系统，信噪比与误码率直接相关。因此，无论任何通信系统都希望系统的噪声尽可能低，以提高接收信噪比。信噪比（SNR）定义为：

$$\text{SNR}=\frac{\text{平均信号功率}}{\text{噪声功率}}=\frac{i_S^2}{i_N^2}$$

式中 i_S^2 和 i_N^2 分别为信号电流的均方值和噪声电流的均方值。信-比有时用 dB 作单位，则可写成

$$\text{SNR}=10\lg\frac{i_S^2}{i_N^2}$$

在上面的讨论中，已经给出了噪声电流均方值的表达式，为了计算 SNR，还必须确定信号电流均方值的表达式。

这里仅讨论用模拟电信号 S(t)对光源进行直接调制的情形。$P(t)=P_0[1+mS(t)]$表示调制后光源输出的光信号功率，适当选择光源的偏置电流和调制深度，并注意到一般光纤的频带足够宽，则可以假设信号在传输过程中不存在失真，只考虑光纤的损耗。这样，光接收机接收到的光功率可表示为：

$$P(t)=P_i[1+mS(t)]$$

式中为平均接收光功率，w 为调制深度，S（r）为时变调制信号，通常是正弦（或

余弦）信号。

经 APD 线性光电转换后，输出的光电流为：

$$i_S(t)=GR_0P_i[1+mS(t)]$$

式中 G 为 APD 的雪崩倍增因子，R_0 为光电检测器的响应度。则均方信号电流为

$$i_S^2=\frac{(GR_0P_im)^2}{2}=\frac{(GI_Pm)^2}{2}$$

式中 $I_P=R_0P_i$ 为一次平均光生电流。

五、数字光接收机的灵敏度

光接收机的灵敏度是描述接收机调整到最佳状态时，在保证满足一定接收性能标准的条件下，接收微弱光信号的能力。它可用下述三个物理量来表征：① 最小平均接收光功率；② 最低平均接收光子能量（每一光脉冲）；③ 最少平均接收光子数（每一光脉冲）。通常用最小平均接收光功率表示。至于接收性能标准，对于模拟光接收机，给出的是信噪比（SNR），故接收机的灵敏度定义为接收机工作于给定 SNR 所要求的最小平均接收光功率；对于数字光接收机，给出的是误码率（BER），通常使用的标准要求是 BER＜10^{-9}，所以数字光接收机的灵敏度定义为在保证满足 BER 为 10^{-9} 条件下的最小平均接收光功率。

1．误码率

任何光接收机都存在固有噪声，判决电路难免发生误判的可能，即把发射的“0”码误判为“1”码，或把“1”码误判为“0”码。光接收机对码元误判的概率称为误码率，在二进制的情况下，等于误比特率，它反应了在较长的时间间隔内的传输码流中，误判的码元在接收到的码元总数中所占的比例。误码率可以用噪声电流（压）的概率密度函数来计算。误码率计算示意图如图 2-46 所示。I_1 是“1”码的电流，I_0 是“0”码的电流。I_{1av} 是“1”码的平均电流，而“0”码的平均电流为 0。D 为判决门限值，D 一般取 $I_{1av}/2$。在“1”码时，如果在取样时刻带有噪声的电流 I_1＜D，则可能被误判为“0”码；在“0”码，如果在取样时刻带有噪声的电流 I_0＞D，则可能被误判为“1”码。

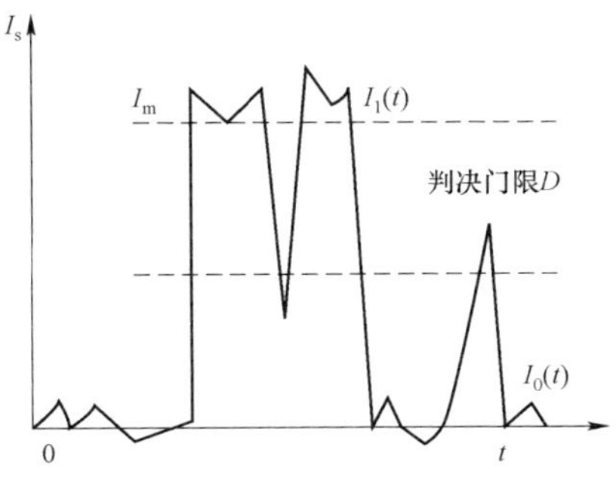

图 2-46　误码率计算示意图

要确定误码率，不仅要知道噪声功率的大小，而且要知道噪声的功率分布。然而，光接收机输出噪声的功率分布十分复杂。一般近似假设噪声电流（压）的瞬时值服从高斯分布，其功率密度函数为：

$$f(x)=\frac{1}{\sqrt{2\pi\sigma}}\exp\left(-\frac{x^2}{2\sigma^2}\right)$$

式中 x 为随机变量（噪声电流）的取值，其均值为零；σ^2 为噪声功率。

光接收机的噪声功率由光检测器的平均噪声功率 N_D 和前置放大器的平均噪声功率 N_A 组成，即 $N=N_A+N_D$。在发“0”码时，平均噪声功率为 $N_0=N_A+N_D$，此时没有光电流输入（忽略暗电流），故 $N_D=0$，此时功率密度函数为：

$$f(x)=\frac{1}{\sqrt{2\pi N_0}}\exp\left(-\frac{I_0^2}{2N_0}\right)$$

根据误码率的定义，把“0”码误判为“1”码的概率应等于 I_0 超过 D 值概率。

在发“1”码时，平均噪声功率为 $N_1=N_A+N_D$，这时噪声电流的幅值为 $I_1\text{-}I_{1av}$，判决门限值仍为 $D=I_{1av}$。只要 $I_1\text{-}I_{1av}<D\text{-}I_{1av}$，就可能把“1”码误判为“0”码。

光纤通信系统中一般选误码率为 10^{-9}，在 BER＜10^{-9} 时，要求 Q＞6。

2. 数字光接收机最小平均接收功率

为了确定最小平均接收功率，需先建立超扰比 Q 与入射平均光功率 Pav 的关系。平均光功率是指“0”码功率和“1”码功率的平均，即

$$P_{av}=\frac{P_1+P_0}{2}$$

在发“0”码的情况下，入射信号的光功率 $P_0=0$，输出光电流 $I_0=0$。在发“1”码的情况下，入射信号的光功率为 P_1，输出光电流为 I_1，此时的“0”和“1”码平均功率为 $P_{av}=\frac{P_1}{2}$，即 $P_1=2P_{av}$。

以上虽然给出了最小平均接收光功率的表达式，如要进行计算，还需确定噪声功率，即前置放大器平均噪声功率 N_A 和光检测器平均噪声功率 N_D。

第四节　光放大器

一、光放大器概述

（一）光放大器作用

光信号在光纤中传输时，光纤损耗会导致光功率的不断衰减。对于长距离的传输，光信号有可能低于光检测器的响应能力，甚至导致系统的性能恶化，如波形失真、误码率增大等。为了实现数百千米甚至几千千米的传输，信号的光功率必须每隔一定的距离进行放大。显然，光放大器是实现长距离光传输的关键器件。

（二）光电中继器

在光放大器研制成功之前，光信号放大主要采用光电混合中继器（也称为再生中继器），如图 2-47 所示。光电混合中继器的原理是：先将光纤中送来的光信号转换为电信号，然后对电信号进行放大，最后再将放大了的电信号转换为光信号送到光纤中去。

图 2-47　使用光电混合中继器放大光信号

根据不同应用的要求，光电混合中继器可分为 3 种类型：1R 中继器，只有放大和均衡功能，用于模拟信号的传输；2R 中继器，在 1R 中继器的基础上加上数字信号处理（如整形）的再生器；3R 中继器，在 2R 中继器的基础上再增加重新定时与判决功能（Retiming）的中继器。

光电混合中继器适用于单波长、数据速率不是很高的光纤通信系统，对于高速率的多个波长光纤通信系统，每个波长都需要有一个再生中继器，如有 Af 个波长就需要# 个再生中继器，显然这样的系统是相当复杂的，造价是相当高的。同时，对于超高速的数字光纤通信系统，电放大器的实现难度很大。因此，人们试图对光信号直接放大，且希望可同时对多个波长进行放大。

3. 光放大器工作原理

光放大器是通过受激辐射或受激散射原理来实现光信号放大的，其机理与激光器完全相同，即在泵浦源的作用下，使得工作物质处于粒子数反转分布状态，从而实现光信号的放大。

4. 光放大器的主要性能参数

（1）增益

输出光功率与输入光功率的比值（单位为 dB）。

（2）增益效率

增益对输入光功率的函数。

（3）增益带宽

放大器放大信号的有效频率范围。

（4）增益饱和

输入信号足够大时光放大器的最大增益。光放大器的饱和增益随光信号功率的增加而减小。

（5）增益波动

增益带宽内的增益变化范围（单位为 dB）。

（6）噪声

与光信号放大有关的噪声主要有光场噪声和强度/光电流噪声。光场噪声，如光放大器的自发辐射噪声。强度/光电流噪声是指与光束有关的光功率（或光电流）波动。常见的强度噪声类型有：散弹噪声，信号与自发辐射差拍噪声，自发辐射与自发辐射差拍噪声等。

二、光放大器分类

通常，光放大器可分为光纤放大器和半导体光放大器，半导体光放大器（SOA）由半导体材料制成，可看成是没有反馈的半导体行波光放大器。光纤放大器分为非线性光纤放大器和掺铒光纤放大器。非线性光纤放大器是利用较强的光源来激发光纤，使光纤产生非线性效应而出现拉曼散射，光信号在光纤传输过程中得到放大。掺铒光纤放大器（EDFA）是将铒（Er）注入纤芯中，形成了一种特殊光纤，在泵浦光的作用下可直接对某一波长的光信号进行放大。非线性光纤放大器的主要缺点是需要大功率的半导体激光器作泵浦源（约 0.5～1 W），目前还没有达到实用阶段，而掺铒光纤放大器在光纤通信系统中得到了广泛的应用。

1. 掺铒光纤放大器（EDFA）

（1）掺铒光纤放大器特点

① 工作波长范围为 1.53～1.56 μm，与光纤最小损耗窗口一致。

② 对掺铒光纤进行激励的泵浦光功率要求较低（仅需几十毫瓦），而拉曼放大器需 0.5～1 W 的泵浦源进行激励。

③ 增益高、噪声低、输出光功率大，其增益可达 40 dB，噪声系数可低至 3～4 dB，输出光功率可达 14～20 dBm。

④ 连接损耗低，光纤型放大器容易与光纤连接，连接损耗可低至 0.1 dB。

（2）掺铒光纤放大器的基本组成

图 2-48 给出了掺铒光纤放大器的基本组成，EDFA 主要是由掺铒光纤（EDF）、泵浦光源、光耦合器、光隔离器以及光滤波器等组成。

光耦合器的作用是将输入光信号和泵浦光源输出的光波混合起来，通常采用波分复用器（WDM）；光隔离器的作用是防止反射光影响光放大器工作的稳定性，保证光信号只能正向传输；掺铒光纤是一段长度大约为 10～100 m 的石英光纤，其纤芯中注入了稀土元素铒离子 Er^{3+} 浓度约为 25 mg/kg；泵浦光源为半导体激光器，输出光功率约为 10～100 mW，工作波长约为 0.98 μm；光滤波器的作用是滤除光放大器中的噪声，降低噪声对系统的影响，提高系统的信噪比。

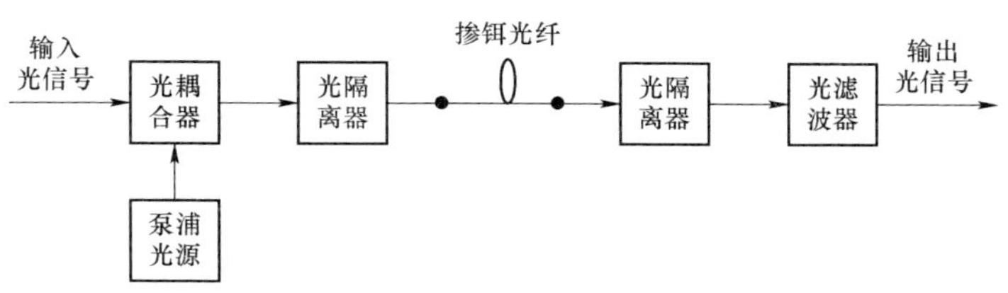

图 2-48　掺铒光纤放大器的基本组成

（3）掺铒光纤放大器的结构

根据泵浦光源的泵浦方式不同，EDFA 具有如下 3 种不同的结构。通常，单泵浦的输出功率可达 14 dBm，而双泵浦的输出功率可达 17 dBm 以上。

① 同向泵浦结构

输入光信号与泵浦光源输出的光波以同一方向注入掺铒光纤，如图 2-48 所示。

② 反向泵浦结构

输入光信号与泵浦光源输出的光波从相反方向注入掺铒光纤，如图 2-49 所示。

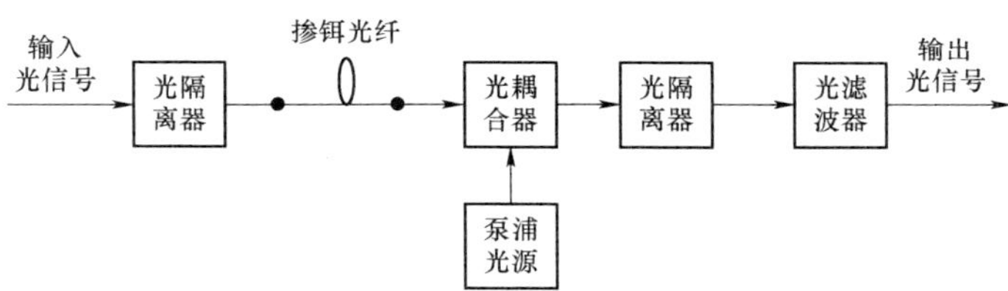

图 2-49　反向泵浦式掺铒光纤放大器结构

③ 双向泵浦结构

双向泵浦式掺铒光纤放大器有两个泵浦光源，其中一个泵浦光源输出的光波和输入光信号以同一方向注入掺铒光纤，另一个泵浦光源输出的光波从相反方向注入掺铒光纤，如图 2-50 所示。

（4）EDFA 的工作原理

① 掺铒光纤

铒（Er）是一种稀土元素，在制造光纤过程中，向纤芯掺入一定量的三价铒

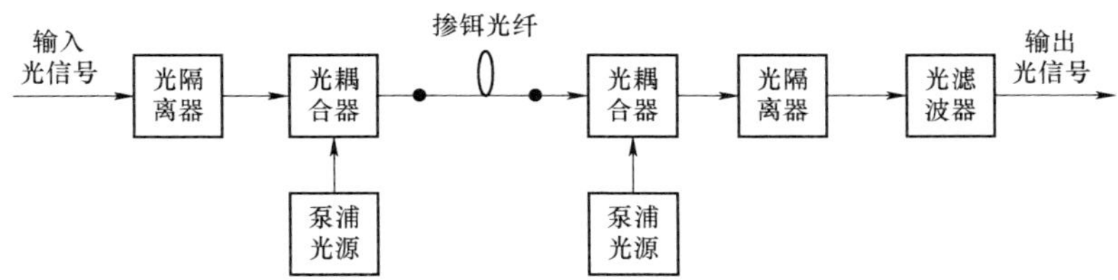

图 2-50　双向泵浦式掺铒光纤放大器结构

离子（Er^{3+}）便形成了掺铒光纤（EDF）。除了掺铒以外，掺铒光纤的构造与普通石英光纤的构造一样，如图 2-51 所示。铒离子位于 EDF 纤芯的中央地带，铒离子的作用是有利于最大限度地吸收泵浦光和光信号的能量，从而产生较好的放大效果。

② Er^{3+}的能级

图 2-52 为 Er^{3+}的能级图，其中基态为 $^4I_{15/2}$，激发态为 $^4I_{13/2}$ 和 $^4I_{11/2}$。在没有光激励的情况下，Er^{3+}处在基态 $^4I_{15/2}$ 上。有泵浦光入射时，Er^{3+}吸收栗浦光的能量，向高能态跃迁。泵浦光的波长不同，Er^{3+}所跃迁到的高能态也不同。

在泵浦光的激励下，$^4I_{11/2}$ 能级上的粒子数不断增加，又由于该能级上的粒子不稳定，很快跃迁到亚稳态 $^4I_{13/2}$ 能级，从而实现了粒子数反转。当有 1 550 nm 波长的光信号通过该段掺铒光纤时，亚稳态上的粒子以受激辐射的形式跃迁到基态，并产生与入射光信号中的光子一模一样的光子，从而显著增加了光信号中的光子数量，即实现了光信号在掺铒光纤的传输过程中不断放大。

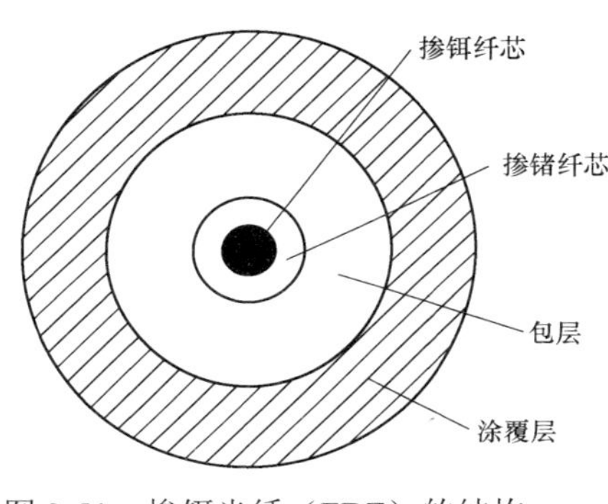

图 2-51　掺铒光纤（EDF）的结构

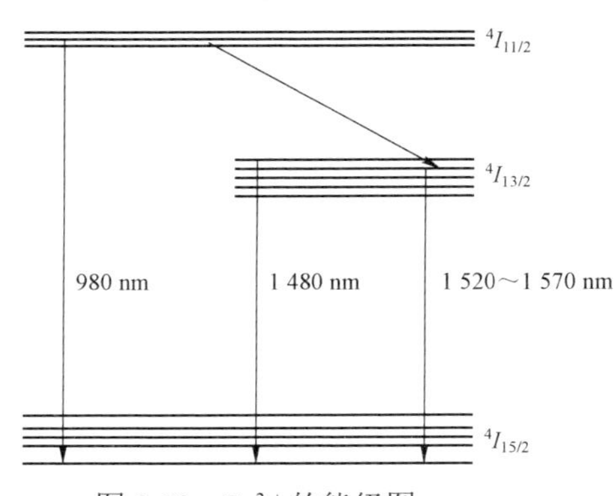

图 2-52　Er^{3+}的能级图

③ EDFA 的光放大原理

在没有光激励的情况下，Er^{3+}处在基态 $^4I_{15/2}$ 上。有泵浦光入射时，Er^{3+}吸收栗浦光的能量，向高能态跃迁。泵浦光的波长不同，Er^{3+}所跃迁到的高能态也不同。

在泵浦光的激励下，$^4I_{11/2}$ 能级上的粒子数不断增加，又由于该能级上的粒子不稳定，很快跃迁到亚稳态 $^4I_{13/2}$ 能级，从而实现了粒子数反转。当有 1 550 nm 波长的光信号通过该段掺铒光纤时，亚稳态上的粒子以受激辐射的形式跃迁到基态，并产生与入射光信号中的光子一模一样的光子，从而显著增加了光信号中的光子数量，即实现了光信号在掺铒光纤的传输过程中不断放大。

5. EDFA 的特性

（1）增益特性

增益特性描述了放大器的放大能力，增益定义为输出功率与输入功率之比通常，

EDFA 的增益为 15～40 dB。增益大小与光纤中的掺铒浓度、泵浦光功率、光纤长度、泵浦光的波长等因素有关。由于当掺铒的浓度超过一定值时，增益会不增反降，其原因是存在增益饱和效应，过量的铒会产生聚合，引起粒子反转浓度下降，因此必须控制铒的掺入量。

当泵浦功率较小时，输出光功率增加很快，但随着荣浦功率的不断增加，放大器增益出现饱和，此时放大器的增益效率将随着泵浦功率的增加而下降。

开始时增益随掺铒光纤长度的增加而提高，但当掺铒光纤超过了一定的长度后，增益反而下降，即存在着最佳增益的最佳长度。掺铒光纤较长时，将产生较大的自发辐射噪声，从而消耗部分反转粒子，限制增益的增加。

另外，增益还与泵浦条件（包括泵浦光功率和泵浦波长）有关。目前采用的泵浦波长主要是 980 nm 和 1 480 nm。

（2）输出光功率

在掺铒光纤放大器中，输入光信号的光功率与输出光信号的光功率并不完全呈正比关系，而是存在着饱和的趋势。输出饱和光功率是一个描述输入光信号的光功率与输出光信号的光功率之间关系的参量，通常掺铒光纤放大器的最大输出光功率用 3 dB 饱和输出光功率来表示，它描述了掺铒光纤放大器的最大输出光功率的能力。

（3）噪声特性

光放大器激活介质所产生的噪声主要由放大的自发辐射（ASE）引起。该现象的物理机理是：绝大多数受激载流子因受激辐射而被迫落到较低的能带上，其中一部分是自发辐射落到较低的能带上的，衰变时这些载流子自发地辐射光子；自发辐射的光子落在与光信号相同的频谱范围内，但在相位和方向上是随机的；与光信号同方向的自发辐射光子被激活介质放大而产生放大自发辐射（ASE）噪声。

掺铒光纤放大器的噪声主要有：① 光信号的散弹噪声。② 光信号与放大器自发辐射光间的差拍噪声。③ 放大自发辐射光的散弹噪声。④ 光放大器自发辐射的不同频率光波间差拍噪声等。

衡量掺铒光纤放大器噪声特性可用噪声系数 F 来表示，即：

$$F=\frac{\text{放大器的输入信噪比}}{\text{放大器的输出信噪比}}$$

通常，EDFA 的增益可达 30 dB 以上，噪声系数为 4～5 dB，输出功率为 10～17 dBm。

6. EDFA 的主要作用

在光纤通信系统中掺铒光纤放大器的主要作用是放大光信号，延长中继距离，与波分复用技术和光孤子等技术结合可实现超大容量、超长距离的光纤通信。

（1）EDFA 作为前置放大器使用

通常，接收机的前置放大器要求具有高增益、低噪声特性，由于 EDFA 的低噪声特性，用 EDFA 做接收机的前置放大器，可大大提高光接收机灵敏度，可提高 10～20 dB，如图 2-53 所示。

图 2-53　EDFA 作为前置放大器使用

（2）EDFA 作为发送机功率放大器使用

将 EDFA 接在光发送机的输出端，用来提高输出光功率，增加纤光功率，延长传输距离，如图 2-54 所示。

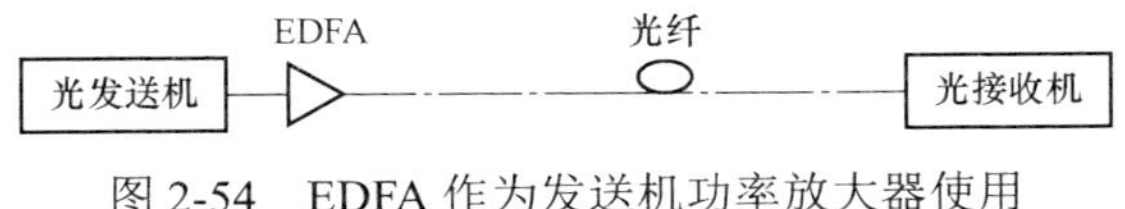

图 2-54　EDFA 作为发送机功率放大器使用

（3）EDFA 作为光中继器使用

EDFA 作为光中继器使用，可代替传统的光-电-光中继器，对光纤线路中的光信号直接进行放大，使得全光通信技术得以实现，如图 2-55 所示。

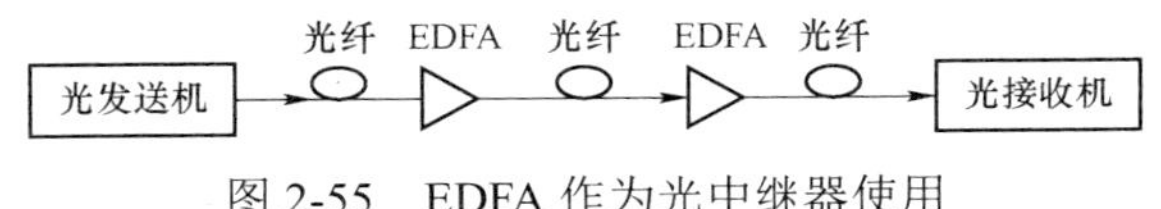

图 2-55　EDFA 作为光中继器使用

（4）EDFA 用于光纤宽带本地网

EDFA 可在光纤宽带本地网（特别在电视分配网）中得到应用，它可以补偿由分路带来的损耗及其他损耗，可以有效地扩大网络规模和用户数量。

四、拉曼光纤放大器（SRA）

1. 工作原理

拉曼效 k 是在光纤介质中传输高功率光信号时发生的非线性相互作用，它是由光纤介质的分子激励（声子）所诱发的非弹性光子散射。光与声子相互作用导致斯托克斯光的频移（不同于光信号的频率），适当地选择光纤介质和泵浦频，可以将斯托克斯光调谐到被放大光信号的频率上。

受激拉曼散射（SRS）过程可以看成是物质分子对光子的散射过程，或者说光（光子）与物质（分子）的相互谐振作用过程。SRS 的基本过程是激光束进入介质后，介质吸收光子，使介质分子由基能级 E_1 激发到高能级 E_3，$E_3=E_1+\mathrm{n}\omega_{\mathrm{P}}$。这里，$\mathrm{n}=\mathrm{h}/2\pi$，（h

是普朗克常量），ω_P是入射光角频率。由于高能级是一个不稳定状态，它将很快跃迁到一个较低的亚稳态能级 E_2，并发射一个散射光子，其角频率为ω_s，且$\omega_s<\omega_P$，然后张弛回到基态，并产生一个能量为 nΩ 的光学声子。光学声子的角频率由分子的谐振频率决定。该非弹性散射过程前后总的能量是守恒的，即

$$\omega_P = n\omega_s + \Omega$$

散射光称为斯托克斯光，其角频率为ω_s。基本的斯托克斯散射过程如图 2-56 所示。存在的另一个散射过程是：若少数分子在吸收光子能量前已处在激发态 E_2，则它吸收光子能量后将被激发到一个更高的能级 E_4 上，该分子从 E_3 跃迁直接回到基能级 E_1，将发射一个所谓反斯托克斯（Ami-Stokes）光子，如图 2-56（c）所示。

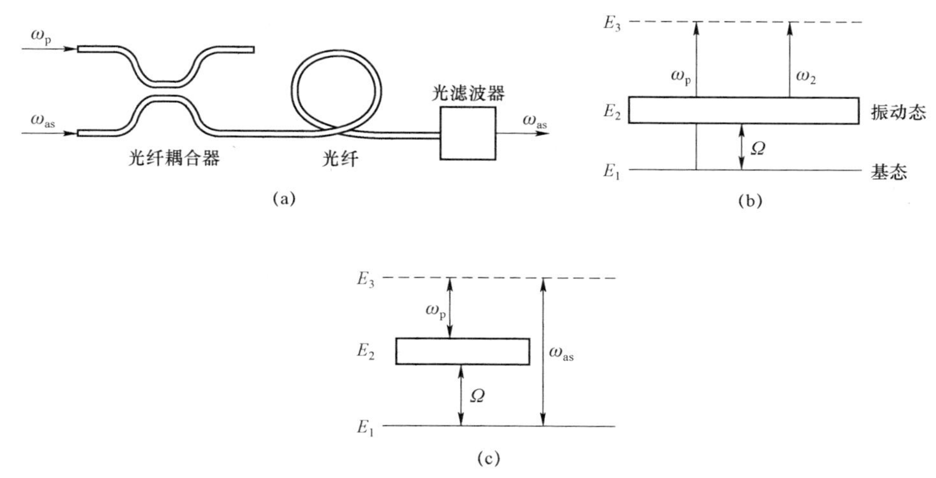

图 2-56 拉曼光纤放大器原理

图 2-56（a）给出了 SRA 原理图，频率为ω_p和ω_{as}的泵浦光和信号光通过光纤耦合器输入到光纤，当这两束光在光纤中一起传输时，泵浦光的能量通过 SRS 效应转移给信号光，使信号光得到放大。泵浦光和信号光也可分别在光纤的两端输入，在反向传输过程中同样能实现弱信号的放大。

拉曼放大器的结构与 EDFA 类似，主要差别在于 EDFA 的增益由一段长度较短的掺铒光纤提供，而拉曼放大器的增益则由传输光纤本身提供，即 EDFA 是集总放大器，而拉曼放大器是分布式放大器。拉曼光纤放大器的泵浦光与信号光既可以是同向的，也可以是反向的，还可以采用双向泵浦。

拉曼放大器的小信号增益可达 30 dB。波长为 1 450 rnn 的泵浦光可放大波长为 1 550 mn 的信号光。放大器的带宽约为 6 THz，转换为放大的波长范围就是 45 mn。改变泵浦光源的波长，拉曼放大器可以放大任何波长的信号光。

2. 拉曼光纤放大器的特点

拉曼光纤放大器是一种宽带放大器，它能够提供整个波段的光放大。通过适当改变泵浦激光器的光波波长可实现在任意波段进行光放大，甚至可在 1 279～1 670 nm 整个波段内提供光放大，目前，拉曼光纤放大器可用于 1 300 nm 波段、1 400 nm 波段和 1 550 nm 波段。

目前，拉曼光纤放大器的小信号增益约为 30 dB，饱和输出光功率为 25 dBm，特别适于作光功率放大器。拉曼光纤放大器的主要问题有：泵浦光源的选择，如何有效地获得更高增益的拉曼效应。

3. 拉曼光纤放大器的主要应用

① 作为高增益、高功率光放大。其中，泵浦光功率为 1～2 W。可提供 30 dB 的增益和接近泵浦功率大小的输出光功率，放大光信号的波长由泵浦光的波长决定。

② 作为光纤传输系统中传输光纤损耗的分布式补偿放大，实现光纤通信系统光信号的透明传输，即增益与损耗相等，输出光功率与输入光功率相等。主要在 1.3 pm 和 1.5 pm 光纤通信系统中用作多路信号和高速超短光脉冲信号损耗的补偿放大，也可作为光接收机的前置放大器。当用作损耗补偿放大时，光纤既是增益介质，又是传输介质，光纤既存在损耗，又产生增益，增益补偿损耗，实现净增益为零的无损透明传输。

三、半导体光放大器

1. 工作原理

半导体光放大器（SOA）除了用于光信号放大之外，还可用于光开关和波长转换器。半导体光放大器的工作原理与激光器一样，都是利用受激辐射来实现对入射光信号放大的，如图图 2-57 所示。激活介质（有源区）吸收了外部泵浦光提供的能量，电子获得了能量跃迁到较高的能级，产生粒子数反转。输入光信号会通过受激辐射过程激活这些电子，使其跃迁到较低的能级，从而产生一个放大的光信号。

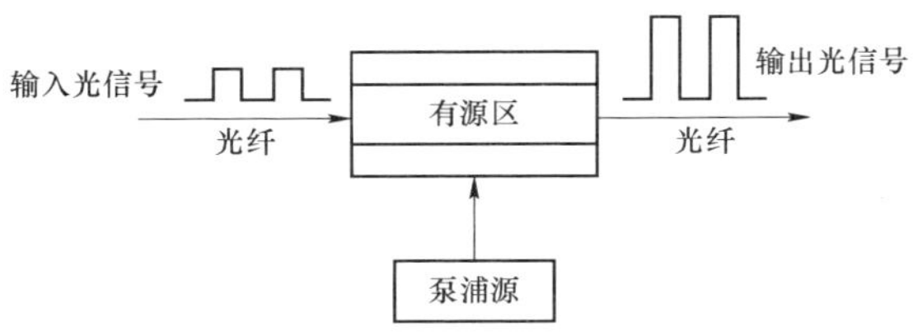

图 2-57　半导体光放大器原理

半导体光放大器与半导体激光器的不同之处在于它没有反馈机制，只能放方光信号，不能产生相干的光输出。

目前，半导体光放大器放大光信号的性能还不如EDFA，有很多问题需要研究。

2. 半导体光放大器结构

（1）法布里-珀罗放大器（FPA）

在FPA中，形成PN结有源区晶体的两个解理面作为法布里-珀罗腔的部分反射镜，其自然反射率可达32%。为了提高反射率，可在两个端面镀上多层介电薄膜。当光信号进入腔内后，它在两个端面来回反射并得到放大，直至以较高的光功率发射出去。FPA的制作容易，但要求注入电流和温度的稳定性较高，光信号的输出对放大器的温度和入射光的频率变化敏感。

（2）非谐振行波放大器（TWA）

TWA结构与FPA的基本相同，但两个端面上镀的是增透膜，称为防反射膜或涂层。镀防反射涂层的目的是为了减少半导体光放大器与光纤之间的耦合损耗，因此有源区不会发生内反射，只要注入电流超过阈值，则在腔内可获得增益。入射光信号只需通过一次TWA就会得到放大。由于TWA的功率输出高，偏振灵敏度低，带宽大，因此它得到了较FPA更广的应用。

3. 半导体光放大器主要特性

（1）与偏振有关，需要保偏光纤。

（2）具有可靠的高增益（20 dB）。

（3）输出饱和光功率范围是5～10 dBm。

（4）具有较大的带宽。

（5）可工作波长为0.85 μm，1.30 μm和1.55 μm。

（6）可使用InGaAsP来制造，体积小、紧凑，易于与其他器件集成。

（7）多个半导体光放大器可集成为一个阵列。

（8）由于非线性现象（四波混频），因此半导体光放大器的噪声指数高，串扰电平高。

4. 半导体光放大器主要应用

（1）光信号放大器

由于工作波长为1.30 pm的EDFA目前尚未达到实用水平，因此可使用半导体光放大器进行光信号放大。

（2）光电集成器件

半导体放大器的主要优点是体积小、成本低、可集成，可在其基片上集成其他光电子器件（例如激光器和检测器）。

（3）光开关

在光交换系统中，半导体放大器可作为高速开关元件使用。因为半导体放大器在有泵浦时产生光放大（开），而在没有泵浦时产生光吸收（关）。半导体放大器作为高速开关元件具有实现简单、高速交换等优点。

（4）全光波长转换

利用半导体光放大器中发生的交叉增益调制、交叉相位调制和四波混频效应，可实现波长转换。

六、其他光放大器

1. 布里渊光纤放大器（SBA）

布里渊光纤放大器的工作原理是利用强激光与光纤中的弹性声波场相互作用产生的后向散射光来实现对光信号的放大，布里渊光纤放大器的主要特点是高增益、低噪声、窄带宽，可形成分布式放大，用作光滤波器、高增益低噪声光前置放大器、多通道相干光通信、多通道光选择器等。

2. 掺镨光纤放大器（PDFA）

掺镨光纤放大器（PDFA）是在非石英光纤中掺入镨来实现光信号放大，PDFA具有较高的增益（约 30 dB）和较高的饱和光功率（20 dBm），适用于 EDFA 不能放大的光波波段，对现有光纤线路升级和扩容有重要的意义。通常，PDFA 采用氟化物光纤、1 017 mn 泵浦光，目前离实用还有一段距离。与 EDFA 相比，PDFA 具有如下特点：

① 工作在 1～3 μm 波长（1 280～1 340 nm）

② 较高的增益（约 30 dB）。

③ 较高的饱和输出（约 20 dBm）。

④ 较高的输出光功率（可达 300 mW）。

⑤ 泵浦光源波长为 1 017 nm。

3. 掺铝（AL）EDFA

为了使 EDFA 具有平坦的增益，可在光纤纤芯中掺铒的同时掺入铝（A1），由此改变了纤芯的组成成分，可改变铒的放大能级分布，加宽可放大的频段。

通过对 EDFA 掺铝可扩大 1 550 mn 波长区。若进一步提高铝的掺杂浓度，可有效地提高在 1 540 nm 时的增益（小信号功率或大信号功率），可实现平坦增益。

4. 掺钇（Y）EDFA

在 EDFA 中掺钇（Y）作为铒的激活剂，以工作在 792 nm 附近的高功率激光器作为激励源，可制成掺钇光纤放大器。

5. 氟化物 EDFA

氟化物掺铒光纤放大器（F-EDFA）是以氟化物为主要材料、掺铒光纤为主体而构

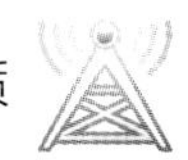

成的光纤放大器。F-EDFA 的主要特点如下：

① 具有较宽的增益平坦度（约 30 nm），特别适合多波长光传输系统。这是因为在 1 530～1 560 nm 波段的 ASE 噪声功率波动较低，可实现平坦增益。

② 氟化物光纤有吸水性，不能与石英光纤熔接，需采用机械连接方法。

③ 氟化物光纤放大器只能用 1 480 nm 泵浦，使得噪声系数至少比 980 nm 泵浦的掺铒光纤放大器高 1 dB。

6. 碲化物 EDFA

碲化物光纤折射率高，受激辐射截面比氟化物光纤和石英光纤大。在 1 600 nm 波长时，EDFA 在碲化物中的受激辐射截面是氟化物光纤和石英光纤的 2 倍。碲化物材料辐射寿命短，不到氟化物光纤和石英光纤的一半，受激辐射截面也小。因此，碲化物 EDFA 可实现宽带放大，与石英系光纤相比，频带向长波长一侧移动，且增益特性平坦。其主要特点如下：

（1）增益平坦度宽（30 nm）。例如在 1 500 nm 波长区，信号放大的最高带宽可达 80 nm，是 EDFA 的 2 倍，在 1 530～1 610 nm 波长区，可得到大于 20 dB 的增益，增益平坦度可达 1.5 dB。

（2）放大波段向长波长移动，在大于 1 627 nm 波长时石英光纤 EDFA 和氟化物 EDFA 不能放大光信号，而碲化物 EDFA 可工作在 1 634 nm 波长，这是碲化物 EDFA 的优点。

第三章　无线光通信

第一节　无线光通信概述

一、无线光通信概述

过去几十年里，光纤波长频分复用（wavelength division multiplexing，WDM）技术将单链路骨干网络的带宽提高几乎 1 000 倍。目前光纤通信以其极高的通信码率得到了广泛的应用，其骨干网络可以给其用户提供高达 Gbps 的带宽。但在办公室与最近光纤骨干网络的“最后一公里”问题上，有线调制技术以及基于 DSL（digital subscriber line）的宽带通信系统仍占主导，基于理论传输速率上限，最终分配给用户端的带宽受到很大限制，成为制约高速上网及发展宽带业务的主要瓶颈。此外，DSL、有线网络以及现有的射频通信均采用低于毫米波的载波频率，无法传输 Gbps 的数据传输速率。在此背景下，具有高频率、宽频带、信道容量大、初始投资低、建设周期短等优点的无线光通信技术受到人们广泛的关注，成为军事、商业和学术界的一个研究热点。

无线光通信（optical wireless communication，OWC）又称为自由空间光通信（free space optics，FSO），是利用激光作为信息载体传输数据，提供无线高速点对点或点对多点通信的一种方式。无线光通信的传播介质不是光纤而是空气，因此无线光通信也称之为“虚拟光纤”通信。

1880 年电话发明者贝尔进行的光电话实验标志着光通信技术的出现，但由于当时实验装置粗糙以及太阳光、灯光等光源的稳定性差，贝尔的光电话始终没有走上实用化的阶段。20 世纪 60 年代美国科学家梅曼发明了红宝石激光器，激光良好的单色性、方向性、相干性及高亮度性等特点为光通信的实现提供了可能，从此掀开了现代光通信史上崭新的一页。20 世纪 70 年代，由于光电器件制造成本较高，国际无线光通信主要应用于军方的国防通信以及星际通信，例如美国陆军的“13MP”项目计划每年花费 5 000 万美元将地面通信系统更换成无线光通信系统，美国空军的网络中心项目计划每年花费 7 500 万美元升级所有空军基地与世界各地的无线光通信千兆以太网连接。美国的

NASA 和欧洲的 ESA 等机构在深空自由激光通信方面已取得成功应用，包括火星通信研究（mars laser communication demonstration，MLCD）和半导体激光卫星链路实验（semiconductor-laser inter-satellite link experiment，SLEX）等。经过十几年的发展，近地卫星间的无线光通信系统已实现了高达 10 Gbps 的传输率。20 世纪 90 年代开始到现在，随着光电器件的迅速发展及成熟，无线光通信通信正在进入非军事应用领域。现代通信对带宽需求的急剧增大意味着传统的使用一种接入技术与终端用户连接的方式将被淘汰。大气激光通信在军事中的成功应用引起人们将无线光通信技术应用于商业的兴趣。在过去的几十年里，世界上很多国家的研究机构都在无线光通信通信技术方面投入相当多的研究并取得很大的成果，目前 Light Pointe Fsona Cable free 和 Tere Scope 等公司是研发无线光通信产品的先行者，以上几家公司现有的无线光通信产品主要性能参数如下：

适用通信速率：1 Mbps～1.25 Gbps；

最大工作范围：500 m～6.7 km（与传输速率有关）；

最大功耗：10 W～55 W；

发射器载波波长：830～860 nm，1 550 nm；

接收器：PIN（传输速率＜150 Mbps），APD（传输速率＞150 Mbps）；

光束宽度：2～4 mrad；

数据接口：同轴电缆，多模光纤，单模光纤；

安全级别：Class 1 M；

单位净重：0.6 kg～20 kg。

在无线光通信研究领域，我国起步较晚，且主要集中在军用卫星光通信研究领域，因此无线光通信的商业产品相对较少。样机比较成熟的单位有：清华同方有限公司，成都光电所，上海光机所，桂林激光通信研究所等。2001 年 12 月清华同方研究发展中心推出了无线光通信产品 TFOW100—1，它能提供 100 Mbps 数据率，工作范围在 1 000 米内的网络连接。该产品采用了小功率激光器，与同类产品相比大幅降低了成本^°。2003 年上海光机所研制了具有双向高速传输和自动跟踪功能的“无线激光通信系统”，其传输速率为 622 Mbps，通信距离可达同年，桂林激光通信研究所正式推出无线光通信商品，速率为 10～155 MbpS，最远通信距离为 8 km。其 GIOC—8 MT 系列设备能同时传输 4 个 2M 数据业务，收发双向，传输透明，最远通信距离可达 6 km，在较恶劣的天气里还能传输 2 km，并达到全年不低于 99.99%的通信率。此外，深圳清华大学研究生院研制了一种无线光通信局域网系统，该系统采用漫射式链路结构，带有激光收发设备的便携式计算机可以连接到本地局域网（LAN）上，能实现 10 M 以太网和 dahoc 两种网络的组建。采用双绞线（UTP）网络接口（RJ45），速率可以达到 10 Mbps，工作范围为 100 平方米。2004 年中科院所属的成都光电所推出 10 Mbps 数据率、通信距离为 300 米的点对点国产激光无线通信机产品。近年来桂林激光通信研究推出的 Fiber Less—2 500 UL 系列无线激光通信设备可提供最大通信容量为 155 Mbps，最远通信距离可达 6 km 以上。2007 年 11 月，由武汉大学激光通信实验室与中国科学院光电院国科环宇空间技术有限公司联合组成的空间激光通信研究组，成功地在北京郊区实验场进行了 1.25 Gbps 速率 16 km 距离的空间激光通信试验。试验中将 8 个通道的 DVD 高清画面和声音数据，同时通过无线激光链路传送到 16 km 外的接收端并实时进行高质量播放。地面 10 km 激光星间传输损耗相当于激光以仰角 10 度斜穿整个星间层的传输损耗。另外，北京大学、电子科技大学、西北工业大学和西安电子科技大学等多所国内一流大学均积极开展有关研究工作，在解决无线光通信系统的关键技术和系统设计等问题上取得了较好的研究成果。

由上可知，无线光通信的发展顺应了通信产业的潮流，未来通信行业的发展趋势必定向高码率、低成本、多接入、安装架设容易的方向发展。无线光通信作为有线通信的有力补充必定受到越来越大的重视。因此，对无线光通信领域的关键技术进行研究具有重要意义。

二、无线光通信系统特点及应用

（一）无线光通信系统特点

无线光通信技术是在光纤通信与无线电通信的基础上发展起来的一种新的宽带接入技术，其系统具有调制频带宽、传输速率高、经济性强及使用灵活等特点。

1. 频带宽、速率高

在通信系统中，调制载波的频率直接关系到系统的数据传输码率。如果不考虑大气湍流效应，理论数据率正比于载波频率，无线电波和微波已广泛应用于无线通信系统中，频率高于 3 THz（3.0×10^{12}）的电磁波开始属于红外光范围，频率在 4.3×10^{14}～7.5×10^{14} Hz 之间的电磁波为可见光，紫外光的频率最高为 7.5×10^{14}～6.0×10^{16} Hz。现在用的无线光通信系统一般采用近红外范围的频谱，其频谱在 10^{14} Hz 数量级上，因此和微波频率（10^{9}～10^{12} Hz）相比，采用近红外光的无线光通信的数据传输速率为微波的 100～100 000 倍。

2. 波束窄

由于无线光通信是在瞬间发送尖波形电波（也就是所谓的脉冲电波），这意味着发射功率集中在一个很短的时间内，使这个时间段内信号的幅值远远大于干扰，容易在接收端检测到信号，实现很好的抗干扰性。与微波信号相比，激光信号波束窄、能量集中、定向性强，因此不易被拦截及窃听，传输隐蔽性和安全性高。此外，无线光通信系统功

率效率高，相同误码率要求条件下所需的功率较微波通信系统低，有利于保护环境。

3. 无需频率许可证，频谱资源丰富

移动通信，计算机数据，无线电基站，飞机、出租车甚至宇航员均使用无线电通信保持互相通信，但是无线电频谱受到载频的限制很难再提高，对高速大容量宽带无线通信的应用压力很大，因此数字移动通信中频谱紧缺的问题受到很大的关注。

为了合理并有效地使用频谱资源，国际电信联盟（International Telecommunication Union，ITU）制定《无线电规则》，将频谱和频率按各成员国的需求进行指配，因此无线电频率必须通过申请才能使用。此外为了减小相连载波间出现有害干扰，各国还有专门机构制定严格的管理规定，如中国的无线电监测中心、美国的联邦通信委员会（Federal Communication Commission，FCC）和英国的通信委员会（Office of Communication，OFCOM），因此申请无线电频谱许可证需要很高的费用以及长达几个月的审核期。目前 ITU 和 FCC 等机构都没有管理光波频率的规定，无线光通信频率使用无需申请且免费等特点大大降低了其应用成本和投入周期，无疑为电信运营商缩短了投资回报的时间。

4. 实施成本低

无线光通信系统的组成器件便宜（收发器包低于 1 美元），与微波通信比设备尺寸小（大约为 1 mm^2），器件重量轻（小于 1 g），使用寿命长（10 年）且性能稳定，功率利用率高（10～100 Mbps 大约消耗 100 mW）。无线光通信和光纤通信具有相同的传输带宽，但没有任何设计、勘察、工程和线路费等附加费用，成本通常只有光纤通信的 1/10～1/3，因此较其他通信手段如卫星站、短波和光缆等，无线光通信系统每兆比特的传输费用更为经济。根据加拿大 Fsona 公司的报告，采用无线光通信系统每兆比特每月的费用大约仅为微波通信的一半。

5. 安装快速，建网方便

与光纤通信相比，无线光通信系统在建网通信时只需要在各通信端安装通信设备，直接在楼顶甚至水域上部署，关键是在发射器和接收器之间建立一条点对点的通信链路，其施工周期甚短，可以在数天甚至数小时内完成通信链路，而铺设光纤则需要数月时间。此外，无线光通信还具有传输协议透明，无电磁干扰等优点。

6. 无线光通信系统存在的问题

当然无线光通信系统应用也存在一些瓶颈：首先，无线光通信系统性能高度依赖于天气条件，雨、雪、雾等恶劣天气会对传输信号产生较大衰减，空气中的尘埃粒子会吸收激光的高能量并使其在空间、时间和角度上发生偏差；其次，无线光通信系统容易受湍流大气影响。光波受大气湍流衰减易造成波束展宽、光束漂移、强度波动（光强闪烁）和接收角起伏等现象，这些现象导致接收信号的位置、强度和相位随机起伏，从时降低通信质量甚至通信中断，严重影响无线光通信的传输质量；再次，无线光通信通信系统中发射机与接收机之间需要严格的视线传输，然而在具体应用中，小鸟、树木的遮挡和建筑物摆动均会导致发射器和接收器无法连接；最后，无线光通信通信中激光功率要符合眼睛安全标准，超过一定功率的激光对人眼甚至人体造成伤害，从而限制了传输距离。

7. 无线光通信系统应用

无线光通信系统向企业和通信运营商提供了一种新的投资成本低、回报率高的光网络连接方案。人们对高带宽网络以及经济可行的光学解决方案的迫切需求导致电信网络中使用无线光通信的用户数目持续增长，无线光通信已经从小众需求逐渐走向市场主流，其在电信网络中的一些应用如下：

（1）“最后一公里”宽带接入以及电信网络的扩充

无线光通信设备可用于移动基站的环路建设，解决用户端与光纤骨干网之间的带宽空隙（“最后一公里”瓶颈）。最新型的无线光通信系统支持 10 Gbps 的以太网，该带宽与光纤系统的带宽相同，大大高于 60 GHz 频率范围内运行的毫米波无线通信系统提供的带宽（1.25 GbPs）。此外，无线光通信组网简单，无需布线和大范围施工，为快速扩充现有的电信网络或连接新网络提供了不错的选择。

（2）光纤通信的备份链路

无线光通信产品可作为备份光纤的冗余链路。目前在商业应用中，特别是政府机关、银行、证券等需要稳定网络服务的单位，通常铺设两条光纤链路来保证网络可靠性，现在运营商可采用无线光通信系统来预防主要光纤链路发生损坏或失效时数据丢失或通信中断的备份设备，以节约成本。

（3）数据回程

无线光通信可用于本地多点分布服务（local multipoint distribution service，LMDS）或蜂窝回程，以及千兆以太网网外与传输网络之间的回程。

（4）企业及特殊场合的应用

无线光通信可灵活的部署在许多企业应用中，如局域网之间互联，存储区域网络以及校园内连接网络等。特别在医院和飞机中，因工作要求的特殊性，有线网络十分不方便，而射频无线或微波网络又会干扰医疗设备或飞行器设备的正常工作，因此，无线光通信是这种环境下的最佳选择。

无线光通信通信技术的一些成功应用如图 3-1 所示。

此外，无线激光通信还可作为空间通信手段，构成星间通信链路，实现低轨道卫星与高轨道卫星（LEO-GEO）、高轨道卫星与高轨道卫星（GEOGEO）、低轨道星与低轨道卫星（LEO-LEO）以及卫星与地面之间的通信。还可以用于卫星与水下通信、水下

无线传感器网络、光/声学成像探测和水下航行器［自主式水下机器人（autonomous underwater vehicle，AUV）、潜艇、蛙人］之间的通信等领域，实现水下观测数据的传输及控制指令的实时交换。

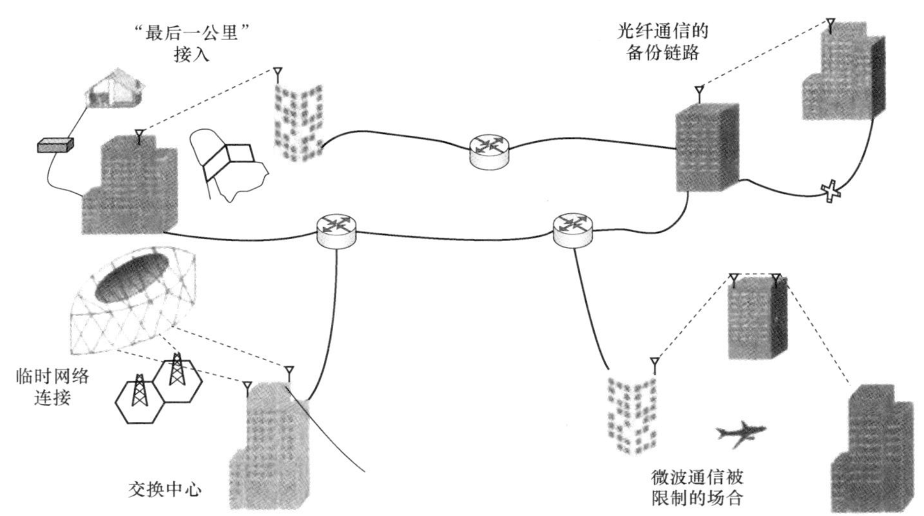

图 3-1　无线光通信的一些成功应用举例

三、无线光通信系统的系统组成关键技术

无线光通信系统主要由光发送子系统，光接收子系统，对准〔发送机瞄准一个恰当方向的操作叫作对准（pointing）〕、捕获〔确定入射光束到达方向的接收机操作被称为捕获（acquisition）〕、跟踪〔在整个通信期间保持对准和捕获的操作称为跟踪（tracking）〕子系统和其他一些辅助系统组成。光发送子系统主要由光源、编码器、调制器和光学发射天线几部分组成。光接收子系统由光学接收天线、探测器、解调器和译码器等组成。对准、捕获、跟踪子系统是空间无线光通信系统中重要的子系统之一，也是空间无线光通信与其他通信系统的区别之处。辅助系统包括遥控、遥测等辅助设备。

空间无线光通信系统基本原理如图 3-2 所示，在发射端和接收端各有一个光发射器和接收探测器，发射端将需要传输的信源信息调制到激光信号上，通过大气信道传输到接收端，信号由光探测器检测。由于大气对光信号具有衰减效应，大气湍流还会引起光斑的漂移，因此在收发端用自动跟踪系统来修正大气湍流产生的光斑漂移，保证收发端的光学天线始终处于准直状态。由于大气中存在着多种随机现象，接收探测器检测到的光信号会出现强度起伏和光斑抖动等现象。

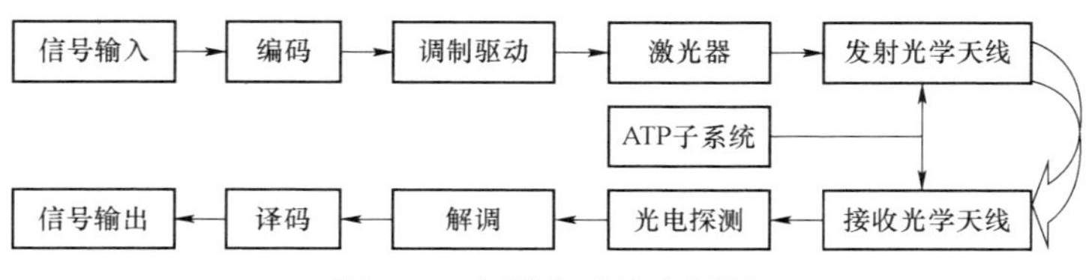

图 3-2　光通信系统方框图

目前对无线光通信的研究主要集中在提高传输系统的可靠性问题上，其关键技术主要包括以下几项：

（一）大气信道处理技术

无线光通信大气信道泛指光发射机与光接收机之间的空间。实现高质量通信离不开低迟延，高速率和高可靠性的信道。而对于某一种特定的链路格局，其路径损耗和多径色散这些信道特征决定了通信系统设计的许多方面，例如对模型和编码技术的适当选取，发射功率和接收灵敏度的要求，以及数字通信系统的误码率等。另外，在无线光通信系统设计中，诸如发射机功率、发射光束形态、接收滤波器以及接收面积和接收视场角等也都需要根据信道的属性来确定。因此，精确分析室内无线光通信信道的特性对整个系统的设计有着重要意义。

（二）激光器技术

激光器就是能发射激光的装置。无线光通信系统中，光信号在传输过程中空间损耗大，因此要求光发射系统中的激光器具备发射功率高、持续时间长、转换效率高、光束质量好等特点，所以激光器技术一直是发展无线光通信的关键因素之一；各种激光器的基本工作原理均相同，装置的必不可少的组成部分包括激励（或抽运）、具有亚稳态能级的工作介质和谐振腔 3 部分，如图 3-3 所示。激励是工作介质吸收外来能量后激发到激发态，为实现并维持粒子数反转创造条件。激励方式有光学激励、电激励、化学激励和核能激励等。激光工作物质，是指用来实现粒子数反转并产生光的受激辐射放大作用的物质体系，这些物质体系可以是固体（晶体、玻璃）、气体（原子气体、离子气体、分子气体）、半导体和液体等媒质，必须尽可能在其工作粒子的特定能级间实现较大程度的粒子数反转。谐振腔通常是由具有一定几何形状和光学反射特性的两块反射镜按特定的方式组合而成，可使腔内的光子有一致的频率、相位和运行方向，从而使激光具有良好的定向性和相干性。

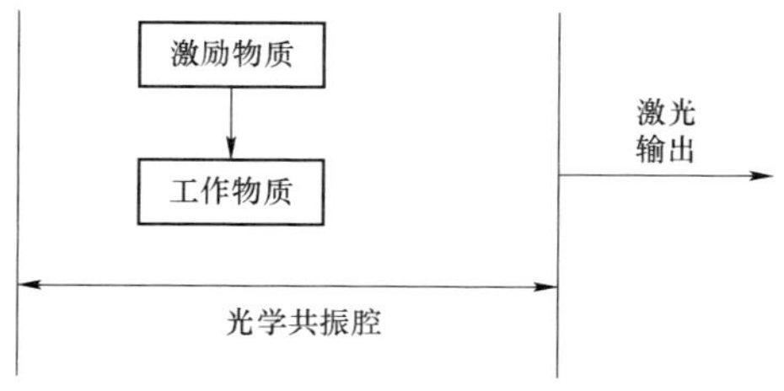

图 3-3　激光器结构示意

半导体激光器具有效率高、体积小、重量轻、结构简单、能将电能直接转换为激光能、功率转换效率高（已达 10%以上、最大可达 50%）、便于直接调制、省电等优点，因此在无线光通信应用领域 H 益扩大。且随着科学技术的迅速发展，半导体激光器的

研究正向纵深方向推进，半导体激光器的性能在不断地提高。目前半导体激光器的功率可以达到很高的水平，而且光束质量也有了很大的提高。

（三）光学天线技术

光学天线实际就是光学望远镜，是无线光通信系统的重要组成部分。光学天线又分发射光学天线和接收光学天线，前者的作用是用来对准接收端，同时将截面积较小而发射角较大的发射光束变成截面积较大而发射角很小的光束，从而使发射光更加准直，使传播距离更远。所以发射光学天线又叫做光束准直器。

而后者则是用来对准发射光束和接收尽可能多的光能，增大探测器的有效接收面积，使光束聚焦在光电检测器上。光学天线的示意图如图 3-4 所示，驱动源 SO.1 调制并驱动半导体激光器 DL1，发射的信号光束经准直望远镜 TEL.1 准直后由发射镜 Ml 发射到 M0 • 并发射到对方的接收系统；驱动员 SO.2 调制并驱动半导体激光器 DL2，发射的信标光束经准直望远镜 TEL. 2 准直后由发射镜 M2 发射到 M0 与信号光一起发射出去，方向沿着主天线轴线。发射电路与接收光路构成隔离度为 100%的收发共轴隔离系统。

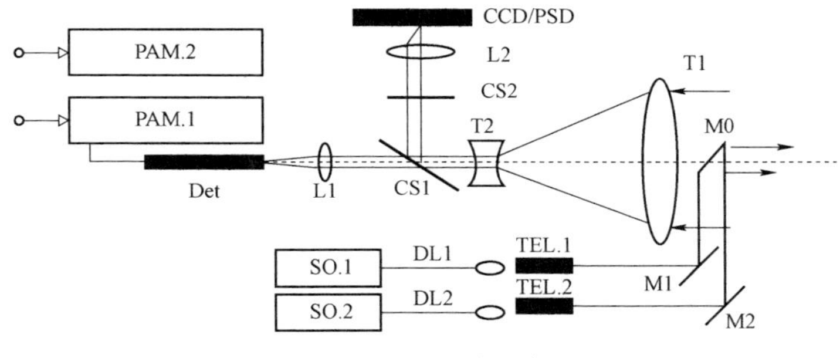

图 3-4 光学天线示意图

发射光学天线一般有透射型和反射型两种结构。透射型光学天线既可以作为发射望远镜，又可以作为接收望远镜，其基础结构分为开普勒型和伽利略型望远镜两种。反射型光学天线一般用作激光接收系统，可以分为牛顿系统、格里高利系统和卡塞格伦系统三种形式，如图 3-5 所示。

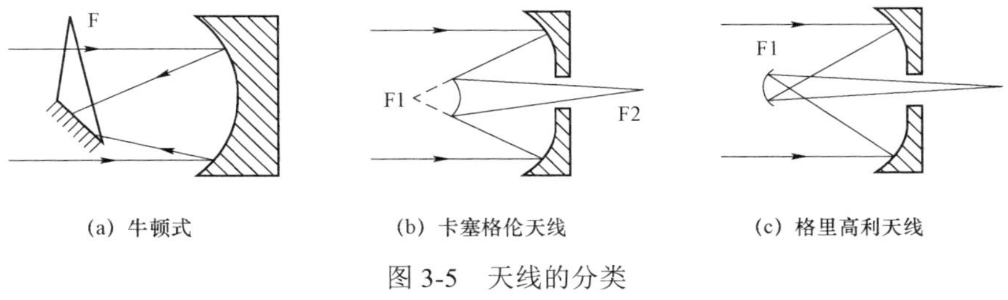

图 3-5 天线的分类

在无线光通信系统中，主要使用卡塞格伦天线，这是因为卡塞格伦天线工艺成熟、工作可靠性高、增益足够大；同时由于光学物件数量少，简单便于光路设计，易于精确加工和装配，加工精度容易保证，成本少，口径容易做大，损耗小。

（四）APT 技术

确定入射光束到达方向的接收机操作被称为捕获（acquisition），发送机瞄准一个恰当方向的操作叫作对准（pointing），在整个通信期间保持对准和捕获的操作称为跟踪（tracking）。捕获、瞄准、跟踪系统 ATP（acquisition tracking and pointing）——用以建立星间光通信链路，并确保两通信终端能精确对准，实现星间可靠通信。可见，ATP 是保证实现空间远距离光通信必要的核心技术。

空间光通信系统中，要在收信端与发信端之间快速建立通信链路，并在通信过程中确保链路的稳定与可靠，捕获、瞄准、跟踪技术至关重要。双向收发的 ATP 系统结构框图如图 3- 6 所示，当发射信号与接收信号采用不同波长的激光时，可以通过分色镜来区分，以达到收发合一的目的。

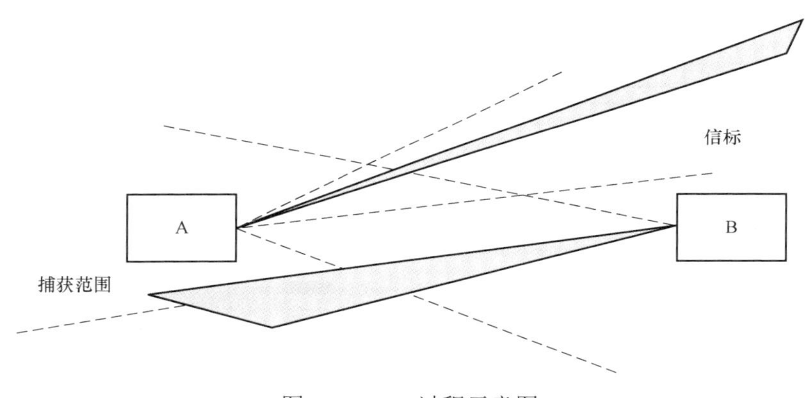

图 3-6　ATP 过程示意图

如图 3-6 所示，首先由 A 站发射信标光扫描其不确定区，同时打开接收光路时刻准备接收 B 站返回的信标光。与此同时 B 站也在其初始捕获视场范围内通过控制伺服机构进行搜索扫描，以便接收 A 站发射的信标光。当 B 站接收到 A 站发来的信标光时立刻启动闭环粗跟踪回路，探测入射信标光的到达方向，并引导本地的发射天线沿入射信标光方向反向发回信标光；同时，调整粗跟踪伺服机械使接收到的信标光斑向粗跟踪视场的中心靠拢，减小粗跟踪视场轴线和入射信标光到达方向的偏差。一旦 A 站检测到 B 站发来的信标光，便停止搜索扫描，启动闭环跟踪，立刻调整粗跟踪伺服系统使接收到的信标光斑向粗跟踪视场中心靠拢。A、B 站根据接收到的光斑在本地粗跟踪探测器中的位置计算出入射信标光到达方向与本地视场轴线的偏差角，当偏差达到预定的粗、精跟踪转换门限的时候，就启动精跟踪环路。B 站发射的信号光经过分束，一部分

被当作参考光，进入精跟踪发射光斑探测器中，用以指示发射光束的指向。然后根据精跟踪接收光斑探测器中信标光光斑位置和精跟踪发射光斑探测器中 B 站发射的信号光光斑的位置偏差，调整声光光束偏转器（AOD），让本地发射的信号光斑去跟随接收到的 A 站发来的信标光斑，最终实现发射的信号光方向和接收到的信标光光束到达方向共轴，完成瞄准。对于信号光的接收，则采用闭环环路，根据信号跟踪探测器提供的光斑中心偏差信息，控制 AOD 将光斑稳定在信号光接收视场中心，以便光信号的稳定接收。

当 A 站也完成了精跟踪并向 B 站发出信号光，然后两站交换了握手信息后，表示光链路建立，可进行双向数据通信。国外空间光通信方面的 ATP 技术特点，比较典型的有欧洲的 SILEX 激光通信系统、美国 JPL 的 STRV—2 激光通信和日本 NEC 公司的空间光通信系统。SILEX 系统的优点是它具有良好的功能模块设置，而且跟踪探测和捕获探测的光到达方向相同，在瞄准过程中考虑光速有限的问题，进行超前瞄准，不足的地方是需要对初始位置进行严格限制，必须完全控制卫星轨道模型作为初始位置先验知识。

日本 NEC 公司使用大范围的精跟踪机械（WFPM）和粗跟踪机械（CPM）的组合方式，来实现大范围的精确瞄准，使得系统体积重量较以往的 ATP 设备更轻便、快速、有效。NEC 公司使用的 WFPM 采用的反射式接收天线，由于质量较大的光学天线盘面不动，而只是用 CPM 转动质量较轻的反射镜，所以可以大大提高粗跟踪系统的带宽，降低对伺服机械扭力矩的要求，使 ATP 系统重量和体积都减小；其偏转范围为 140 mrad，瞄准精度 3.0 urad，响应频率 380 Hz。若采用四象限光电探测器（QD）进行反馈控制，预计瞄准精度可达到 1 rad。

美国 JPL 的 STRV-2 采用激光通信系统 GPS（global positioning system）进行初始引导，然后使用粗精方式进行目标的捕获、跟踪和瞄准，并采用大视场角来捕获地面的目标，这样便提高了 ATP 系统的响应速度；同时将发射光束分束作参考，用以提供光束发射方向和接收光方向的误差信息，使振动误差和系统误差分别低于 18.6 urad 的振动误差和 2.2 urad。

除了这三种典型系统之外，美国的林肯实验室在 1992 年提出采用声光偏转器件（acousto-optic deflector，AOD）进行光束跟踪，首次对非机械装置的光束控制方法进行了探索。日本的 ATR 在 1996 年利用光学相位阵列天线实现了二维超高速的光束控制，其控制带宽达 924 MHz。此后，罗马实验室除了将 AOD 用于激光通信，又提出了采用对液晶阵列偏转器（liquid crystal device）实现光束偏转控制，又在 1996 年与德国进行了合作研究，试图取代高速偏转反射镜以补偿卫星上的微振动。从光学效率、响应时间、偏转范围和功耗等性能指标上论证了上述两种技术均能满足目前卫星光通信中 APT 系统的需要。2001 年，美国又对声光偏转器件进行了进一步的研究，Binghamton 大学光通信研究实验室和 JPL 合作设计了采用布拉格声光效应实现光束偏转的精瞄准系统。该系统采用四象限光电探测器（QD）进行反馈控制，控制带宽可达 3 kHz，目前这项技术还处于仿真研究阶段。在我国，关于空间 ATP 技术的研究则已经从可行性论证、关键单元技术研究和整体系统实验装置的开发和应用性能测试阶段进入实际应用和全面发展阶段。北京大学在原子滤光器的研究方面取得了一定成果；中科院光电所在复合轴跟踪技术、快速倾斜镜的制造等方面都取得了显著的成果；电子科技大学成功研制了具有 ATP 功能的双向通信激光通信端机，这是很重要的一项成果。

（五）高码率调制技术

采用何种调制方式往往决定了系统的整体性能。在无线光通信中，光信号直接在空气中传播，平均发射的光学功率会影响眼睛的安全和用电池供电的便携式无线光设备的电能消耗，这些都限制了收发器的平均发射功率。因此，评价调制技术的最重要的判据之一就是为达到要求的误码率所需的平均光功率的大小。在噪声平均功率和信号平均功率一定的情况下，要降低误码率，就必须提高信号的峰值功率和平均功率的比值，要求选择合适的调制方案。而功率效率的提高通常通过增大带宽需求而获得。当散弹噪声为主要噪声时，信噪比正比于光电探测器的面积，所以要选择尽可能大的探测器。但是当探测器面积变大时，其电容也变大，限制了光接收机的带宽。因此，用于无线光通信中的调制方式的带宽需求也是一个需要考虑的重要因素。

（六）脉冲波形

在无线光通信系统中，良好的脉冲波形有利于克服码间干扰、提高检测判决正确率、降低误码率。传统的脉冲波形包括高斯脉冲、升余弦脉冲、三角波脉冲、截断余弦脉冲、方波脉冲等。但对于具体的调制方法，可设计出更为简单可靠的波形，以便于在实际应用中根据具体的要求选择相应的脉冲波形。

（七）光信号检测技术

无线光通信可采用的检测技术包括非相干检测和相干检测。非相干检测所需设备简单，易于实现，但误码率较高；相干检测时经相干混合后的输出光电流的大小与信号光功率和本振光功率的乘积成正比，由于本振光功率远大于信号光功率，从而使接收机的灵敏度大大提高。因此，采用相干检测时，能改善接收机的灵敏度，降低系统误码率；此外还能增加中继距离，减少中继设备，从而节约工程费用。

第二节 大气湍流信道模型

一、引言

大气湍流是由于大气中压力、高度以及风速的变化导致大气温度的随机变化，从而使大气中的传输光束波作随机起伏，引起光束抖动、强度起伏（闪烁）和像点抖动等效应。湍流的不均匀性可以看成不同温度的离散漩涡对激光产生不同的折射系数，激光束和湍流介质的相互作用导致光束相位和幅度的随机变化，即光强闪烁，从而降低了无线光通信链路的性能。大气湍流通常按照折射率变化和不均匀性分为弱、中、强三级。

无线光通信广泛应用面临的一个很大的挑战就是随机的大气衰减，其中湍流效应是大气衰减的主要因素，无论晴天、阴天或雨天，大气湍流现象均存在，其光闪烁强度随气流和地面温度的不同而变化。因此无线光通信系统必须采用有效措施克服光强闪烁的衰减，包括调制技术、符号同步技术、编码技术和跟踪捕获技术等。

1969 年 P. H. Deitz 采用脉冲激光器和氦氖激光器检测光强起伏与传输距离和湍流强度之间的关系。作者记录了 200 m 到 1 500 m 范围内，波长为 694.3 nm 和 632.8 nm，横截面直径为 61 cm 的激光束的正态幅度方差值，结果表明路径长度小于 700 m 时，正态幅度方差值随着距离的增大而增大，但路径长度大于 700 m 后，发射光束的光强起伏则不再增大。分别检测了水平路径为 1～2.5 km 和 8.5 km 的近地大气湍流信道中激光束的光强起伏，结果表明功率谱密度的带宽均小于 1 kHz。实验数据表明带宽为 2 kHz 的谱密度至少比光信号峰值功率低 25 dB。由此可见光强闪烁是窄频带范围内的基带随机过程。

在弱湍流条件下，接收光强起伏服从对数正态分布（Lognormal Distribution.LM）。早在 20 世纪 60 年代就有 Tatarslkii：和 M. Chernov 等人开始研究大气湍流中的光强起伏分布。在弱湍流条件下，Tatarslkii 预测光强起伏的相关宽度与第一菲涅耳区 $\sqrt{L/k}$ 级数有关，其中 L 代表路径长度，$k=2\pi/\lambda$ 代表光波数，λ 代表光波长。菲涅耳区定义为离光源距离为 L 的区域内最容易产生光强闪烁的漩涡尺度。也就是说，尺度小于菲涅耳区的漩涡由于反射率小不易产生光强起伏，尺度大于菲涅耳区的漩涡因传播角度足够大可避免发生衍射。1966 年 Hohn 通过测量路径长度分别为 4.5 km 和 14.5 km 的链路，最早给出了未调制激光束强度分布情况，但实验结果表明随着闪烁强度增大，LN 对光强起伏分布的近似准确度降低。1973 年 LR.Dunphy 通过实验测量指出，在强起伏条件下，光强协方差的大小随着 Rytov 变量σ^2的增大而减小，并在数值上接近 1，且在远距离时出现一个大的残余相关尾部。1974 年 Yura 等人提出了改进的 Tatarskii 模型，当中考虑了光辐射通过强湍流信道时的空间相干性。该模型主要为幅值估计而非严格的理论推导，但是其结果表明闪烁指数的饱和状态为单位 1。同年，Clifford 等人将 Tatarskii 理论延伸为强湍流条件下的正态幅度方差，表明了方差值随着传输路径的增加而缓慢减小，并说明最小尺度的光强起伏服从饱和区域的原因。1981 年 R. J. Hill 和 S. F. Clifford 进一步推导出饱和区域中任意折射率谱下光强幅度方差接近。尽管 Yum 和 Clifford 等人提出的模型和后来的实验结果不能完全统一，但其对基本理论的定性分析仍十分有用。1974 年 V. I. Shishov 和 K. S. Gochelashvili 等人最早提出基于 Kolmogorov 假设的强湍流近似模型。随后人分别提出了强湍流信道中平面波和球面波传输时的内尺度模型。然而这些近似模型的数据推测与实验仿真结果都不能完全吻合，特别是在强湍流条件下，理论模型推出的闪烁曲线的斜率和仿真结果相差较大。因此近年来人们不断完善闪烁理论并提出一些有用的关于光强闪烁的模型，特别是在中强湍流条件下的闪烁情况。例如 K 分布模型，该分布最早用来表示非瑞利分布的海洋回波，实验表明在强湍流条件下，光强分布和 K 分布能完美地吻合。为了同时满足弱湍流到强湍流下的闪烁条件，人们提出了一系列组合模型，如正态指数分布模型、正态 K 分布模型、正态莱斯分布模型等。2001 年 Andrew 等人基于随机光闪烁理论，提出了一个新的双参数模型，该模型假设大尺度波动起伏调制小尺度波动起伏，且两者均服从 Gamma 分布，实验表明该模型可以很好地吻合从弱湍流到强湍流的闪烁分布。2011 年 Shlomi Amon 在文献中描述了无线光通信系统在大气通信和水下通信中的重要作用，提出了将复杂的 Gamma-gamma（GG）模型用 Meijer G 函数表示。前研究者多数采用 LN 模型分析无线光通信系统在弱湍流条件下的性能，采用 GG 模型分析无线光通信系统在强湍流条件下的性能。

二、大气湍流理论

由于大气湍流在大部分情况下是非均匀的，因此理论研究认为湍流出现时，大气运动是由不同尺度的涡旋连续叠加组成，如图 3-7 所示。首先是大尺度涡旋，其尺度 L_0 记为湍流的外尺度，其能量来自平均运动的动量和浮力对流的能量；随着湍流运动的速度不断增大，大尺度涡旋表现出不稳定性而分裂成中间尺度的涡旋。中间尺度的涡旋能量，代表着将上一级大尺度涡旋往下一级更小尺度涡旋传送能量的关系；当动能全部转化为热能时，湍流涡旋无法分裂为更小尺度的涡旋，其最小尺度记为湍流的内尺度 l_0。在大气边界层内，可观测分析到湍流外尺度 L_0 约为几十米到数百米，而内尺度 l_0 仅约为几毫米到数厘米。

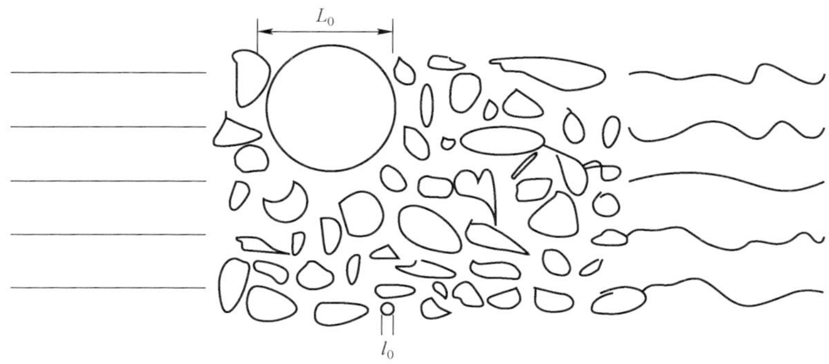

图 3-7　湍流信道

根据柯尔莫哥洛夫（Kolmorotov）局地均匀各向同性的湍流理论，定义空间任意两点间的折射率结构函数为：

$$D_n(s,\hat{s}) = c_n^2 r^{2/3}$$

式中：r 为统计湍流特征的两点之间的距离；C_n^2 为大气折射率结构常数，其值与信号传输高度和大气风速相关，一般用 Hufnagel-Valley 模型表示为：

$$C_n^2(h) = 0.005\,94(v/27)^2(10^{-5}h)10\exp(-h/1\,000) + 2.7\times10^{-16}(-h/1\,500) + A'\exp(-h/100)$$

式中：v（m/s）为风速；h（m）为系统信号的传输高度；A'值决定于地面（h＝0）大气折射率结构常数值 $C_n^2(0)$。大气湍流折射率的统计特性直接影响到激光束的传输特性，通常用折射率结构常数的数值大小来表征湍流强度，即弱湍流时 $C_n^2 < 10^{-17}(\mathrm{m}^{-2/3})$；中等湍流时 $C_n^2 < 10^{-15}(\mathrm{m}^{-2/3})$；强湍流时 $C_n^2 < 10^{-12}(\mathrm{m}^{-2/3})$。

在谱域中，根据 Kolmorotov 的湍流理论，折射率的功率谱密度可表示为：

$$\Phi(\kappa) = 0.033C_n^2\kappa^{-11/3}, 2\pi/L_0 \ll \kappa \ll 2\pi/l_0$$

实际上，大气湍流要比上述模型复杂得多。大气的湍流漩涡尺度在几个毫米到几百米的范围内，湍流的最小尺度和最大尺度分别由黏性阻尼影响和大气流动时大范围运动的空间尺度决定。Kolmorotov 关于湍流理论的经典理论中，功率谱密度 $\Phi_n(\kappa)$ 根据参数 κ 分为三个不同的区域：能量输入区域，惯性区域，能量耗散区域。

波数 κ 小于某一临界波数 κ_0 的范围叫做能量输入区域，这个范围内 $\Phi_n(\kappa)$ 的形式取决于特定的湍流行程方式，而且通常是各向异性的，因此在这个范围内无法理论预言 $\Phi_n(\kappa)$ 的数学形式。当波数 κ 大于某一临界波数 $\kappa_0 \approx 2\pi/L_0$ 时，制约大湍流漩涡分裂为小湍流漩涡的物理定律决定了 $\Phi_n(\kappa)$ 的形状，就进入了湍流的惯性区域，符合 Kolmorotov 湍流理论。当波数 κ 继续增大，达到另一个临界值 $\kappa_m \approx 2\pi/l_0$ 时，能量的耗散超过了动能，这个范围叫能量耗散区域，这个范围里 $\Phi_n(\kappa)$ 的形式再次改变，$\Phi_n(\kappa)$ 很快下降。在能量耗散区域，$\Phi_n(\kappa)$ 通常可表示为：

$$\Phi(\kappa)=0.033C_n^2\kappa^{-11/3}f(\kappa l_0)$$

式中，$f(\kappa l_0)$是代表波数高光谱凸起和耗散范围内一个无量纲数，不考虑湍流内尺度影响时：

$$f(\kappa l_0)=1$$

考虑湍流内尺度影响时，Tatarskii 模型取：

$$f(\kappa l_0)=\exp[-(\kappa l_0/5.92)^2] \tag{3-1}$$

但是 Flatte′等人指出，在后谱中光闪烁指数有高达 50%的非准确率。虽然$f(\kappa l_0)$的准确值尚未得出，Andrews 等人将其近似地表示为：

$$f(\kappa l_0)=\exp(-\kappa^2/\kappa_l^2)[1+1.802(\kappa/\kappa_l)-0.254(\kappa/\kappa_l)^{7/6}]$$

$$\kappa_l=3.3/l_0 \tag{3-2}$$

图 3-8 和图 3-9 分别表示不同湍流内尺度影响下，$\Phi_n(\kappa)$和$f(\kappa l_0)$随参数κ的变化曲线。如图 3-8 所示，当内尺度$l_0\neq0$，κ较小时，式（3-1）所得的$f\left(\kappa l_0\right)$比式（3-2）所得的$f(\kappa l_0)$大，但当l_0较大时，两者则相反。如当内尺度l_0 = 8 时，当κ<0.4 时式（3-1）所得的$f(\kappa l_0)$较式（3-2）所得的$f(\kappa l_0)$大，但当κ>0.4 时，式（3-2）所得的$f(\kappa l_0)$较由式（3-1）所得的$f(\kappa l_0)$的大。如图 3-10 所示，当κ<0.5 时，式（3-1）和式（3-2）所得的近似相等，但当κ>0.5 时，式（3-2）所得的$\Phi_n(\kappa)$比由式（3-1）所得的$\Phi_n(\kappa)$的大。

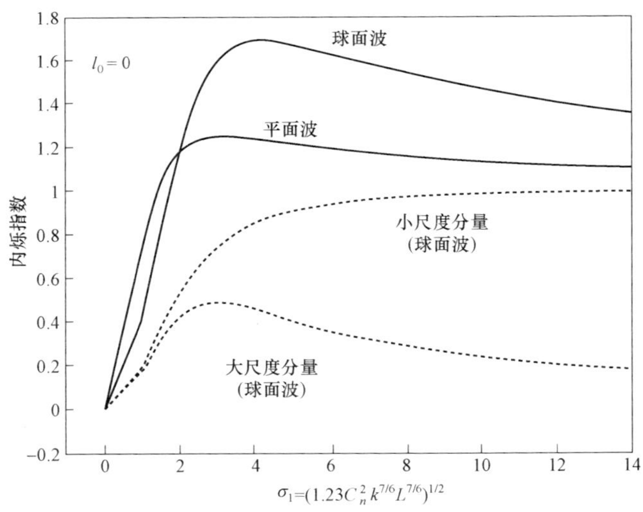

线为式（3-1）中采用的f值，实线为式（3-2）中采用的f值

图 3-8　不同湍流内尺度影响下，$f(\kappa l_0)$随参数κ的变化曲线

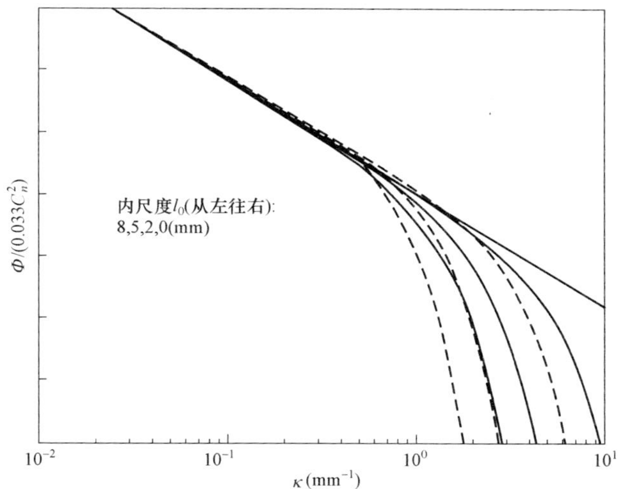

虚线为式（3-1）中采用的f值，实线为式（3-2）中采用的f值

图 3-9 不同湍流内尺度影响下，$\Phi_n(\kappa)$ 随参数 κ 的变化曲线

三、光强闪烁理论

大气湍流导致空气折射率的随机变化，从而形成光强闪烁。当光束直径大于湍流直径时，光束直径内就会包含多个尺度漩涡，每个漩涡各自对光束进行独立的散射和衍射，从而导致光束强度在时间和空间上随机起伏，即光强闪烁。通常用闪烁指数（强度起伏方差）来反映光强起伏的强弱，闪烁指数可定义为：

$$\sigma_I^2 = \frac{I^2}{I} - 1$$

式中，I 代表光波强度，角括号＜ • ＞表示系统平均。在弱起伏范围内，即闪烁指数小于 1 的范围内，光强闪烁指数与平面波 Rytov 方差 σ_1^2 成正比，σ_1^2 可表示为：

$$\sigma_1^2 = 1.23C_n^2 k^{7/6} L^{11/6}$$

式中：C_n^2 表示折射率结构常数；$k = 2\pi / \lambda$；λ 为光波波数；A 为波长；L 为发射器与接收器之间的传输路径长度。由此可见，Rytov 可以看作是大气折射率起伏强度的另一种表示，在光强弱起伏范围内，光强闪烁指数随着 Rytov 方差的增加而增加，当光强闪烁指数增到一个最大值时，由于光强闪烁的饱和效应，闪烁指数将不随 Rytov 方差的增加而增加，反而减小到接近于 1 的数。

可假设 $I = xy$，其中，x 代表由大尺度漩涡引起的闪烁分量，y 代表由统计独立的小尺度漩涡引起的闪烁分量，那么光强的二阶矩为：

$$I^2 = x^2 y^2 = (1+\sigma_x^2)(1+\sigma_y^2)$$

式中，σ_x^2 和 σ_y^2 分别表示 x 和 y 的归一化方差值；σ_x^2 代表大尺度闪烁分量的方差值；σ_y^2 代表小尺度闪烁分量的方差值。为了便于计算，我们假设 $I=1$，基于上式的闪烁指数为：

$$\sigma_I^2 = (1+\sigma_x^2)(1+\sigma_y^2) - 1 = \sigma_x^2 + \sigma_y^2 + \sigma_x^2\sigma_y^2$$

进一步假设 x 和 y 的归一化对数光强方差为 $\sigma_{\ln x}^2$ 和 $\sigma_{\ln y}^2$，则 σ_x^2 和 σ_y^2 可分别表示为，$\sigma_x^2 = \exp(\sigma_{\ln x}^2) - 1$ 和 $\sigma_y^2 = \exp(\sigma_{\ln y}^2) - 1$，闪烁指数公式可直接由 $\sigma_{\ln x}^2$ 和 $\sigma_{\ln y}^2$ 表示为：

$$\sigma_I^2 = \exp(\sigma_{\ln x}^2 + \sigma_{\ln y}^2) - 1$$

（一）平面波传输

在不考虑内尺度漩涡时，计算通过湍流信道传输一定距离后的一束无限平面波的闪烁指数，其中大尺度分量和小尺度分量的对数方差分别表示为：

$$\sigma_{\ln x}^2 = \frac{0.49\sigma_1^2}{(1+1.11\sigma_1^{12/5})^{7/6}}$$

$$\sigma_{\ln y}^2 = \frac{0.51\sigma_1^2}{(1+1.69\sigma_1^{12/5})^{5/6}}$$

因此，不考虑内旋涡闪烁时，闪烁指数可表示为：

$$\sigma_I^2 = \exp\left(\frac{0.49\sigma_1^2}{(1+1.11\sigma_1^{12/5})^{7/6}} + \frac{0.51\sigma_1^2}{(1+1.69\sigma_1^{12/5})^{5/6}}\right) - 1，\quad 0 \leqslant \sigma_1^2 < \infty \qquad (3\text{-}3)$$

考虑内旋涡时，大尺度闪烁的归一化对数方差可表示为：

$$\sigma_{\ln x,p}^2 = 0.16\sigma_1^2\left(\frac{2.61\eta_l}{2.61+\eta_l+0.45\sigma_1^2\eta_l^{7/6}}\right)^{7/6} \times \left[1+1.753\left(\frac{2.61}{2.61+\eta_l+0.45\sigma_1^2\eta_l^{7/6}}\right)^{1/2}\right] - 0.252\left(\frac{2.61}{2.61+\eta_l+0.45\sigma_1^2\eta_l^{7/6}}\right)^{7/6}$$

式中：$\eta_l = 10.89L/kl_0^2 = 10.89(R_F/l_0)^2$；$R_F = (L/k)^{1/2}$ 为菲涅耳域。考虑内尺度分量时，平面波传输时闪烁指数为：

$$\sigma_I^2 = \exp\left(\sigma_{\ln x,p}^2 + \frac{0.51\sigma_1^2}{(1+1.69\sigma_1^{12/5})^{5/6}}\right) - 1$$

图 3-10 给出了大尺度闪烁分量（实线）和小尺度闪烁分量（虚线）的方差 σ_x^2 和 σ_y^2 与湍流强度参数 σ_1 的关系。从图中可以看出，大尺度闪烁指数在大约 $\sigma_1 = 1.5$ 处出现了一个峰值，当 σ_1 增大时，小尺度起伏逐步增大无限接近于 1。此外还可以看出，在 $\sigma_1 > 1$

的区域中，小尺度起伏量比大尺度起伏量大得多。

图 3-11 画出式（3-3）中求出的平面波的光强闪烁指数，同图，3-10，我们采用 Rytov 参数σ_1来表示湍流强度。可以看出，闪烁指数在大约$\sigma_1=2.5$ 处出现峰值，当$\sigma_1<2.5$时，闪烁指数σ_I^2随σ_1的增大而迅速增大，但$\sigma_1>2.5$时，σ_I^2随σ_1的增大反而逐渐降低，其值无限接近于 1。

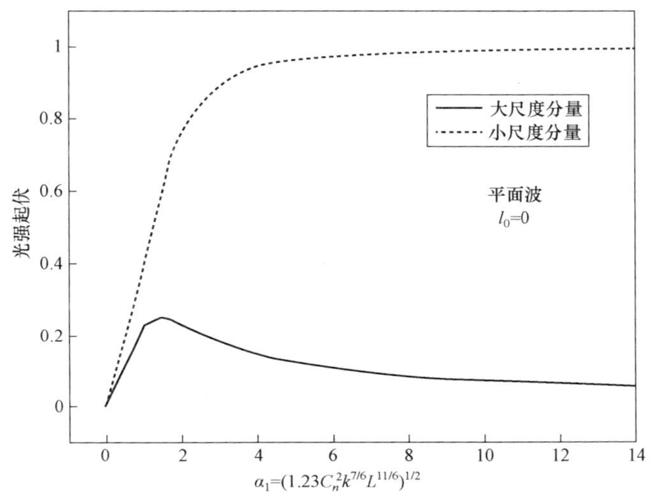

图 3-10 大尺度和小尺度的起伏方差值与湍流强度的关系（不考虑内尺度分量）

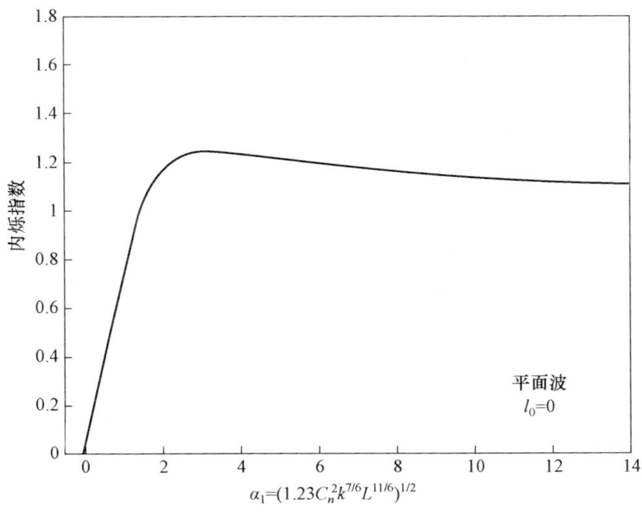

图 3-11 平面波闪烁指数与湍流强度的关系（不考虑内尺度分量）

图 3-12 给出了取不同小尺度闪烁参量时，闪烁指数与 Rytov 参量的关系，其中假设σ_1中$\lambda=2\pi/k=0.488\mu\text{m}$，$C_n^2=5\times10^{-13}m^{-2/3}$。因此$\sigma_1$仅随传输路径的长度变化而变

化，且图中可以看出平面波传输时闪烁指数的峰值在 $\sigma_1=2.5$ 附近。

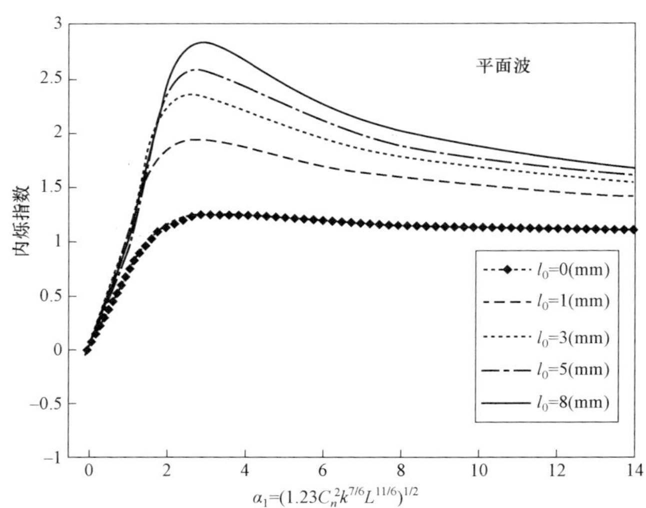

图 3-12 平面波闪烁指数与湍流强度的关系，考虑不同的内尺度分量

（二）球面波传输

与平面波的分析相似，球面波传输时，我们首先给出与平面波相应的参数：

$$\beta_0^2=0.4\sigma_1^2=0.496C_n^2k^{7/6}L^{11/6}$$

$$\sigma^2(l_0/R_F)=10.5\int_0^1\int_0^\infty x^{-8/3}f(xl_0/R_F)\times\sin^2[x^2u(1-u)/2]dxdu$$

$$\sigma_{\text{Rytov}}^2=\beta_0^2\sigma^2(l_0/R_F)$$

β_0^2 表示基于弱闪烁和 Kolmogorov 理论中的 Rytov 闪烁系数，式中的 Rytov 参数为弱起伏条件下考虑小尺度漩涡时的光闪烁指数，式中定义的 $\sigma^2(l_0/R_F)$ 表示两个 Rytov 参量的比值，本书采用下式来计算 β_0^2：

$$\sigma^2(l_0/R_F)=3.86\left\{(1+9/\eta_l^2)^{11/12}\left[\begin{array}{l}\sin\left(\dfrac{11}{6}\tan^{-1}\dfrac{\eta_l^2}{3}\right)+\dfrac{2.61}{(1+9/\eta_l^2)^{1/4}}\sin\left(\dfrac{4}{3}\tan^{-1}\dfrac{\eta_l^2}{3}\right)-\\ \dfrac{0.518}{(1+9/\eta_l^2)^{7/24}}\sin\left(\dfrac{5}{4}\tan^{-1}\dfrac{\eta_l^2}{3}\right)\end{array}\right]-8.75\eta_l^{-5/6}\right\}$$

不考虑内尺度漩涡时，大尺度分量和小尺度分量的对数方差分别表示为：

$$\sigma_{\ln x}^2=\frac{0.49\beta_0^2}{(1+0.56\beta_0^{12/5})^{7/6}}$$

$$\sigma_{\ln y}^2=\frac{0.51\sigma_1^2}{(1+1.69\beta_0^{12/5})^{5/6}}$$

可以看出球面波与平面波的公式形式很像，但这里要强调球面波传输时，我们采用

的 Rytov 指数记为 β_0^2，因此在不考虑内尺度漩涡时闪烁指数为：

$$\sigma_I^2 = \exp\left(\frac{0.49\beta_0^2}{(1+0.56\beta_0^{12/5})^{7/6}} + \frac{0.51\sigma_1^2}{(1+1.69\beta_0^{12/5})^{5/6}}\right) - 1，\ 0 \leqslant \beta_0^2 < \infty$$

考虑内尺度漩涡时，大尺度闪烁的归一化对数方差可表示为：

$$\sigma_{\ln x,\ s}^2 = 0.04\beta_0^2\left(\frac{8.56\eta_l}{8.56+\eta_l+0.195\beta_0^2\eta_l^{7/6}}\right)^{7/6} \times \left[1+1.753\left(\frac{8.56\eta_l}{8.56+\eta_l+0.195\beta_0^2\eta_l^{7/6}}\right)^{1/2}\right] - 0.252\left(\frac{8.56\eta_l}{8.56+\eta_l+0.195\beta_0^2\eta_l^{7/6}}\right)^{7/6}$$

考虑内尺度分量时，球面波传输的闪烁指数为：

$$\sigma_I^2 = \exp\left(\sigma_{\ln x,\ s}^2 + \frac{0.51\beta_0^2}{(1+1.69\beta_0^{12/5})^{5/6}}\right) - 1$$

图 3-13 画出了光强参数 σ_1 与式闪烁指数（实线）的关系，点线表示球面波传输时，大尺度闪烁分量和小尺度闪烁分量的大小。为了比较平面波传输时的闪烁指数。从图中可以看出，平面波的闪烁指数在 $\sigma_1=2$ 处出现峰值，然而球面波的闪烁指数在 $\sigma_1=4$ 处才出现峰值。

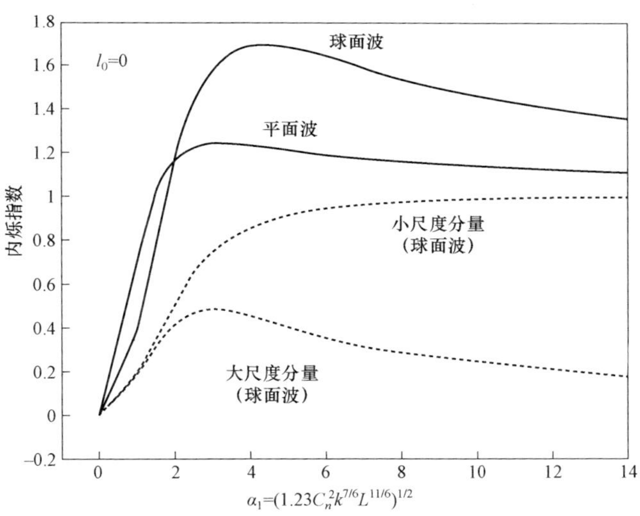

图 3-13　光强参数力与闪烁指数的关系

实线表示不考虑内尺度分量影响时平面波和球面波的闪烁指数.点线表示球面波中的大尺度和小尺度闪烁分量

图 3-14 是在不同内尺度漩涡下，对于球面波传输时的闪烁指数。可以看出，球面波比平面波对内尺度分量更加敏感，闪烁指数的峰值可高于 6。

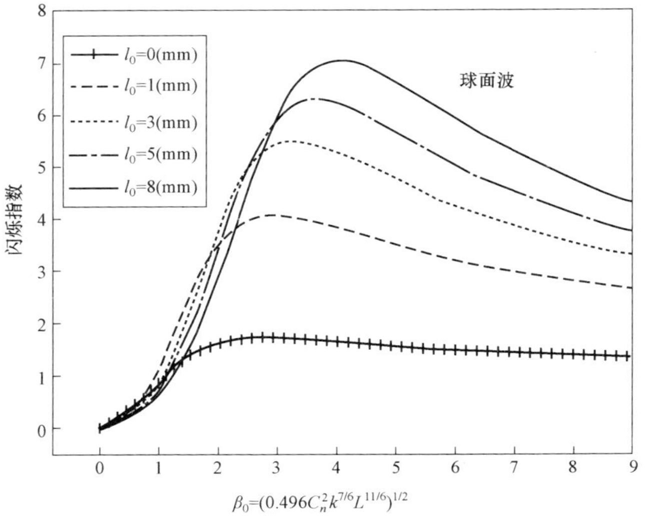

图 3-14　考虑不同的内尺度分量时，球面波闪烁指数与湍流强度的关系

图 3-15 表示给定内尺度 $l_0=1$ mm 和 8 mm 情况下，C_n^2 取不同值时席与闪烁指数 β_0^2 之间的关系。可以看出，当内尺度值较小时，闪烁指数随 C_n^2 变化不大，但当内尺度值较大时，闪烁指数随 C_n^2 变化则非常明显。

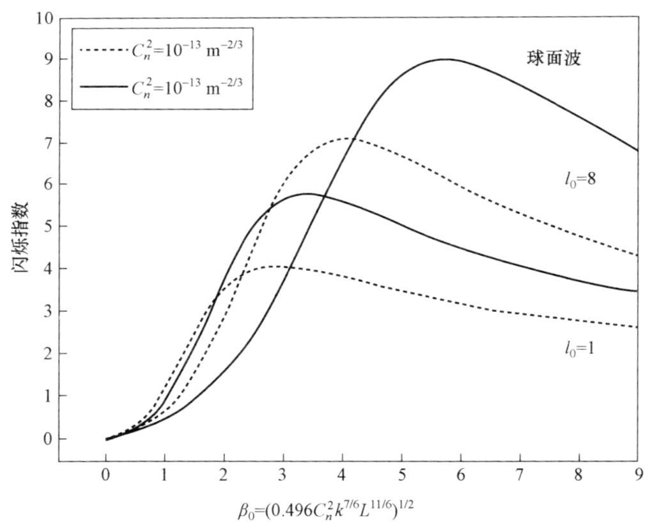

图 3-15　不同内尺度分量和折射率系数取值下的球面波闪烁指数

四、湍流信道中光波的统计概率密度函数

（一）对数正态分布模型（LN）

弱湍流条件下（闪烁指数不高于 0.75），实验数据表明光强起伏 I 的对数取值符合

正态分布 $l \sim N(-\sigma_l^2/2, \sigma_l^2)$，其中 σ_l^2 为 I 的对数起伏方差，I 与 l 的关系为：

$$I = I_0 \exp(l)$$

式中，I_0 为无湍流衰减时的平均接收光强，即 $E[I] = I_0$，因此 $E[\exp(l)] = E[I/I_0] = 1$，其概率密度函数（probability density function，PDF）为：

$$f(I) = \frac{1}{\sqrt{2\pi\sigma_l}} \frac{1}{I} \exp\left\{-\frac{\ln(I/I_0) + \sigma_l^2/2}{2\sigma_l^2}\right\},\ I>0$$

图 3-16 表示取不同的对数起伏方差 σ_l^2 时，对数正态分布的 PDF。可以看出，随着 σ_l^2 增大，分布函数更加倾斜，且在无穷大的方向上尾部更长，表示光强起伏增大直接反应为信道的多相性增加。

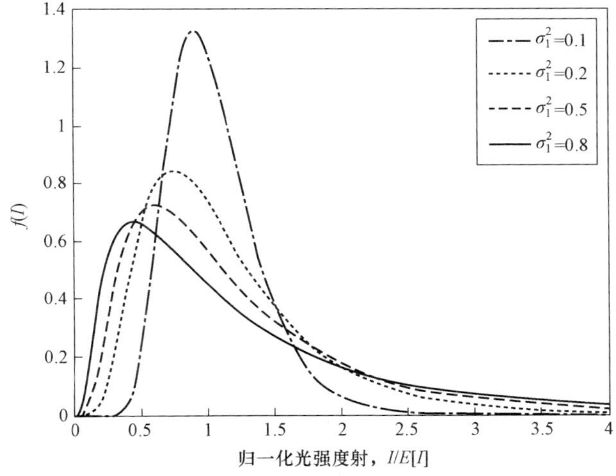

图 3-17　不同湍流条件下的概率分布

在已知光辐射的分布函数后，就可以推出闪烁指数^的表达式。根据闪烁指数的定义可得：

$$\sigma_I^2 = E[I^2] - E[I]^2 = I_0^2\left\{E[\exp(2l)] - E[\exp(l)]^2\right\}$$

光强起伏方差可表示为：

$$\sigma_N^2 = I_0^2[\exp(\sigma_l^2) - 1]$$

将光起伏方差归一化即可得到光强闪烁指数为：

$$\sigma_I^2 = \frac{\sigma_N^2}{I_0^2} = [\exp(\sigma_l^2) - 1]$$

当 $\sigma_I^2 \ll 1$ 时，σ_l^2 约等于 σ_I^2，σ_l^2 由大气状态及传输距离长度决定，数值越大表示闪烁越严重。对数正态分布模型仅仅适合于大气湍流较弱条件下的光强起伏分布，在弱湍流条件下，闪烁指数随着 σ_l^2 的增加而增加，当 σ_l^2 大于临界值时，即湍流强度逐渐增强超过弱湍流范围时，散射指数逐渐变大，对数正态分布的统计值与实验数据偏离很大。此外，对数正态分布的另一个缺陷为分布曲线尾部与测量数据偏离很大，而分布函数尾部正是计算衰减误码率的主要考虑部分，因此在下面的两个部分我们将介绍另两种光强概率分布模型。

（二）Gamma-gamma 分布模型

2001 年，Andrews 等人提出使用 Gamma-gamma（GG）分布来模拟从弱至强湍流区的光强起伏概宇该模型假设光强在湍流信道中受到小尺度漩涡（散射）和大尺度漩涡（折射）的共同影响，前者包括尺度小于菲涅耳域或者光波的相关半径的漩涡，后者包括尺度大于菲涅耳域或者散射元的漩涡，且假设大尺度漩涡调制小尺度漩涡。因此，归一化的接收光强 I 为两个独立随机过程 I_x 和 I_y 组成：

$$I = I_x I_y$$

I_x 和 I_y 分别代表大尺度漩祸和小尺度漩涡的随机过程，且均符合 Gamma 分布，则其概率密度分布可表示为：

$$f(I_x) = \frac{\alpha(\alpha I_x)^{\alpha-1}}{\Gamma(\alpha)}\exp(-\alpha I_x),\ \ \alpha>0;\ \ I_x>0$$

$$f(I_y) = \frac{\beta(\beta I_y)^{\beta-1}}{\Gamma(\beta)}\exp(-\beta I_y),\ \ \beta>0;\ \ I_y>0$$

然后固定 I_x，然后进行变量代换 $I_y = I / I_x$，可得 I 的条件概率为：

$$f(I / I_x) = \frac{\beta(\beta I / I_x)^{\beta-1}}{I_x\Gamma(\beta)}\exp(-\beta I / I_x),\ \ I>0$$

这里 I_x 可看做是 I 的条件均值，I 的平均分布可得 I_x 积分并可得到 GG 分布公式：

$$f(I) = \int_0^{\infty} f(I / I_x) f(I_x) dI_x = \frac{2(\alpha\beta)^{(\alpha+\beta)/2}}{\Gamma(\alpha)\Gamma(\beta)} I^{(\alpha+\beta)/2-l} K_{\alpha-\beta}(2\sqrt{\alpha\beta I}),\ \ \mathrm{I}>0$$

$\Gamma(\cdot)$ 为伽马函数，$K_{\alpha-\beta}(\cdot)$ 为 $\alpha-\beta$ 级第二类修正 Bessel 函数，α 和 β 分别代表了大尺度和小尺度散射元的有效数目。假设平面波传输，湍流内尺度为 0，α 和 β 可表示为：

$$\alpha = \frac{1}{\sigma_x^2} = \frac{1}{\exp(\sigma_{\ln x}^2) - 1} = \left[\exp\left(\frac{0.49\sigma_1^2}{(1 + 1.11\sigma_1^{12/5})^{7/6}}\right) - 1\right]^{-1}$$

$$\alpha = \frac{1}{\sigma_y^2} = \frac{1}{\exp(\sigma_{\ln y}^2) - 1} = \left[\exp\left(\frac{0.51\sigma_1^2}{(1 + 0.69\sigma_1^{12/5})^{5/6}}\right) - 1\right]^{-1}$$

闪烁指数 σ_I^2 与α和 β 的关系为：

$$\sigma_I^2=\frac{1}{\alpha}+\frac{1}{\beta}+\frac{1}{\alpha\beta}=\exp\left[\frac{0.49\sigma_1^2}{(1+1.11\sigma_1^{12/5})^{7/6}}+\frac{0.51\sigma_1^2}{(1+0.69\sigma_1^{12/5})^{5/6}}\right]-1$$

图 3-18 表示在从弱到强不同的湍流条件下 GG 分布的分布函数。可以看出，随着湍流强度增大，分布函数更加倾斜，光起伏的可能值范围也增大。图 3-19 画出不同湍流条件下α和 β 的值。可以看出，在弱湍流领域$\alpha\gg1$和$\beta\gg1$，即小尺度散射元和大尺度散射元的有效值都非常大，但当光起伏增大时α和 β 逐步降低；从中等到强湍流区域$\beta\to1$，小尺度散射元的有效值将降低到一个极限，该极限值由平面波横向空间相干性半径决定，离散折射的有效值α在中强湍流区域随着湍流的增大而增大；在强湍流区域，GG 分布接近 K 分布。

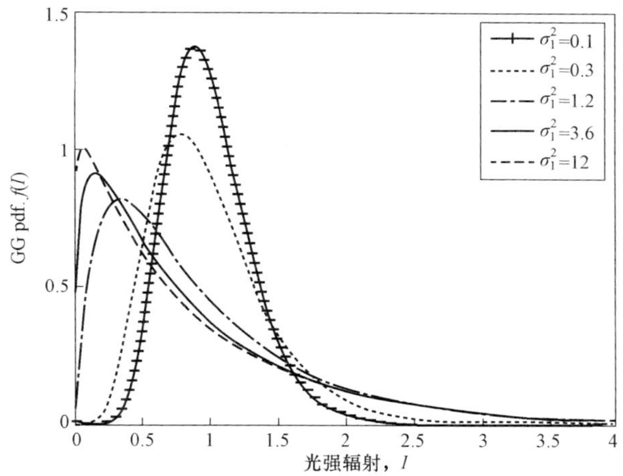

图 3-18　不同湍流条件时的概率分布

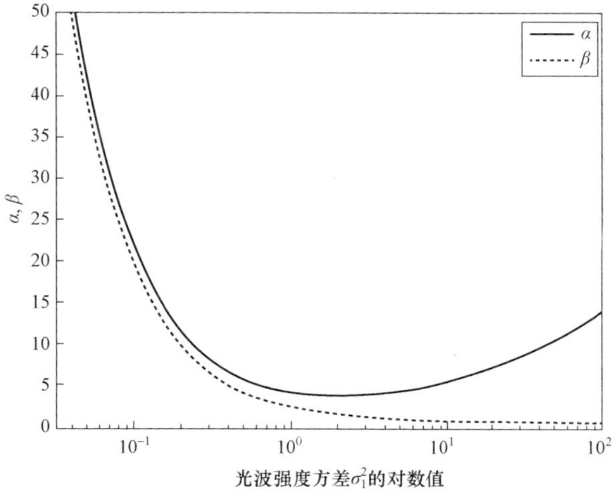

图 3-19　不同湍流条件下α和 β 的值

（三）K 分布模型

在强湍流区域中，路径长度通常为几公里，独立的散射效应很大，因此强湍流也叫做完全散斑区域。在强湍流区域，光闪烁指数 $\sigma_I^2 \to 1$，光辐射 I 的条件概率为：

$$f_1(I/b)=\frac{1}{b}\exp(-I/b)，\ I>0$$

式中，平均光强 bI 也是一个随机过程，I 的非条件分布函数可由对 b 积分所得：

$$f(I)=\int_0^{\infty} f_1(I/b)f_2(b)db，\ I>0$$

式中，$f_2(b)$ 为平均光强分布，且服从 Gamma 分布：

$$f_2(b)=\frac{\alpha(\alpha b)^{\alpha-1}}{\Gamma(\alpha)}\exp(-\alpha b)，\ b>0，\ \alpha>0$$

在 α 表示离散散射元的有效值。经整理可得到：

$$f(I)=\frac{2\alpha}{\Gamma(\alpha)}(\alpha I)^{(\alpha-1)/2}K_{\alpha-1}(2\sqrt{\alpha I})，\ I>0，\ \alpha>0$$

上式被称为 K 分布，K 分布中的光闪烁指数可表示为：

$$\sigma_I^2=1+2/\alpha$$

K 分布中的光闪烁指数大于 1，当 $\alpha\to\infty$ 时 σ_I^2 接近 1。因此，对于 $\sigma_I^2<1$ 的弱湍流情况，K 分布不能有效地代表湍流信道，图 3-20 画出强湍流条件下 K 分布的概率分布函数。结果表明在强湍流条件下，K 分布、GG 分布和负指数分布曲线能很好地吻合。

除了以上三种湍流模型外，还有一些其他的模型也被提出来表示从弱到强湍流条件下的光强概率密度分布，包括正态莱斯分布（lognormal rician probability density function）和正态 K 分布（lognormal k probability density function，I-K）等。

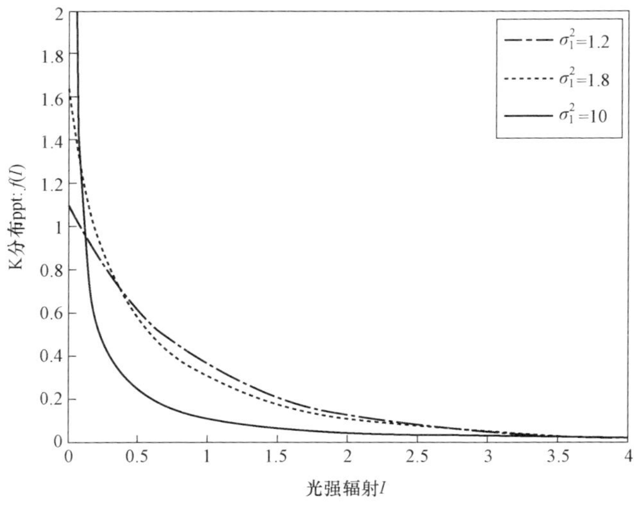

图 3-20　不同湍流条件下 K 分布的概率密度函数

第三节　典型的无线光通信调制方式

大气湍流通常导致无线光通信系统的误码率上升以致通信中断，采用合适的调制方式可有效提高无线光通信系统的性能。无线光通信采用的调制技术包括开关键控（OOK）、脉冲调制（pulse modulation，PM）以及载波调制（subcarrier modulation，SM）三大类，如图 3-21 所示，其中 PM 包括脉冲位置调制（PPM）、脉冲幅度调制（pulse amplitude moduktion，PAM）、脉冲宽度调制（pulse width modulation　PWM）、差分脉冲位置调制（DPPM）、脉冲间隔调制（DPIM）等；SM 包括 BPSK，QPSK QAM 调制等方式。

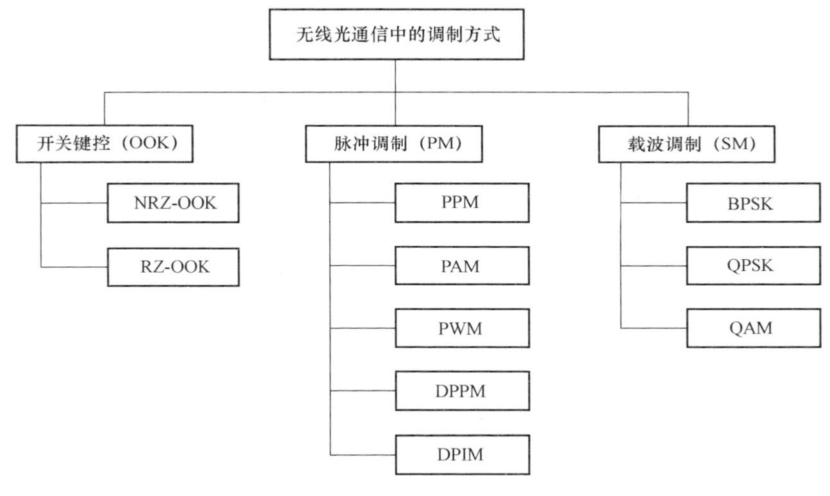

图 3-21　调制技术分类图

一、开关键控（OOK）

OOK 技术器件成熟而且能在光纤通信中使用，因此在商业应用中非常广泛。但是在大气湍流条件下，采用 OOK 的无线光通信系统的误码率往往过高而使通信中断。OOK 调制需要 65 dB 的信噪比（SNR）才能达到 10^{-4} 的误码率。大气湍流条件下硬判决检测时 OOK 的误码率理论表达式，仿真显示硬判决检测时误码率在高信噪比时存在一个下限。为了提高 OOK 无线光通信系统在大气湍流中的性能，研究者通常在系统中运用编码、均衡、分集等优化技术。Kim 等人衡量了传输距离为 1.2 km 和 10.4 km，发射器个数为 1 个到 16 个，接收望远镜口径为 8 英寸时的信号闪烁衰减量。结果表明，1.2 km 链路中个发射器时接收光信号的方差比 2 个或 1 个发射器时明显降低，但 8～16 个发射器时的光信号方差仅略小于 4 个发射器。对于 10.4 km 的链路，多个发射器只能稍微减少信号的方差值。此外，16 个发射器可以处理 7 dB 的衰减余量。2002 年 Xingming Zhu 等人推导出弱湍流条件下采用逐点最大后验检测和最大似然序列检测时 OOK 调制的误码率，其中假设接收端已知信道衰减服从 LN 分布，但未知信道的瞬时衰减量，仿真结果表明最大似然序列检测比逐点后验检测优越。2003 年 Zhu 等人进行了传输路径为 500 m 的楼与楼之间的无线通信实验，光波波长为 675 nm，码率为 3 kbps，发射功率为 0.95 mW，接收器口径为 8 cm，发射端采用 OOK 调制技术，接收端采用最大似然序列检测器和飞行符号辅助检测器。实验结果表明在闪烁程度较低的条件下，与点对点检测方案相比，飞行符号辅助检测器可获得 1.9 dB 的增益，最大似然序列检测可获得 2.4 dB 的增益。同年该作者还为大气湍流模型提出了一个单步马尔可夫链模型，作者基于幸存过程提出两种次优最大似然序列检测算法。

弱湍流中的仿真结果表明这些算法可以提供良好的增益。Haas 和 Shapiro 表明在高噪声区域，增加发射器的数量可以增加传输容量。他们还发现，在弱湍流和中等湍流衰减中，一个双发射器双接收器的系统，采用优化接收器时达到的传输容量只比简单的电子斗接收器提高 1%～10%。2007 年 S. Mohammad 采用 LN 模型，推导了 OOK 调制信号在已知信道状态信息（channel state information，CSI）和未知 CSI 情况下的误码率公式。2009 年 Ehsan Bayaki 等人采用 GG 球面波传输模型，分析了 OOK 和 PPM 在湍流信道中的差错性能，其中将 GG 模型中包含的第二类修正贝塞尔函数近似为其幂级数，得出误码率公式的近似值，且得出高信噪比条件下无线光通信系统的分集级数和调制增益，最后分析了 MIMO 系统中的误码率性能。TheodorosA. Tsif Lsis 等人在 2009 年的 ICC（International Information Conference）国际会议上将空间分集技术用于无线光通信系统中，采用 K 分布表示强湍流条件，计算出单输入单输出（simple input simple output，SISO）系统和多输入单输出（MISO）系统的误码率。为了便于计算，在高信噪比时，将误码率函数近似为 Meijer G 函数。

二、脉冲调制（PM）

（一）脉冲位置调制（pulse position modulation，PPM）

脉冲位置调制是目前无线光通信系统中较常采用的另一种调制方式，许多有关无线光通信系统的讨论都是以 PPM 为基础进行的。与其他调制方式相比，PPM 的主要优点在于功率利用率高、差错性能较好，因此其实际应用范围很广。

但这种调制方式一个很大的缺点是带宽效率相对低，且在接收端需要符号同步和时隙同步，系统实现比较复杂。美国喷气推进实验室（JPL）采用 PPM 以及大功率激光器建立星地光通信系统。Srinivansan 和 Vilnrotter 讨论了 APD 电子输出的统计模型，接收端采用最大似然检测 PPM 信号，结果表明假设输出电子服从韦伯分布，PPM 码字的最

大似然准则就是选择接收电子计数最大的时隙的 PPM 码字。2001 年 M. Srinivasan 和 Hamkins 等人评价了采用 118—70—74—641 热电动冷却 APD 模块和近红外增强 30659AP D 的先进光子模型且激光波长为 532 nm 和 1 064 nm 传输信号时的性能，实验记录并存储了背景噪声存在和不存在条件下，APD 检测 256 级 PPM 的响应，将记录的信号和噪声与韦伯高斯统计分析模型比较来获得接收信号的概率密度函数。实验误码率与理论值比较可得 532 nm 激光传输的 APD 接收数据与理论值匹配，但 1 064 nm 激光传输的 APD 接收数据与理论值有较大偏差。2002 年 Vilnrotter 等人研究了电子计数检测器与优化信号处理对提高近地大气光通信系统性能的作用。文中采用基于泊松分布的模型，对给定的焦平面信号分布设计其优化接收器并通过检测 PPM 信号的差错率来衡量系统性能，采用柯尔莫哥洛夫位相频模型模拟生成湍流大气信道中焦平面上的接收信号，结果表明假设观测信号服从泊松分布条件下，误码率达到 10^{-3} 时电子计数接收器比传统的单光子计数接收器的性能高大约 5 dB。2005 年 V. Vilnrotter 等人采用一个光阵列接收机，根据最大似然检测原理探测湍流衰减下 PPM 信号的差错率，实验结果指出如果阵列望远镜的直径超过大气的相关长度，地面接收站的阵列个数可以增大而不导致性能下降。2005 年 Kamran Kiasaleh 采用 APD 光电检测器，详细分析了不同 APD 增益下，PPM 在 LN 和负指数湍流模型中的差错性能。实验结果表明在弱 LN 湍流信道中，接收端可以采用优化的 APD 增益来减小噪声对信号的干扰，降低系统的误码率，但负指数强湍流信道中，由于信道衰减非常严重，通常需要提高信号的平均发射功率来提高系统的差错性能。2008 年 Nick Letzepis 等人推导了 PPM 调制信号在 LN 和负指数湍流信道中的中断概率，分别考虑了接收端已知信道状态信息（channel state information，CSI），发射端未知 CSI 和发射端和接收端均已知 CSI 两种情况，并推导出后者在发射功率一定的条件下的信道优化功率分配算法。实验结果表明当只有接收端已知 CSI 时，弱湍流条件下中断概率主要由［log（SNR）］^{2} 的大小确定，然而强湍流条件下的中断概率主要由 log（SNR）的大小确定。当发射端和接收端均已知 CSI 时，弱湍流条件下系统仅需要单块编码并可存在延时限制的容量，而在强湍流条件下，系统必须多块编码才能存在延时限制的容量。

（二）PPM 的改进调制方法

此外在 PPM 的基础上还提出了一系列改进的调制方法，如 1999 年 Shiu，D. S • 等人提出了差分脉冲位置调制（differential pulse position modulation，DPPM），推导了 DPPM 的误码率和功率谱密度表达式，仿真结果显示在带宽一定的条件下，DPPM 所需要的平均发射功率比 PPM 小，此外文中还分析了室内多径干扰下 DPPM 的性能，采用单时隙率和多时隙率均衡技术来克服多径干扰的影响。1998 年 Ghassemlooy 等人提出了脉冲间隔调制（digital pulse interval modulation，DPIM），并在此基础上，提出了双脉冲间隔调制（dual head-pulse interval modulation，DH-PIM），分析了其发射功率，带宽需求等特点，以及在高斯信道下的误码率特性。2005 年胡宗敏、汤俊雄等人研究了弱湍流信道中 DPIM 的差错性能，并分析了其符号结构、发射功率和带宽需求等特征。理论和仿真结果表明 DP1M 比 PPM 有较高的功率效率及较少的带宽需求，且不需要符号同步，大大简化了接收机设计复杂度。T. Aaron Gulliver 等人提出一种新的适合室内无线光通信系统的差分幅值脉冲位置调制（differential amplitude pulse position modulation，DAPPM），并通过理论分析与 PPM，DPPM 等调制方法进行仿真比较，结果表明 DAPPM 在频率利用率，信道容量、峰值与平均功率比值上占有较大优势。2008 年 Z. Ghassemlooy 详细分析了 DPIM 在室内无线光通信系统的基线漂移，并与非归零码 OOK 和 PPM 进行比较。同时还研究了在满足不同的码率下光功率需求的高通滤波器的截止频率。结果表明采用优化的高通滤波截止频率，当在高码率下（如 100 Mbps），DPIM 需要的功率与 PPM一样，比 OOK 低约 5 dB。Yu Zeng 和 R. J.Green 提出了一种可调的脉冲强度位置调制（pulse amplitude and position modulation，PAPM），该调制方案考虑实时信道条件，采用振幅和位置自适应选择来保证系统性能而不影响带宽效率。程刚，王红星等人提出了一种双宽度脉冲位置调制（dual duration pulse position modulation，DD-PPM），分析了其在弱湍流信道中的的误包率模型，分析结果表明 DD-PPM 比 OOK 具有较高的功率效率和差错性能，比 PPM 有较好的带宽效率，与 DPIM 有相近的差错性能，且其符号长度固定，可防止接收端解调器等待或缓存器溢出等问题。2010 年由樊养余、白勃等人提出的脉冲位置宽度调制（pulse position pulse width modulation，PP-PWM），该方案比 PPiM 有较高的带宽效率，且在功率谱域上有很强的谱线，抑制码间干扰能力强。

三、载波调制（SM）

SM 也是适用于湍流大气光通信信道的一种重要的方法 1993 年 W. Huang 等人实验分析了副载波无线光系统性能，其中调制技术为副载波差分相移键控（differential phase shift keying，DPSK），载波频率为 360 MHz，激光波长为 830 nm，路径长度为 1.8 km、传输功率为 10 mW 和数率为 155.52 Mbps，结果表明在光强闪烁存在时，DPSK 的差错性能优于 OOK。2006 年 Kamran Kiasaleh 分析了强湍流 K 分布模型下相干解调 DPSK 的系统性能，文中推导出自由空间通信中光束在 K 分布湍流影响下误码率的近似表达式。2011 年 Nestor D. Chatzidianmantis 等人提出 了一种 FSO 系统的自适应载波 PSK 强度调制技术，作者采用 LN 和 GG 模型来分别表示弱湍流和中强湍流条件。所提的新技术根据湍流强度和预定的 BER 自适应选择调制级数，有效提高系统的传输容量。文中还给出该自适应 FSO 系统的频谱效率和平均 BER 的表达式并研究了在湍流条件下的

系统性能。数据分析结果显示在中强湍流衰减中，新的自适应技术在不增加传输平均光功率和 BER 的前提下可有效提高光谱效率。此外该可变速率传输技术应用于多输入多输出（multiple input multiple output，MIMO）系统时，可增加发射器或接收孔径进一步提高光谱效率在无线光通信通信中，由于平均发射的光功率受到用眼安全标准和无线光设备用电池的最大电能消耗等因素的限制，调制方式的性能通常通过比较一定误码率条件下的发射功率来衡量，即功率效率。假设散弹噪声为系统的主要噪声，则接收端信噪比正比于光电探测器的接收面积，即需要选择尽可能大的探测器，但探测器面积大意味着其电容也大，从而限制了光接收机的带宽，因此带宽需求也是评价一种调制方式的重要判据，即带宽效率。此外，实现一种调制方式需要的发射器与接收器的设计复杂度也是需要考虑的重要因素。SM 相对于其他系统来看多径色散影响较少，因此很多文章都将该类调制方式使用于室内无线光通信系统中，实验研究表明，SM 系统的差错性能好，但其功率效率低。

第四章　光传输设备维护与故障处理

第一节　光传输设备维护

网络稳定可靠的运行取决于正确而有效的日常维护。熟悉光传输机房设备例行维护的基本知识，掌握光传输机房设备例行维护操作的技能。光传输机房设备例行维护操作的技能是传输设备维护人员必须掌握的基本技能。下面将以中兴通讯公司生产的 PTN 设备为例对光传输机房设备例行维护操作的项目与技能进行详细介绍。

一、维护概述

（一）传输网络维护的基本任务

保证设备和电路运行正常，使传输性能符合维护指标要求；利用监控和网管迅速准确地判断和排除故障，尽力缩短故障历时；保持设备的完好、清洁和良好的工作环境，延长使用年限；在保证通信质量的前提下，节省能源、器材和维护费用。

（二）维护的分类

按照维护周期的长短，可将维护分为日常维护、周期性维护、突发性维护。日常维护是指每天必须进行的维护项目。通过日常维护，可以随时掌握设备运行情况，及时发现问题、解决问题。对在维护中发现的问题必须进行详细记录，以便及时排除隐患。周期性维护是指定期进行的维护。通过周期性维护，可以了解设备的长期工作情况。此项又分为月度维护、季度维护和年度维护。

突发性维护是指因为传输设备的故障、网络调整等带来的维护任务。传输设备的维护可以分为例行维护和故障处理两部分。例行维护主要是保证设备的安全运行环境，故障处理将在下一项目中进行详细介绍。

（三）例行维护的基本原则

例行维护是预防性维护，其基本原则是在维护工作中及时解决问题，防患于未然，

将故障隐患消灭在萌芽状态，保证传输系统和网络的正常运行。例行维护可减少设备的故障率，避免故障发生后抢修的慌乱和业务中断造成的经济损失，避免故障恶化对整个设备所造成的损伤，降低板件更换等维护费用，延长设备的使用寿命。

二、光传输设备的例行维护项目

PTN 设备例行维护项目及周期如表 4-1 所示，后面将详细介绍相关项目内容和操作方法。

表 4-1　PTN 设备例行维护项目与维护周期

作业名称	维护测试项目	维护周期
维护机房环境	机房温度	1 天
	机房湿度	1 天
	机房清洁度	1 天
维护设备运行状态	设备声音告警检查	1 天
	机柜指示灯观察	1 天
	单板指示灯观察	1 天
	设备温度检查	1 天
	设备表面、机架与配线架清洁	1 月
	列头柜电源熔丝及告警检查	1 月
	设备风扇检查和定期清理	1 月
	机房巡检	1 月
	电源线、地线检查	1 年
	槽道侧盖板清洁	1 年
检查备件	备品备件调用、返修情况	1 月
其他	工具、仪器和资料检查	1 季

（一）维护机房环境

PTN 设备属精密电子设备，需要良好的机房环境条件才能确保设备稳定可靠地工作。定期维护机房环境，维持设备工作的适宜温度和湿度，有利于设备长期稳定工作，能够有效地减少设备故障的概率，延长设备使用寿命。

1. 机房温度

机房温度是指在地板以上 2 m 以及当机柜前没有保护板时设备前方 0.4 m 处测量的温度值；短期工作是指连续工作时间不超过 48 h 并且每年累计时间不超过 15 天。要求如下：

长期工作：5 ℃～40 ℃

短期工作：–5 ℃～45 ℃

2. 机房湿度

机房湿度是指在地板以上 2 m 以及当机柜前没有保护板时设备前方 0.4 m 处测量的湿度值；短期工作是指连续工作时间不超过 48 h 并且每年累计时间不超过 15 天。要求如下：

长期工作条件：10%～90%（35 ℃）

短期工作条件：5%～95%（35 ℃）

3. 机房清洁度

机房中无爆炸性、导电性、导磁性及腐蚀性尘埃，直径大于 5 μm 的灰尘浓度≥$3\times10^4/m^3$，机房地面应干净，机房门窗有密封装置。

（二）维护设备运行状态

1. 设备声音告警检查

在日常维护中，设备的告警声通常比其他告警更容易引起维护人员的注意，因此在日常维护中必须保持告警来源的通畅。定期检查设备面板上的告警喇叭和告警按钮，看其是否正常。

2. 机柜指示灯观察

机柜指示灯是监视设备运行状态的途径之一。在日常维护中，设备维护人员通过观察机柜指示灯的闪烁情况可以获取相关的告警信息，据此来初步判断设备是否正常工作。

3. 单板指示灯观察

机柜顶部的告警指示灯只能反映部分告警信息，且不能给出具体的告警信息，而这些告警信息往往预示着本端设备的故障隐患或对端设备存在故障，不可轻视。因此，在观察了机柜指示灯后，还需观察设备各单板指示灯的闪烁情况，进一步掌握设备运行状态。

4. 设备温度检查

PTN 设备的电路板使用了许多大规模芯片，集成度高。这些芯片在工作中产生的热量大，若设备散热不佳将导致温度过高，可能导致支路或线路出现误码、信号中断等现象。部分对温度敏感的芯片或电路板若长期工作在温度过高的情况下，会出现损坏或留下隐患，影响其长期使用。

5. 风扇检查和定期清理

良好的散热是保证设备长期正常运行的关键。在机房的环境不能满足清洁度要求时，风扇下部的防尘网很容易堵塞，造成通风不良，严重时可能损坏设备。因此需要定期检查风扇的运行情况和通风情况，确保风扇运转正常。

6. 接地检查

设备如果接地不良，会影响设备正常运行，严重时会损坏设备。因此，必须定期检查设备接地是否正常，尤其在天气干燥设备容易积累静电的季节。

三、日常维护的注意事项

对传输设备进行维护操作，除了熟悉一般通信设备维护的基本注意事项外，还应该熟悉传输设备维护的特殊注意事项，以保证人员和设备的安全。

（一）防静电措施

在人体移动、衣服摩擦、鞋与地板的摩擦或手拿普通塑料制品等情况下，人体会产生静电电磁场。静电放电会造成电子设备的损坏，使电子设备维修费用增加、维修时间加长，降低了电子设备的利用率。

在日常操作过程中不能忽略静电防护工作，在传输设备维护中应采取以下防静电措施：

禁止用手直接触摸电路板，接触电路板之前应正确戴好防静电手环带或防静电手套。

更换的故障单板应采用防静电屏蔽袋或防静电吸塑盒包装。

电路板原则上不得裸露叠放，确需暂时叠放时必须用防静电材料隔离开。

完成设备维护操作后，应盖上子架门和机柜门，保证设备始终具有良好的防电磁干扰特性。

（二）防潮措施

备用单板的保存一般应放置干燥剂，用于吸收空气的水分，保持单板干燥。

当电路板从一个温度较低、较干燥的地方拿到温度较高、较潮湿的地方时，至少需要等 30 min 以后才能拆封。否则，会导致潮气凝聚在电路板表面，损坏器件。

（三）单板维护的注意事项

更换单板时须小心插拔。母板上每个单板位中有很多插针，操作中不得将插针弄歪、弄倒，否则会影响整个系统的正常运行，严重时会引起短路，造成设备瘫痪。

防静电措施，如前所述。

防潮措施，如前所述。

（四）光板维护的注意事项

光板上未使用的光接口一定要用防尘帽盖住。这样既可以预防维护人员无意中直视光口损伤眼睛，又能起到对光口防尘的作用，以免灰尘进入光口，降低发光口的输出光功率和收光口的接收灵敏度。

用尾纤对光接口进行硬件环回时一定要加衰减器，以防接收光功率太强导致收光模块饱和，损坏接收光模块。

不要直视光板的发光接口；清洗光纤接头和光板光接口要用无水酒精。

在更换光板时，注意应先拔掉光板上的光纤，然后再拔光板，不要带纤拔插板。

（五）网管维护的注意事项

网管系统在正常工作时不应退出。退出网管不会中断业务，但会破坏网管对设备监控的连续性。

严禁在网管计算机上运行与设备维护无关的软件。

定期网管计算机杀毒，防止计算机病毒感染网管系统。

重大业务调整最好选择在业务量最小的时候进行。

进行业务调配后应及时备份数据，以备发生故障时实现业务的快速恢复。

为不同的用户指定不同的网管登录账户，分配相应的操作权限，并定期更改网管口令以保证安全性。

四、仪表、工具准备

传输机房维护操作的完成离不开各种工具和仪表的帮助。传输机房常用的维护工具如表 4-2 所示，常用的仪器仪表如表 4-3 所示。在对设备进行维护时，一般还需要准备无水酒精、无尘纸、焊锡丝、松香、绝缘胶布、扎带、2M 自环线、自环光纤等材料。需要注意的是，所有仪器、仪表在使用前要进行检修、校准，以保证仪器、仪表的完好和准确。

表 4-2　PTN 机房常用的维护工具

名称	名称
卷尺	压线钳
螺丝刀（一字、十字，大、中、小各一）	40 W 电烙铁
镊子	卡线钳
可调扳手	拨片器
斜口钳	防静电手环
尖嘴钳	绝缘胶布
剥线钳	扎带
剪刀	老虎钳
交叉网线（长度根据实际需要）	拔纤器

表 4-3　PTN 机房常用的仪器仪表

名称	名称
温湿度计	光衰减器
数字万用表	传输特性分析仪
光功率计	2M 误码仪

五、设备理性维护步骤

本任务是以中兴 PTN 设备 ZXCTN 6300 为例介绍。

（一）设备告警声音检查

操作步骤：

第 1 步：检查截铃开关应置于“Normal”状态。

第 2 步：检查告警截铃的电缆连接是否正确。

第 3 步：如果设备告警外接到列头柜，应检查外部告警电缆连接。

（二）机柜指示灯观察

中兴 PTN 设备机柜指示灯与设备工作状态的对应关系如下：指示灯位于机柜顶部告警门板的中间，有红、黄、绿三个不同颜色的指示灯，各个指示灯的含义如表 4-4 所示。

操作步骤：

第 1 步：每天查看机柜指示灯的状态，在设备正常工作时，机柜指示灯应该只有绿灯亮。

第 2 步：若发现有红、黄灯亮时，应进一步查看单板指示灯，并及时通知中心站的网管人员。

表 4-4　中兴 PTN 设备机柜指示灯

指示灯	名称	状态	
		亮	灭
红灯	主要告警指示灯	设备发生主要告警，一般伴有声音告警	设备无主要告警
橙灯	一般告警指示灯	设备发生一般告警	设备无一般告警
绿灯	电源指示灯	设备供电电源正常	设备供电电源中断

（三）单板指示灯观察

ZXCTN 6300 所有单板的都有一个绿色运行灯（RUN）和一个红色告警灯（ALM），其表述如表 4-5 所示。

操作步骤：

第 1 步：查看单板指示灯的状态。单板正常运行时，RUN 灯应该处于表示正常的闪烁状态，同时 ALM 灯应熄灭。

第 2 步：若 ALM 灯长亮，则代表产生单板出现故障。

第 3 步：除 RUN 灯和 ALM 灯外，一些单板还有配有其他指示灯，需要根据不同单板不同指示灯的不同含义进行相应的处理。

表 4-5　单板常见指示灯

运行状态	指示灯状态含义	
	绿色运行灯（RUN）	红色告警指示灯（ALM）
正常运行	0.5 次/秒周期闪烁	灭
出现故障	0.5 次/秒周期闪烁	亮

下面对 ZXCTN 6300 单板其他指示灯进行说明。

（1）RSCCU3 板的指示灯

RSCCU3 板指示灯说明如表 4-6 所示。

（2）R4ASB 板 STM-1 光接口指示灯

R4ASB 板 STM-1 光接口指示灯说明如表 4-7 所示。R4CSB 板 STM-1 光接口指示灯与 R4ASB 板类似。

表 4-6　RSCCU3 板指示灯说明

运行状态	指示灯状态			
	RUN（绿灯）	ALM（红灯）	MST（绿灯）	CLK（绿灯）
单板正常运行，无告警	0.5 次/秒周期闪烁	长灭	—	—
单板正常运行，有告警	0.5 次/秒周期闪烁	0.5 次/秒周期闪烁或长亮	—	—
单板正常运行，主备同步数据（备用板）	0.5 次/秒周期闪烁	长亮	—	—
主用 RSCCU3 板	—	—	长亮	—
备用 RSCCU3 板	—	—	长灭	—
时钟锁定（正常跟踪）	—	—	—	1 次/秒周期闪烁
时钟保持	—	—	—	长亮
时钟快速捕捉	—	—	—	5 次/秒周期闪烁
时钟自由振荡	—	—	—	0.5 次/秒周期闪烁

表 4-7　R4ASB 板 STM-1 光接口指示灯说明

运行状态	指示灯状态	
	Tn（n 为 1～4）（绿灯）	Rn（n 为 1～4）（绿灯）
无接收光信号	—	长灭
光锁定，且无段级误码	—	长亮
光未锁定，或有段级误码	—	1 次/秒周期闪烁
激光器打开	长亮	—
激光器关闭	长灭	—

（3）R4EGC 板 GE 光接口指示灯和电接口指示灯

R4EGC 板 GE 光接口指示灯和电接口指示灯说明分别如表 4-8、4-9 所示。R8EGF 板 GE 光接口指示灯与 R4EGC 板的类似，只不过由 4 个变成了 8 个；R1EXG10GE 光接口指示灯与 R8EGE 板 R4EGC 板的类似，只不过由 4 个变成了 1 个；GE 电接口指示灯和 R4EGC 板的类似，只不过由 4 个变成了 8 个。

表 4-8　R4EGC 板 GE 光接口指示灯说明

运行状态	指示灯状态	
	LINKn（n 为 1～4）（绿灯）	ACTn（n 为 1～4）（绿灯）
接口接收光信号（未连接）	长亮	长灭
接口无接收光信号	长灭	长灭
接口处于连接状态	长亮	长亮
接口处于无连接状态	—	长灭
接口收发数据	长亮	5 次/秒周期闪烁

表 4-9　R4EGC 板 GE 电接口指示灯说明

运行状态	指示灯状态	
	LINKn（n 为 1～4）（绿灯）	ACTn（n 为 1～4）（黄灯）
接口处于连接状态	长亮	长亮
接口处于无连接状态	长灭	长灭
接口收发数据	长亮	5 次/秒周期闪烁

（4）RPWA3、RPWD3 板指示灯

对于交流电源板 RPWA3 和直流电源板 RPWD3 来说只有一个 RUN 灯，RUN 灯长亮时代表单板工作正常，RUN 灯长灭时代表单板工作异常。

（5）RFAN3 板指示灯

RFAN3 板指示灯和其他单板相同，具有一个 RUN 灯和一个 ALM 灯；但工作时稍有不同，当 RFAN3 板异常时，RUN 灯灭，ALM 灯亮。

设备温度检查、风扇检查和定期清理以及维护机房环境的操作步骤与传输机房 SDH 设备类似，此处不再赘述。

六、光传输网管例行维护

网络稳定可靠的运行取决于正确而有效的日常维护。通过本任务的学习，熟悉光传输机房设备传输网管例行维护的基本知识，掌握光传输机房设备传输网管例行维护操作的技能（以 PTN 设备进行讲述）。

（一）PTN 网管的例行维护项目

网管维护是通过网管计算机查询设备的详细数据，在设备出现故障时，对告警、性能数据进行分析、定位、判断和处理常见的设备故障，对下属站具有一定的技术支援能力。网管是例行维护的一个重要工具，检查项目如表 4-10 所示。为保证设备的安全可靠运行，网管所在局站的维护人员应每天通过网管对设备运行情况进行检查。

表 4-10　网管的例行维护项目和维护周期

作业名称	维护测试项目	维护周期
检查网络拓扑图	网管维护	1 天
网元和单板状态检查	网管维护	1 天
告警查询	网管维护	1 天
性能数据查询	网管维护	1 天
查询日志记录	网管维护	1 天
检查保护倒换	网管维护	1 天
检查光接口功率	网管维护	1 天
检查网元时间	网管维护	1 天
备份网元数据	网管维护	1 周
备份网管数据库	网管维护	1 月
网管计算机维护	网管维护	1 月
网管系统用户安全管理	网管维护	1 季

下面以中兴网管系统为例介绍常用的例行维护项目。注意以下操作中，网管操作人员必须具有“系统监视员”及以上的网管用户权限；同时，只有与网管主机处于正常通信状态的网元，网管软件才能对其进行监控和管理。

1. 检查网络拓扑图

通过导航树、拓扑图、网元图标以及单板管理对话框，对当前子网、网元的运行状态进行监视，并可由告警时发出的声音和告警标志的颜色来判断告警级别。

操作步骤：

第 1 步：登录网管服务器，进入客户端操作窗口。

第 2 步：进入拓扑视图，检查各网元、链路的图标状态。

如图 4-1 所示，网元图标应显示网元状态为在线、图标无告警标识、链路显示正常。如果链路的连线为虚线，则需检查机房中对应的光缆和尾纤是否有中断。

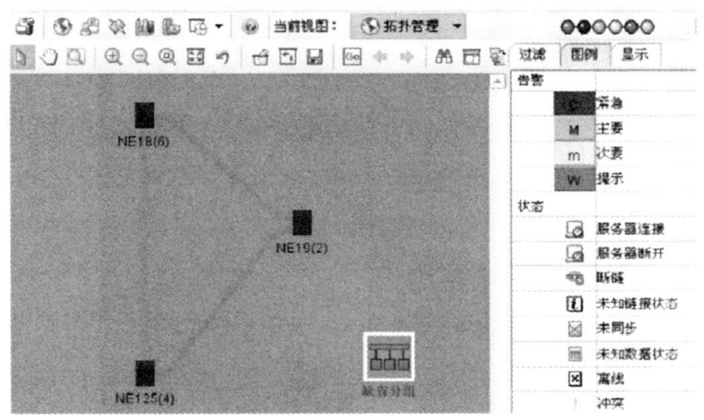

图 4-1　U31 网管拓扑图

2. 检查网元的在线状态

操作步骤：

第 1 步：登录网管服务器，进入客户端拓扑视图窗口。

第 2 步：观察拓扑视图中的网元图标状态是否正常，如图 4-2 所示。

第 3 步：双击网元图标，进入单板视图，可查看单板的在位情况。

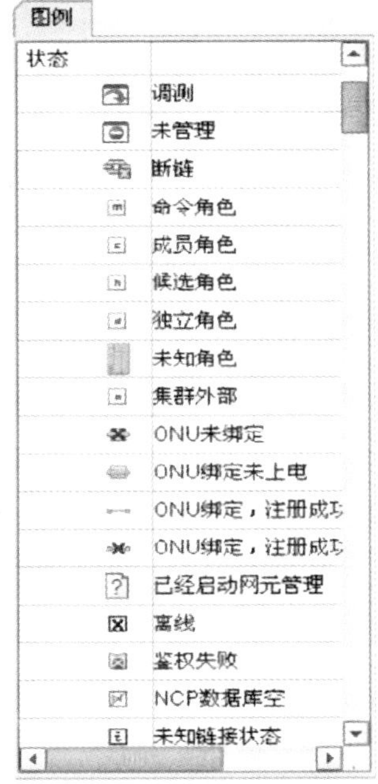

图 4-2　网元图标状态

3. 查看网元操作日志

网元操作日志保存在网元控制板上。网元操作日志记录了所有对网元进行的操作及结果，只能查看而不允许删除或修改。

操作步骤：

第 1 步：选中网元，右击，在弹出的菜单中选择网元管理。

第 2 步：单击“网元操作—网元安全管理—网元日志管理”菜单项。

第 3 步：单击网元操作日志管理页签。设定查询条件，包括：开始时间、结束时间和操作结果。

第 4 步：单击刷新按钮，从网元上获取网元操作日志并在网管上显示查询结果。

4. 查看单板运行状态

通过单板运行状态的查询，可了解单板的在位状态、软件版本或占用率情况。

操作步骤：

第 1 步：在拓扑管理视图中，选择网元，右击，选择快捷菜单网元管理，弹出网元管理对话框。

第 2 步：在左侧导航树中，选择“网元操作—维护管理—单板运行状态”节点，打开单板运行状态窗口。

第 3 步：根据属性中的“选择单板”和“查询内容”，设置相应参数。

第 4 步：单击“查询”按钮。

5. 查看 SFP 光模块信息

通过 SFP 光模块信息的查询，可了解单板端口 SFP 光模块的光模块类型信息（如光电属性、是否单纤双向、单模光纤距离）。

操作步骤：

第 1 步：在拓扑管理视图中，选择网元，右击，选择快捷菜单网元管理，弹出网元管理对话框。

第 2 步：在左侧导航树中，选择“网元操作—维护管理—查询 SFP 光模块信息”节点，打开查询 SFP 光模块信息窗口。

第 3 步：在窗口右侧的选择单板下拉列表框中，选择待查询单板。

第 4 步：单击“查询”按钮。

6. 性能数据查询

性能数据查询主要完成的功能是将测量任务采集入库的性能数据，按照用户设置的各种查询条件以多种方式呈现在界面上。性能数据查询包括自定义查询性能数据、按任务查询性能数据、按查询模板查询性能数据、按通用模板查询性能数据、跨测量对象类型查询统计和实时性能查询。下面介绍自定义查询性能数据，注意网络维护人员需要具有性能管理的操作权限。操作步骤：

第 1 步：在拓扑管理视图中，单击“性能—性能数据查询”菜单项，弹出性能数据查询对话框。

第 2 步：单击查询指标页签，分别选择网元类型和测量对象类型，在指标/计数器对象树中勾选要查询的指标/计数器，如图 4-3 所示。

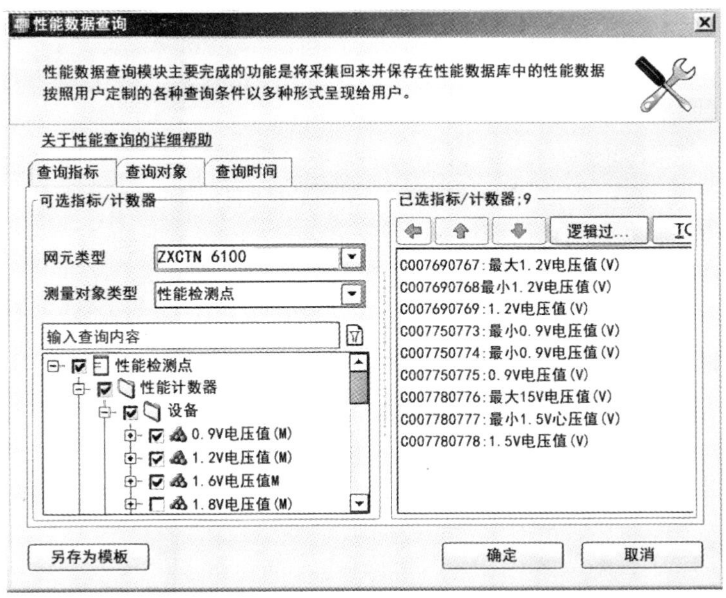

图 4-3　性能数据查询指标

第 3 步：单击查询对象页签，设置位置汇总、通配层次、网元位置和测量对象位置，如图 4-4 所示。

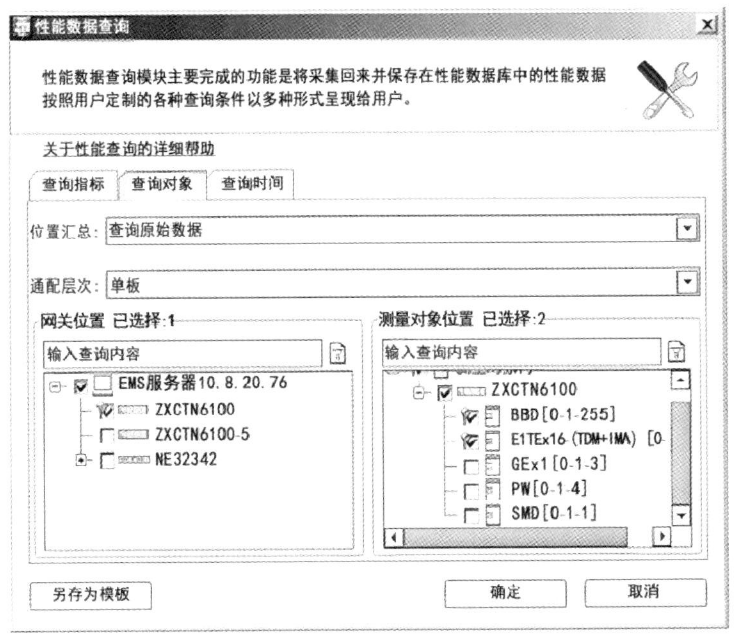

图 4-4　性能数据查询对象

第 4 步：单击查询时间页签，设置查询粒度、查询时间段、有效日期和有效时段。如图 4-5 所示。

图 4-5　性能查询时间

第 5 步：单击“确定”按钮完成查询，视图中显示查询到的性能数据。

7. 当前告警查询

操作步骤：

第 1 步：在拓扑管理视图中，单击“告警—当前告警查询”菜单项，弹出查询当前告警对话框。

第 2 步：在发生位置界面，设置网元类型，并选择具体网元。（发生位置字段为该条告警在网元上的具体定位。）

第 3 步：在告警码界面，选择需要查询的告警码。在文本框中输入关键字，单击“ ”按钮，则在告警码列表中显示与关键字有关的所有告警码。单击“ ”按钮，则选中所有告警码。

第 4 步：在时间界面，选择告警发生时间和确认/反确认时间。

第 5 步：在其他界面，设置告警类型、数据类型、告警级别、确认状态和网元 IP。

第 6 步：单击“高级”按钮，弹出高级对话框。

第 7 步：在高级界面，设置确认/反确认用户、附加文本、告警注释，选择是否为可见告警。

第 8 步：单击“确定”按钮，返回到其他界面。

第 9 步：单击“确定”按钮。

8. 备份网管数据

通过备份网管数据，网管升级或更换网管时，可以直接到备份数据库中读取数据。

操作步骤：

第 1 步：在系统备份视图中，单击选中左边备份恢复导航树上的“备份任务→整库备份”，右边视图显示整库备份的参数设置窗口。

第 2 步：（可选）单击备份文件存储在服务器路径右边的“选择”按钮更改备份文件在服务器上的保存路径。

第 3 步：（可选）勾选备份文件下载到客户端路径，单击其后的“选择”按钮，设置客户端本地的保存路径。（勾选备份文件下载到客户端路径表示整库备份的同时也将备份文件保存到客户端本地。）

第 4 步：单击“执行”按钮，执行整库备份操作。

七、常用光传输仪表

传输网络测试中常用到的仪表有：光源与光功率计、传输特性分析仪、以太网性能测试仪、光谱分析仪、光万用表、光衰减器、误码测试仪等。

（一）光源与光功率计

1. 稳定光源

光源在测量中用于输出高稳定的光波，是光特性测试不可缺少的信号源。测量中常使用的稳定光源有半导体激光二极管（LD）式稳定光源和发光二极管（LED）式稳定光源，发光元件输出近红外 850 nm、1 300 nm、1 310nm、1 490 nm 和 1 550 nm 波长的单色光。

发光二极管是比较稳定的半导体发光器件，只要工作环境温度保持一定，其输出光功率就可以在长时间内保持稳定。为了稳定发光二极管的输出光功率，一般采用如图 4-6 所示的温度补偿式的稳定电路。

影响半导体激光器 LD 输出光功率不稳定的因素有很多，如阈值电流、光功率效率等随着温度和时间的变化而变化。因此，为保证半导体激光器 LD 的工作环境温度需要进行温度控制，即采用自动温度控制电路（ATC），同时也要对半导体激光器 LD 的输出光功率进行相应的稳定控制，即采用自动功率控制电路（APC），图 4-7 给出了实现输出光功率稳定的激光二极管式稳定光源的原理框图。

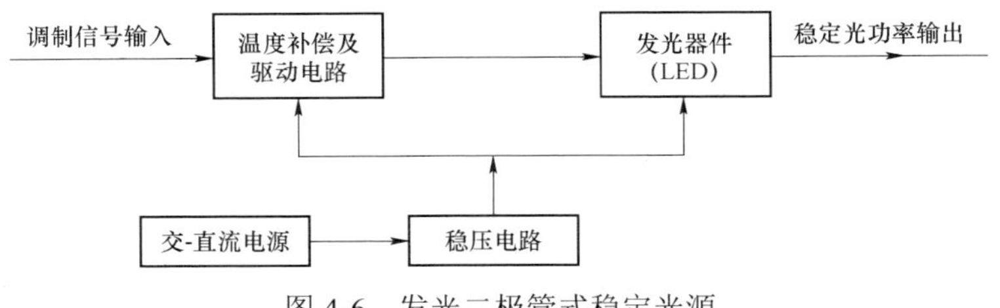

图 4-6　发光二极管式稳定光源

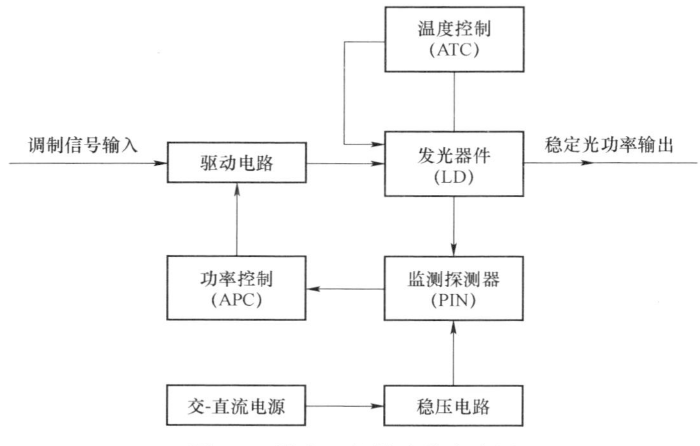

图 4-7　激光二极管式稳定光源

2. 光功率计

光功率计是测量光功率大小的仪表，是光纤通信系统中最基本，也是最主要的测量仪表，如图 4-8 所示。光功率计可直接测量光功率，与稳定化光源配合使用还可测量光纤的传输损耗和光纤元件的插入损耗。若与其他仪器设备配合使用，则可对光纤的其他各主要参数进行测量。

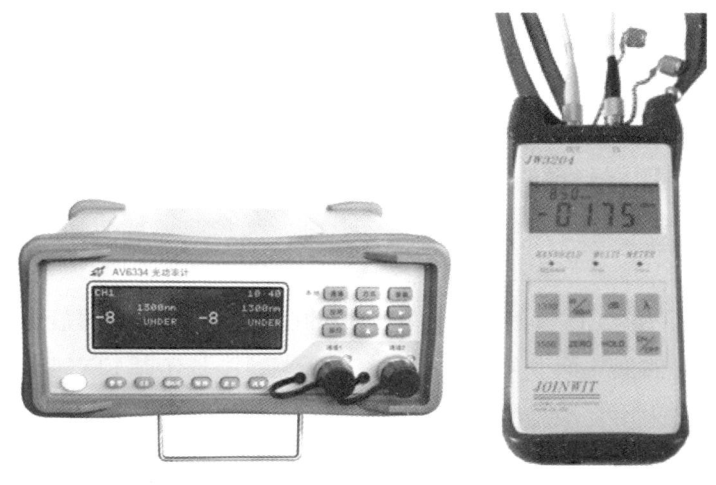

图 4-8　光源/光功率计实物图

光功率计的种类很多，根据显示方式的不同，可分成模拟显示型和数字显示型两类；根据可接收光功率大小的不同，可分成高光平型（测量范围为＋10～40dBm）、中光平型（范围为 0～55 dBm）和低光平型（范围为：0～90 dBm）三类；根据光波长的不同，可分为长波长型（范围为 1.0～1.7 m）、短波长型（范围为 0.4～1.1 m）和全波长型（范

围为 0.7～1.6 m）三类；此外，根据接收方式的不同，还可将光功率计分成连接器式和光束式两类。

3. 传输特性分析仪

传输特性分析仪是传输网络各项传输指标的专用仪器，主要用于传输网络和设备的开发、生产、厂验、工程安装、工程验收和运行维护等方面，实物如图 4-9 所示。传输特性分析仪可以测试 ITU-T 对传输网络所定义的各项传输指标。

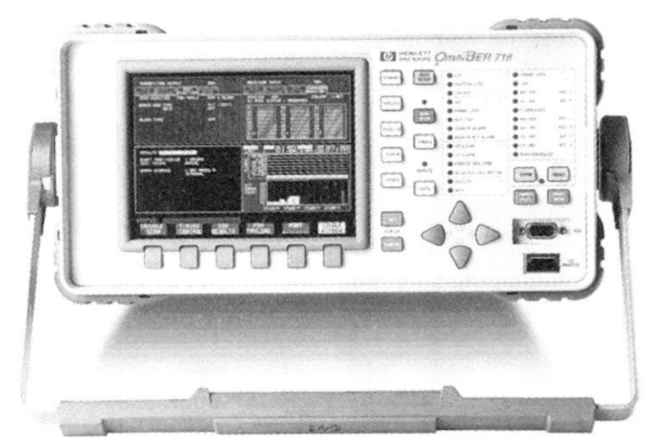

HP37718A/B/C 数字传输分析仪

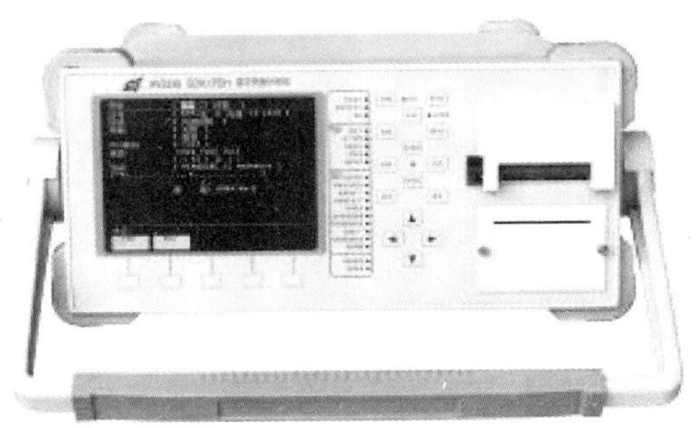

AV5236 SDH/PDH 数字传输分析仪

图 4-9　数字传输分析仪实物图

传输特性分析仪大致上可分为发射和接收两部分。发射部分由 PDH/SDH 时钟源、抖动信号源、抖动调制器、图形发生器、PDH 成帧或非帧电路、STM-1 复用器、STM-4 复用器、编码器、输出电路、CMI 编码器和 E/O 变换器构成。它是一个数字通信信号源。首先由图形发生器产生各种测试图形，由 PDH 成帧电路将这种图形装入 PDH 帧结构，然后通过 STM-1 复用器映射到 SDH 的容器中，或者直接将图形映射到容器中，形成 STM-1 的帧结构信号。最后由 STM-4 复用器复用为 STM-4 的帧结构信号。

4. 以太网性能测试仪

RxT 10 GEPTN 以太网测试仪是网络管理和维护人员非常需要一款功能多、体积小、用方便、价格合理的高性价比和手持式以太网络分析仪，以便迅速解决网络不通、网速慢、丢包、IP 地址冲突、恶意攻击等网络常见故障并确保网络通畅，实物如图 4-10 所示。

RxT 10 GEPTN 以太网测试仪是一款全新技术创新的测试平台，该平台的设计完全可以应对通信服务供应商的当前的测试需求，在提高效率和能力，以及降低运营和资本支出方面，具有很高的评价。RxT 10 GE PTN 以太网测试仪测试平台可以提供完整的生产力促进工具的应用，技术操作人员可以得到的方便的指导及工作协助。

RxT 10 GE PTN 以太网测试仪还嵌入了 Sunrise Telecom 的 real GATE™ 系统，该 realGATE™ 系统是基于 WEB 页面的资产管理系统，它可以通过 WEB 页面对当前测试设备的资产进行全面的管理，同时还包括对测试结果的管理和工作流程优化工具。RxT 完全是一款下一代现场技术人员的集成工具包，它结合先进的多业务测试功能，内置了基于 Web 的工作流程等应用程序可以有效提高工作效率和生产力，这些应用程序形式紧凑、高效。

RxT 10GE PTN 以太网测试仪支持当今所有必要的以太网/IP 现场测试功能，包括 RFC2544、误码率测试（BERT）、数据包抖动，以及多数据流生成和分析。

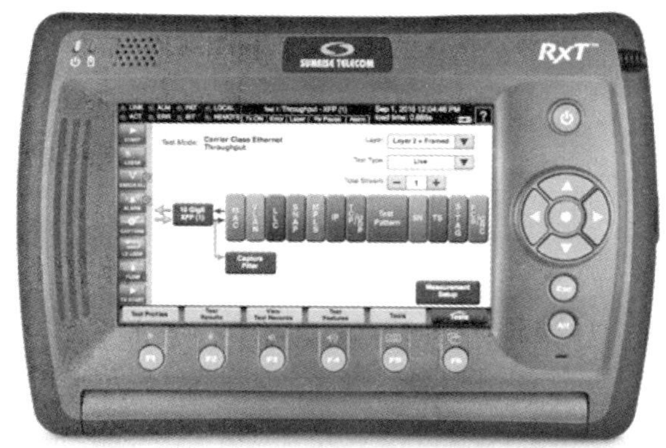

图 4-10　RxT 10 GE PTN 以太网测试仪

5. 光谱分析仪

VeEX® RxT 光谱测试分析仪是业界最小的便携式测试解决方案，仪表在 OTN，SDH/SONET，PDH/DSn 以太网/城域传送网络和核心承载数据网，语音和视频测试中，以轻便，耐用为基础，提供包括 OTN，SDH/SONET，以太网和光纤通道等诸多接口，实物如图 4-11 所示。

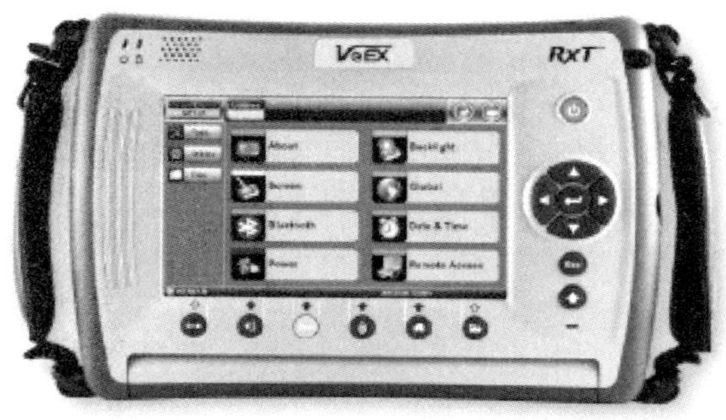

图 4-11

6. 光万用表

JW3209 是上海嘉慧公司研制的一款性价比极高的光万用表，光万用表同时拥有光功率计和光源的功能，并可将仪表测试的数据记录存储与上传；广泛应用于数字数据网，

电信网和有线电视等光纤线路工程的施工、检测、维护等。实物与仪表按键说明如图 4-12 和表 4-11 所示。

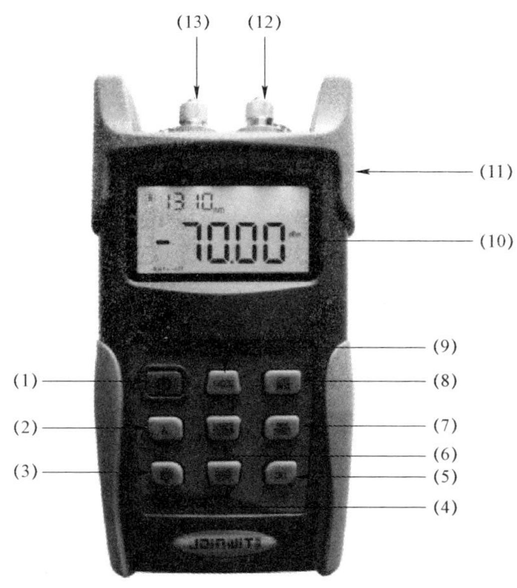

图 4-12 JW3209 光万用表

表 4-11 JW3209 光万用表按键说明

示意编号	功能简介
①	⏻ 键：打开或关闭仪表
②	λ 键：切换测试波长
③	背光符号 键：打开或关闭背光
④	SAVE/AUTO 键：测试数据保存、查看；光源波长自动切换
⑤	DEL 键：删除当前数据记录
⑥	UNITS/LASER 键：单位切换；打开或关闭光源输出
⑦	REF/ZERO 键：相对值测量；系统调零
⑧	CW/ЛЛЛ 键：切换光源的输出频率
⑨	MODE 键：切换仪表功能模式
⑩	仪表显示内容窗口
⑪	Mini USB 接口：数据通信接口；适配器供电接口
⑫	激光光源输出口
⑬	功率计探测输入口

7. 光衰减器

光衰减器用于对光功率进行衰减的器件，它主要用于光纤系统的指标测量、短距离通信系统的信号衰减以及系统试验等场合。光衰减器要求具有重量轻、体积小、精度高、稳定性好、使用方便等特点。光衰减器有两种类型，即可变光衰减器和固定光衰减器。

（1）固定光衰减器

常见固定光衰减器有法兰式固定光衰减器和插座式固定光衰减器如图 4-13 所示。

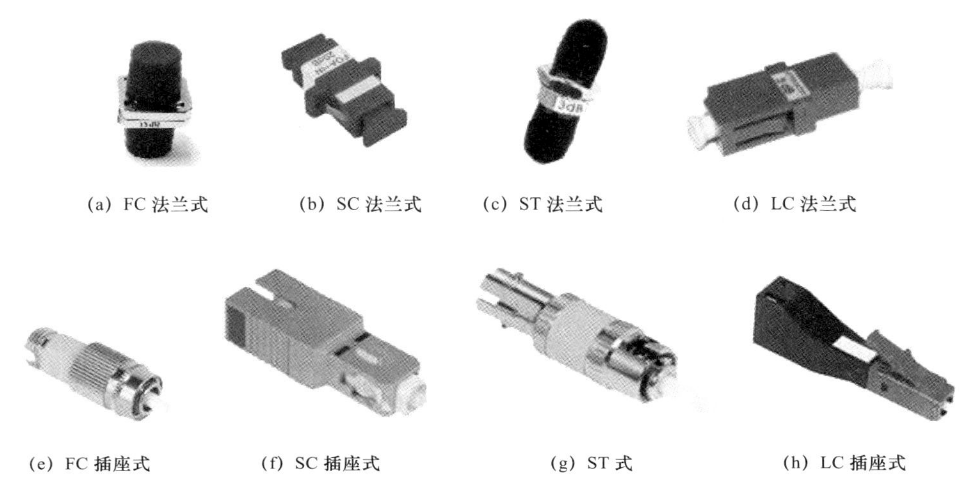

(a) FC 法兰式　(b) SC 法兰式　(c) ST 法兰式　(d) LC 法兰式

(e) FC 插座式　(f) SC 插座式　(g) ST 式　(h) LC 插座式

图 4-13　固定光衰减器实物图

固定光衰减器在光纤端面上按要求嵌入一定厚度的金属膜，模的中间有孔，可以通过改变金属膜孔径的大小来实现光的衰减，如图 4-14 所示。它的衰减量是一定的，用于调节传输线路中某一区间的损耗，要求体积小、重量轻。通常可以制成活动接头式，也可以制成法兰盘式，具体规格有 5 dB、10 dB、20 dB、30 dB、40 dB 等的标准衰减量，要求衰减量误差小于 10%。

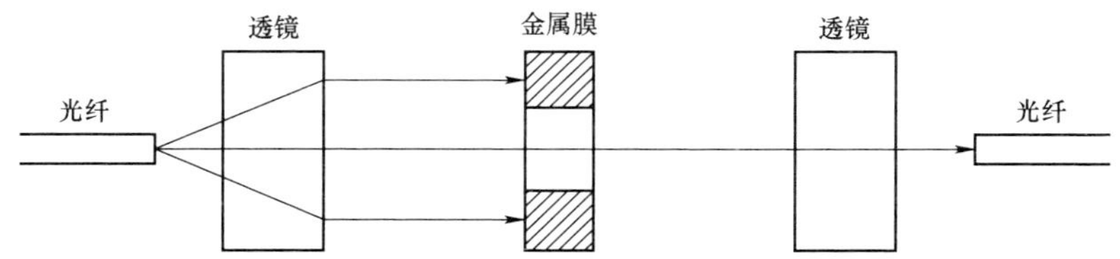

图 4-14　固定光衰减器的基本结构

（2）可变光衰减器

常见可变光衰减器按照调谐方式可以分为机械、磁光效应、热光效应、电光效应、声光效应等多种类型，实物如图 4-15 所示。

可变光衰减器是将光纤输入的光经过自聚焦透镜变成平行光束，平行光束经过衰减片再送到自聚焦透镜并耦合到输出光纤中。衰减片通常是表面蒸镀了金属吸收膜的玻璃基片。为了减小反射光，衰减片与光轴可以倾斜放置。连续可调光衰减器一般采用旋转式结构，衰减片不同区域的金属膜厚度不同，这种衰减器可分为连续可变和分挡可变两种，如图 4-16 所示。

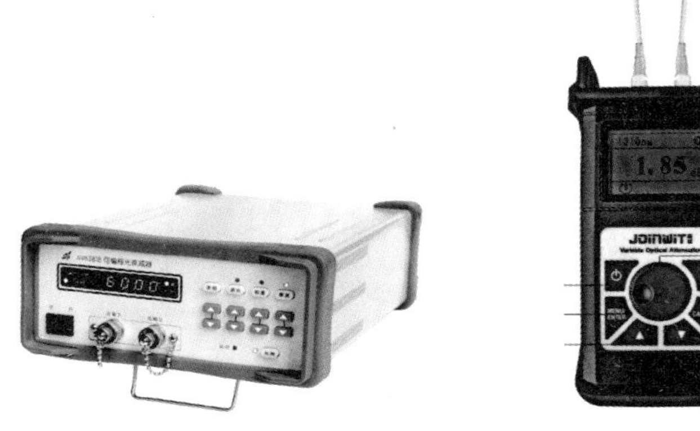

图 4-15　可变光衰减器的实物图

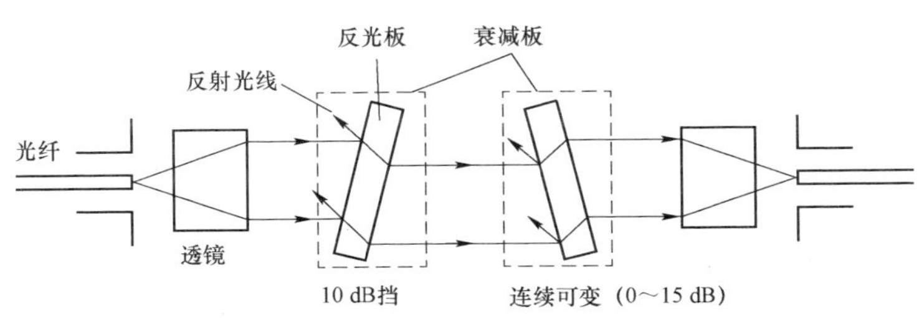

图 4-16　可变光衰减器的基本结构

通常将固定和可变光衰减器组合起来使用，衰减范围 0～60 dB 以上，衰减量误差小于 10%。在使用光衰减器时，要保持环境清洁干燥，不用时要盖好保护帽，移动时要轻拿轻放，严禁碰撞。

8. 误码测试仪

2M 误码仪主要用于传输系统的工程施工、工程验收及日常维护测试，实物如图 4-17 所示。误码仪要求具备体积小巧、功能齐全、价格便宜、操作简洁容易等特点。

2M 数字传输性能分析仪可对 2 Mb/s 接口数字通道中断业务误码测试、在线误码测试、信号丢失、AIS 告警、帧远端告警、复帧远端告警、帧失步、图案失步告警测试等项目进行测试。

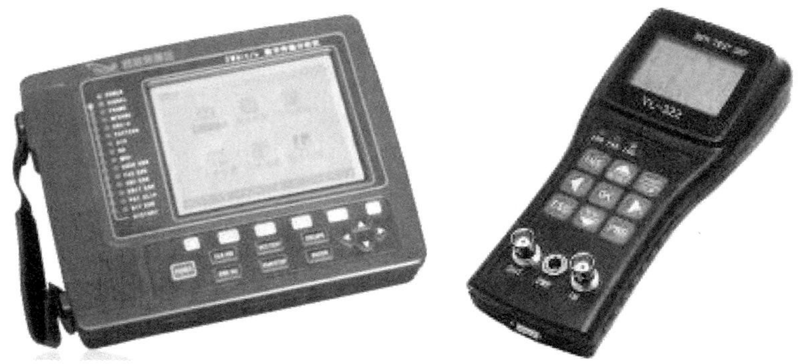

图 4-17　2M 误码仪实物图

八、仪表的使用

（一）光源与光功率计

1. 各功能键作用

本任务以 AV2498A 光源/光功率计（由独立的光功率计和稳定光源组成）为例说明其使用方法，其面板图如图 4-18 所示。

图 4-18　AV2498A 光源/光功率计表面板

表 4-12　光源/光功率计各功能键

序号	按键	说明
1	开关	电源开关键，按此键可接通或断开仪表电源。接通电源，仪表先被初始化，随后进入测量状态

续表

序号	按键	说明
2	清除	自动清零键，自动清零完毕，则进入测量状态。在清零过程中，应关好探测器盖，防止光信号输入，否则会引起测量结果的错误
3	波长	波长选择按键，常用波长为 850 nm、1 300 nm、1310 nm、1 490 nm 和 1 550 nm
4	单位	单位选择按键，使仪表以 W 或 dBm 或 dB 为单位显示测量结果
5	差值	测光衰耗时用。第一次测量的 dBm1 值，此时按下该键，机内将当前测量值进行存储，液晶屏显示 dBr。第二次测量的 dBm2 值，此时按下该键，完成 dBm3-dBm2＝dBr 的操作，屏幕显示 dBr，同时显示 dBr 的值
6	保持	保持显示当前数值

2. 操作步骤

第 1 步：仔细地用酒精棉球或专用擦纤纸清洗尾纤头和法兰盘。

第 2 步：按清除键，清除仪表内存数据。

第 3 步：设置输出波长为 1 310 nm 或 1 550 nm，设置测试单位为 dBm。

第 4 步：将光接口板 OUT 光接口的光纤跳线连接到光功率计的测试输入口。

第 5 步：待输出功率稳定，读出平均发送光功率。

第 6 步：对比测试结果和相应指标，如测试结果不符合指标，应查找原因，直至测试合格。

（二）传输特性分析仪

1. 仪表的功能

本任务以 HP37718 型 SDH/PDH 数字传输分析仪为例，说明其使用方法。HP37718 传输特性分析仪前面板由：显示屏、硬功能键、软功能键、打印机接口和 LED 告警指示灯组成，如图 4-19 所示。

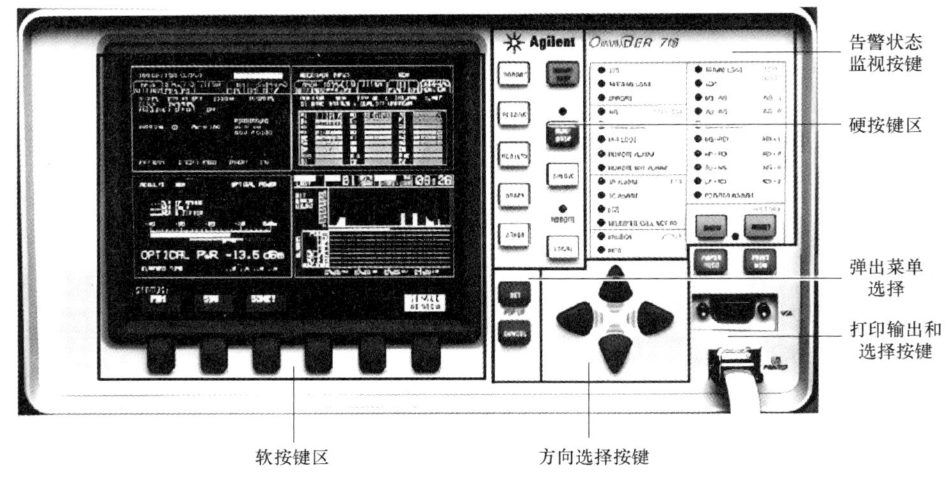

图 4-19　HP37718A/B/C 前面板

（1）显示屏：可以通过按硬功能键选择显示各种发送、接收、参数设置和各种测试结果，37718 可通过按“Multiple/single window”键（在最右边的软功能键）选择多窗口或单窗口显示，如图 4-20 所示。

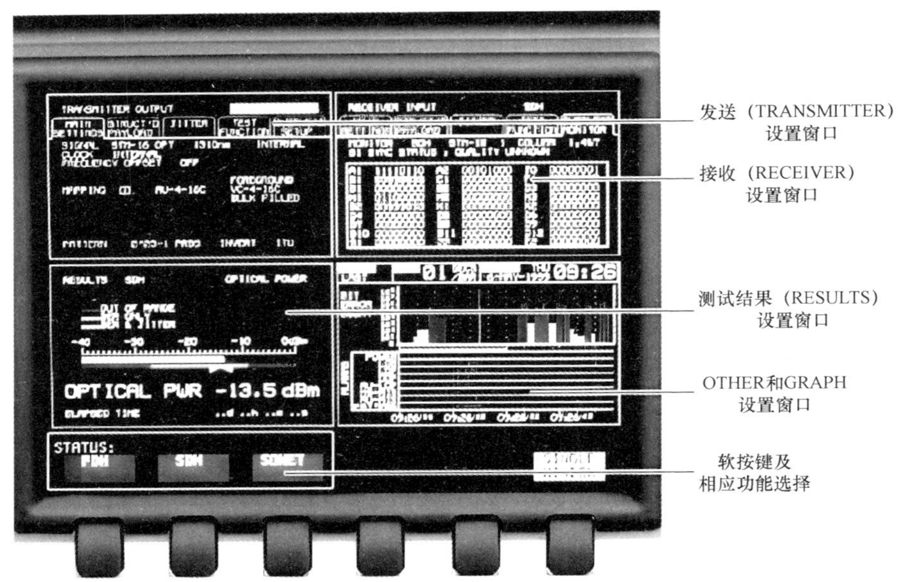

图 4-20　HP37718A/B/C 显示窗体说明图

（2）硬功能键：硬功能键可分为菜单硬功能键和其他硬功能键，如表 4-13 和表 4-14 所示。

表 4-13　菜单硬功能键

序号	按键	说明
1	Transmit	按该键可以激活发射菜单/屏幕，从而对仪表发射端的参数进行设置，这些参数包括速率等级、信号结构等基本参数以及 Jitter 产生等，还包含发端各种测试功能 设置，如告警、误码添加、开销设置等功能
2	Receive	按该键可以激活接收菜单/屏幕，从而对仪表接收端的参数进行设置，这些参数包括速率等级、信号结构等基本参数以及 Jitter 接收滤波器等，还包含接收端各种测 试功能设置，如开销捕获、开销监测等功能
3	Result	按该键可以激活结果菜单/屏幕，从而观察各种测试结果，包括误码计数、误码分析、告警指示、光功率以及抖动测量结果等
4	Graph	按该键可以激活图形结果菜单/屏幕，从而得到二维图形的结果，这最适合仪表进行长期测试时使用。在该屏幕上，横轴为时间，纵轴为多个测试结果的显示
5	Other	按该键可以激活杂项控制菜单/屏幕。在该菜单下，可对仪表的打印机、磁盘、日期/时间等作设置

表 4-14　其他硬功能键

序号	按键	说明
1	RUN/STOP	用于开始或结束测量。绿灯亮为开始测量，绿灯灭为停止测量
2	SINGLE	进行单个误码添加
3	LOCAL	当仪表工作在遥控方式时，按此键回到本地操作
4	SHOW HISTORY	此按键用于观测在测试周期内曾出现但当前已消失的告警现象
5	RESET HISTORY	此按键用于清除曾经发生的告警记录
6	SMART TEST	此按键用于快速操作仪表
7	←↑↓→	此按键用于移动光标
8	PAPER FEED	此按键用于控制打印机进纸
9	PRINT NOW	此按键用于启动打印机开始打印

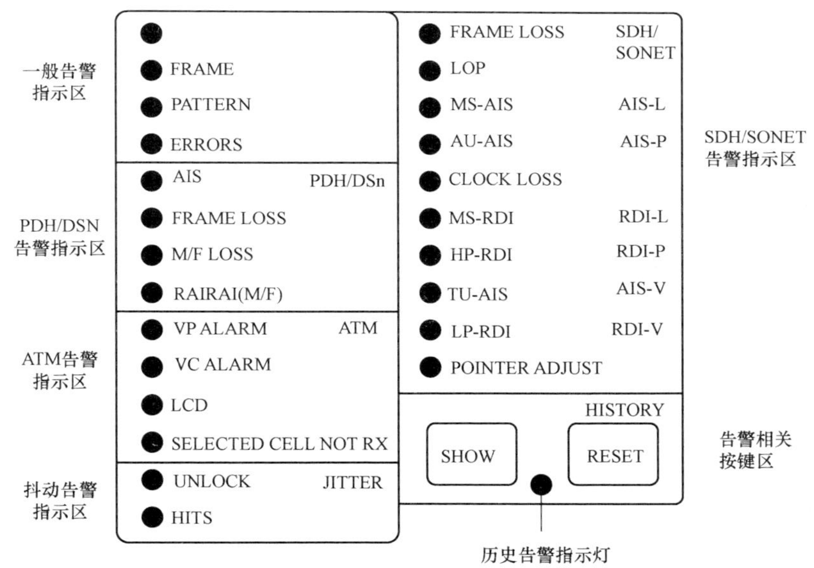

图 4-21　37718A/B/C 告警状态灯说明图

（3）软功能键：每一软功能键的作用随菜单的变化而不同，具体功能由当时仪表屏幕对应的功能所决定。

（4）打印机：37718A/B/C 提供内置的宽纸图形打印机。

（5）LED 告警指示灯：告警指示灯如图 4-21 所示。

37718A/B/C一般告警指示区告警状态灯说明如表 4-15 所示。

表 4-15 37718A/B/C—般告警指示区告警状态灯说明

告警名称	告警状态	告警状态说明
SIGNAL	信号接收告警指示灯	绿色指示检测到了输入信号，红的指示未检测到输入信号
FRAME	帧结构告警指示灯	绿色指示检测到的输入信号帧结构有效，红的指示通道或段层有帧失步
PATTERN	码型告警指示灯	绿色指示检测到的输入信号码型有效，红的指示检测到的输入信号码型和发送信号码型不一致
ERRORS	误码告警指示灯	仪表检测到输入信号有误码时指示红灯，输入信号正常该指示灯无指示

37718A/B/C PDH/DSN 告警指示区告警状态灯说明如表 4-16 所示。

表 4-16 37718A/B/C PDH/DSN 告警指示区告警状态灯说明

告警名称	告警状态	告警状态说明
AIS	告警指示信号指示灯	仪表检测到 PDH/DSN 信号有告警指示时指示红灯，PDH/DSN 输入信号正常该指示灯无指示
FRAME LOSS	帧丢失告警指示灯	仪表检测到输入 PDH/DSN 信号帧丢失或者无法定位帧时指示红灯，输入信号正常该指示灯无指示
M/F LOSS	复帧丢失告警指示灯	仪表检测到输入 PDH/DSN 信号复帧丢失时指示红灯，PDH/DSN 输入信号正常该指示灯无指示
RAI/RAI（M/F）	远端告警/远端复帧丢失告警指示灯	仪表检测到输入 PDH/DSN 信号有远端送来的 AIS 或 M/FLOSS 时指示红灯，PDH/DSN 输入信号正常该指示灯无指示

37718A/B/C 抖动（JITTER）告警指示区告警状态灯说明如表 4-17 所示。

表 4-17 37718A/B/C 抖动（JITTER）告警指示区告警状态灯说明

告警名称	告警状态	告警状态说明
UNLOCK	相位失锁告警指示灯	该告警指示抖动接收部分相位失锁，接收机锁相后该指示灯无指示。进行抖动测试时必须等接收机锁相后进行
HITS	抖动冲击告警指示灯	该告警指示接收到抖动冲击

37718A/B/C SDH/SONET 告警指示区告警状态灯说明如表 4-18 所示。

表 4-18 37718A/B/C SDH/SONET 告警指示区告警状态灯说明

告警名称	告警状态	告警状态说明
FRAME LOSS	帧丢失告警指示灯	仪表检测到输入 SDH/SONET 信号帧丢失或者无法定位帧时指示红灯，SDH/SONET 输入信号正常该指示灯无指示
LOP	指针丢失告警指示灯	仪表检测到输入 SDH/SONET 信号指针丢失时指示红灯，SDH/SONET 输入信号正常该指示灯无指示
MS-AIS	复用段告警指示信号指示灯	仪表检测到输入 SDH/SONET 信号有复用段告警指示时指示红灯，SDH/SONET 输入信号正常该指示灯无指示
AU-AIS	通道告警指示信号指示灯	仪表检测到输入 SDH/SONET 信号有 AU 通道告警指示时指示红灯，SDH/SONET 输入信号正常该指示灯无指示

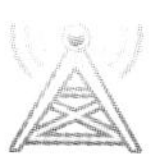

续表

告警名称	告警状态	告警状态说明
CLOCK LOSS	时钟丢失告警指示灯	当仪表的时钟信号和选择的参考时钟信号不同步时指示红灯，仪表的时钟信号和选择的参考时钟信号同步时该指示灯无指示
MS-RDI	复用段远端缺陷告警指示灯	仪表检测到输入 SDH/SONET 信号有复用段远端缺陷指示时指示红灯，SDH/SONET 输入信号正常该指示灯无指示
AU-RDI	通道远端缺陷告警指示灯	仪表检测到输入 SDH/SONET 信号有 AU 通道远端缺陷指示时指示红灯，SDH/SONET 输入信号正常该指示灯无指示
TU-AIS	通道告警指示信号指示灯	仪表检测到输入 SDH/SONET 信号有 TU 通道告警时指示红灯，SDH/SONET 输入信号正常该指示灯无指示
LP-RDI	通道远端缺陷告警指示灯	仪表检测到输入 SDH/SONET 信号有 TU 通道远端缺陷指示时指示红灯，SDH/SONET 输入信号正常该指示灯无指示
POINTER ADJUST	指针调整告警指示灯	仪表检测到输入 SDH/SONET 信号有指针调整时指示红灯，SDH/SONET 输入信号正常该指示灯无指示

37718A/B/C 当前/历史告警指示切换和告警复位说明如表 4-19 所示。

表 4-19

按键名称	按键状态	状态说明
SHOW	历史告警指示和当前告警指示切换按键	按住该键不放，所有告警指示灯指示历史告警；释放该键，所有告警指示灯指示当前告警
RESET	复位告警指示按键	按下该按键时将清除历史告警指示，重新指示当前出现的告警，此时再按下 SHOW 按键时所有告警指示灯不再指示以前的历史告警。当使用 RUN/STOP 启动一次新的测试时，系统会自动 RESET 所有告警指示，功能和使用该按键相同
HISTORY	历史告警指示灯	测试过程中一旦有告警发生，HISTORY 告警指示灯就会指示并持续直到使用 RESET 按键消除该指示

2. 仪表操作

第 1 步：按“发射”键，根据测试要求进行设置，具体设置请参考任务 23。

第 2 步：按“接收”键，根据测试要求进行设置，具体设置请参考任务 23。

第 3 步：在按以上设置好，并进行正确连接后，仪表所有告警灯应关（历史灯除外）。

第 4 步：按“开始/停止”键至绿灯亮，开始测量。

第 5 步：按“结果”键，然后进行观测。

第 6 步：按“开始/停止”键至绿灯灭，结束测试。

（三）以太网性能测试仪

1. 仪表功能

本任务以 RxT 10 GEPTN 以太网测试仪为例说明其使用方法，其面板图如图 4-22 所示。

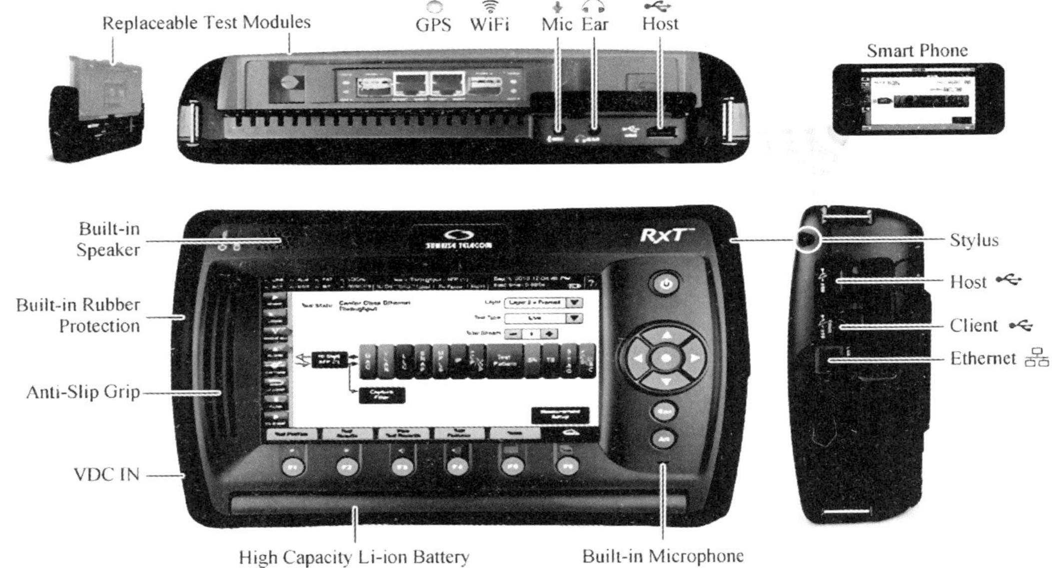

图 4-22 RxT10GEPTN 以太网测试仪面板

该测试仪面板上面包括麦克风接口、耳机接口，USB 接口；仪表左侧包括一个 USB 接口，

一个 USB 客户端接口，一个 RJ-45 100 M 网络接口；下面是高容量锂电池以及内置麦克风；左上角包括电源指示灯和电池指示灯和内置扬声器。RxT 10 GE 测试仪的界面都是图形界面，如图 4-23 所示。

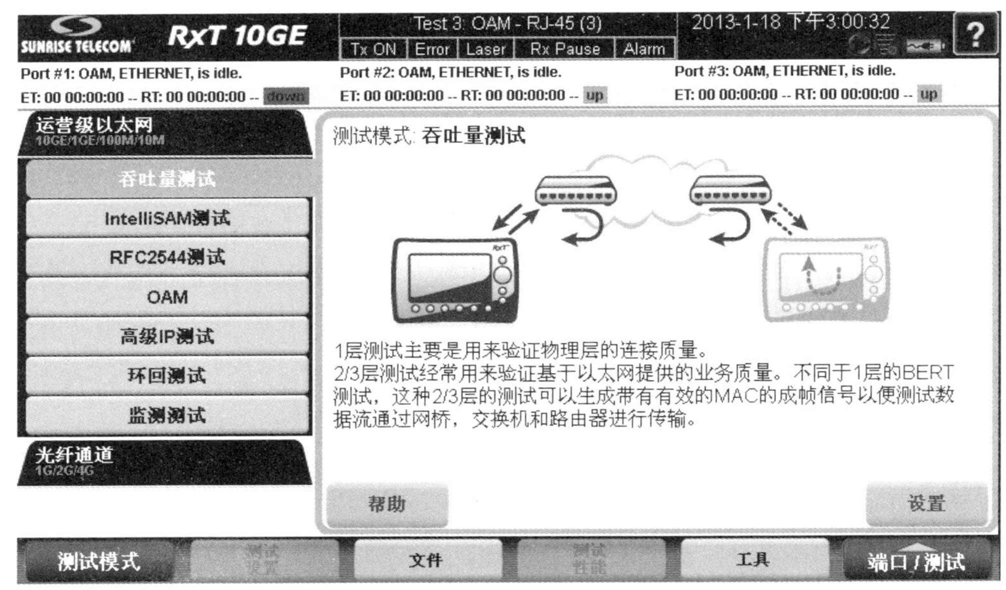

图 4-23 RxT10GE 测试仪的界面

2. 操作过程

（1）吞吐量测试

通过触摸屏点击“吞吐量测试”按钮，右侧测试模块更改为吞吐量测试，然后点击图 4-24 所示的图形或者设置图标。

（2）进入到吞吐量测试设置界面中，测试类型分为 BERT 和 LIVE 两种模式，发送测试数据流可以设置从 1 个数据流到 16 个数据流，如图 4-25 所示。

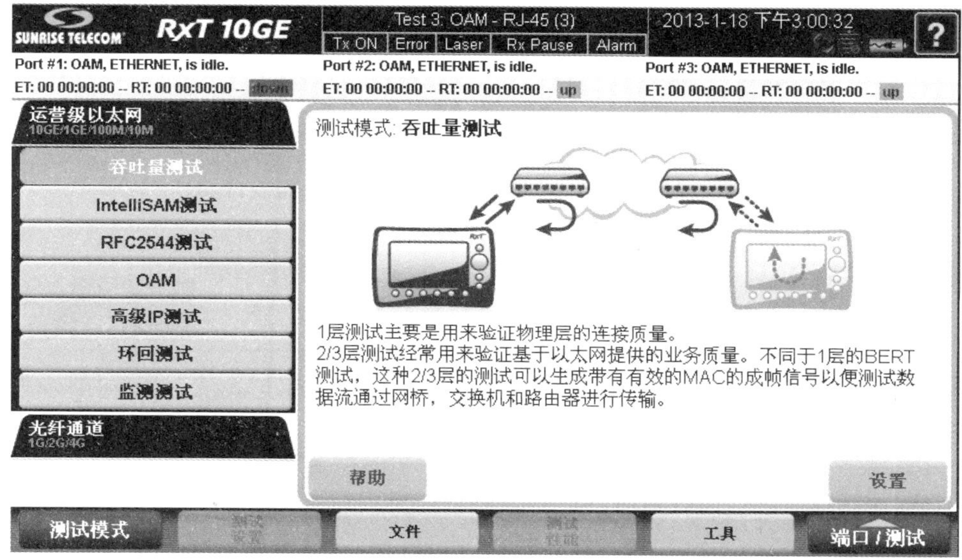

图 4-24　吞吐量测试

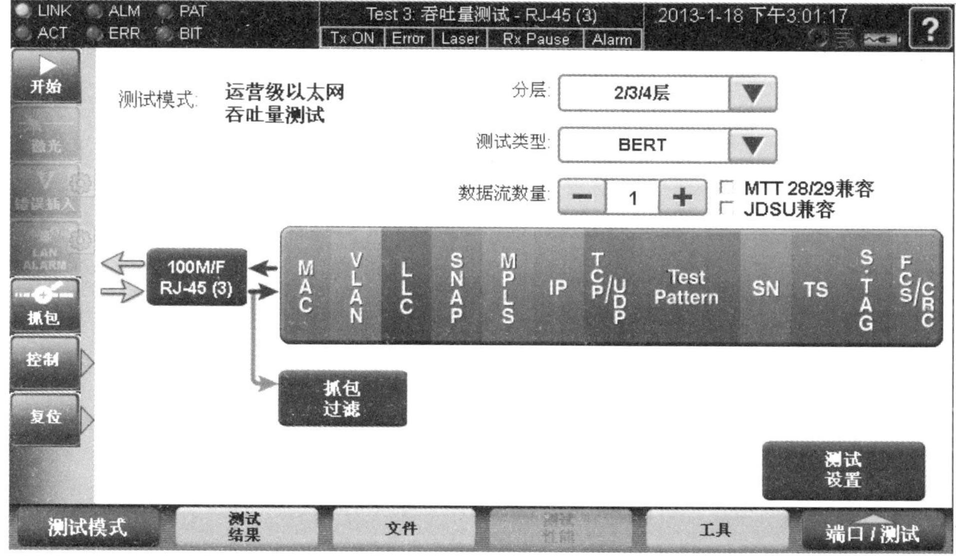

图 4-25　BERT 和 LIVE 模式

（3）测试的分层分别为：1 层 4/5B，2 层 PRBS+FCS，2/3/4 层，如图 4-26 所示。

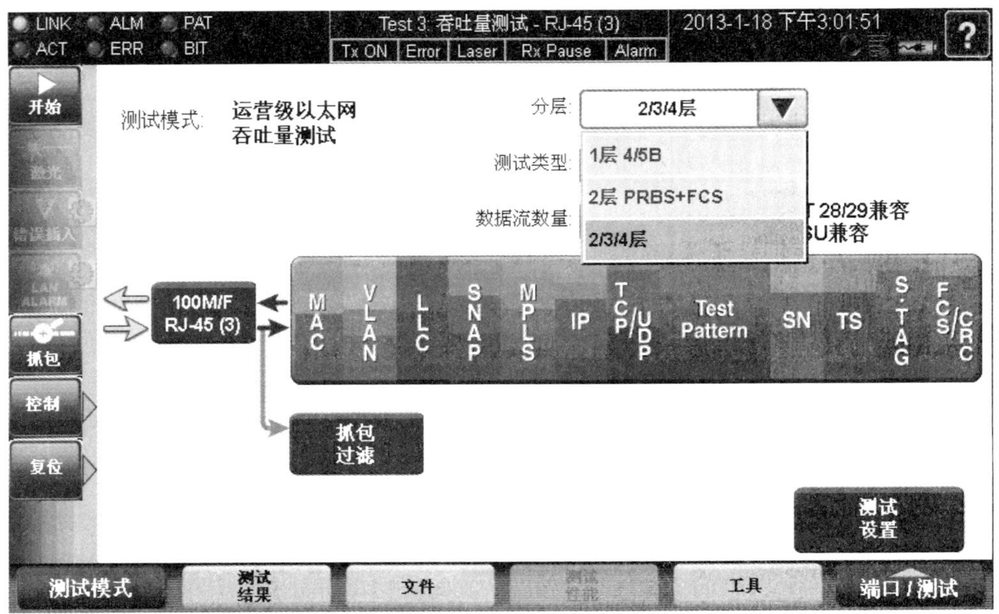

图 4-26 测试分层图

（4）点击数据流帧格式图标，进入到数据流表的设置界面，如图 4-27 所示。

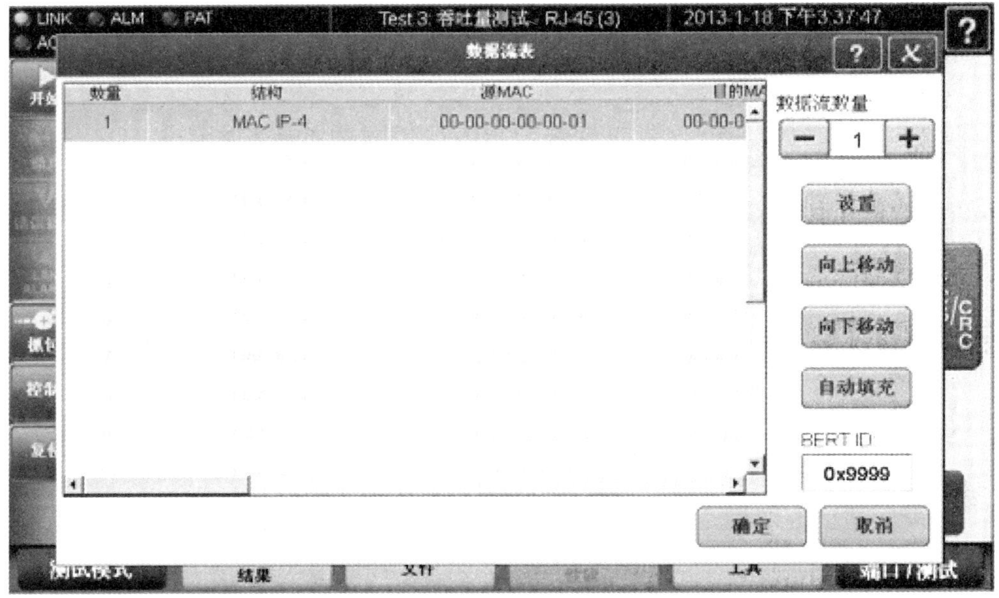

图 4-27 数据流表的设置

（5）点击“设置”按钮，对数据流进行编辑，可以根据需要随意自定义帧格式，如图 4-28 所示。

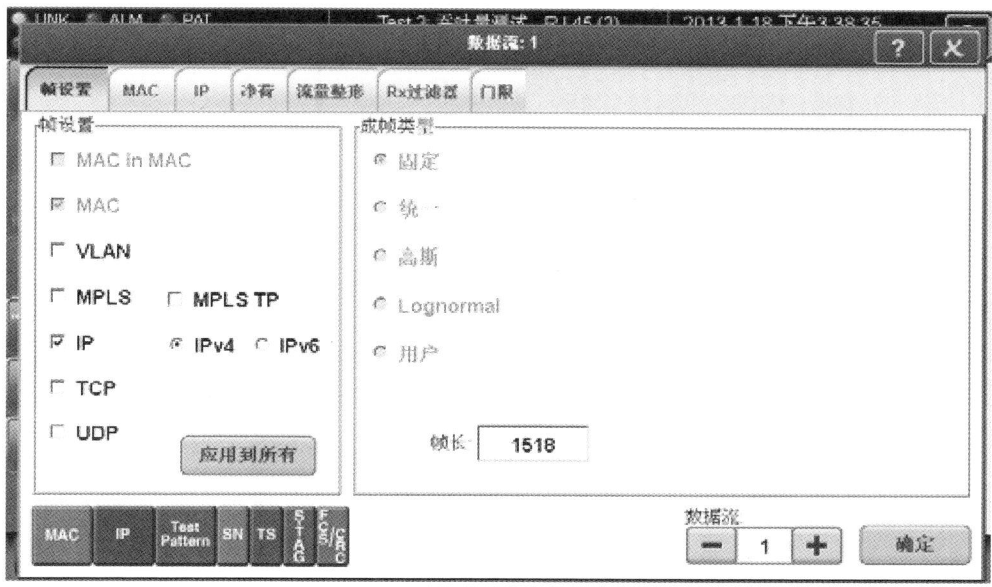

图 4-28　数据流编辑

（6）MAC 地址编辑项，如图 4-29 所示，点击源/目的 MAC，可以编辑当前数据流的 MAC 地址，如图 4-30 所示。

图 4-29　MAC 地址编辑

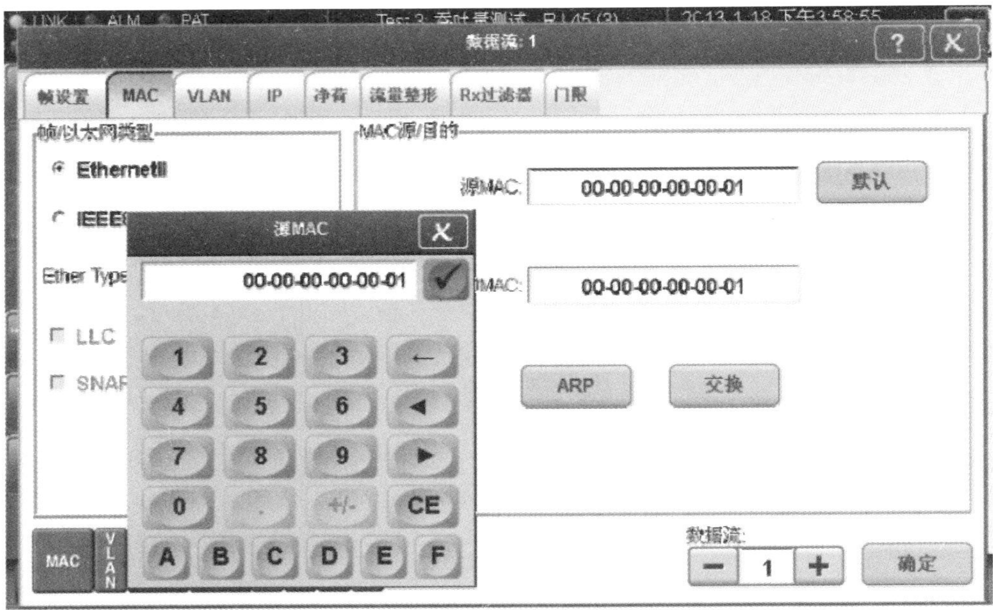

图 4-30　源/目的 MAC 编辑

（7）VLAN 地址编辑项，可以最多编辑三个 VLAN 标签，如图 4-31 所示。

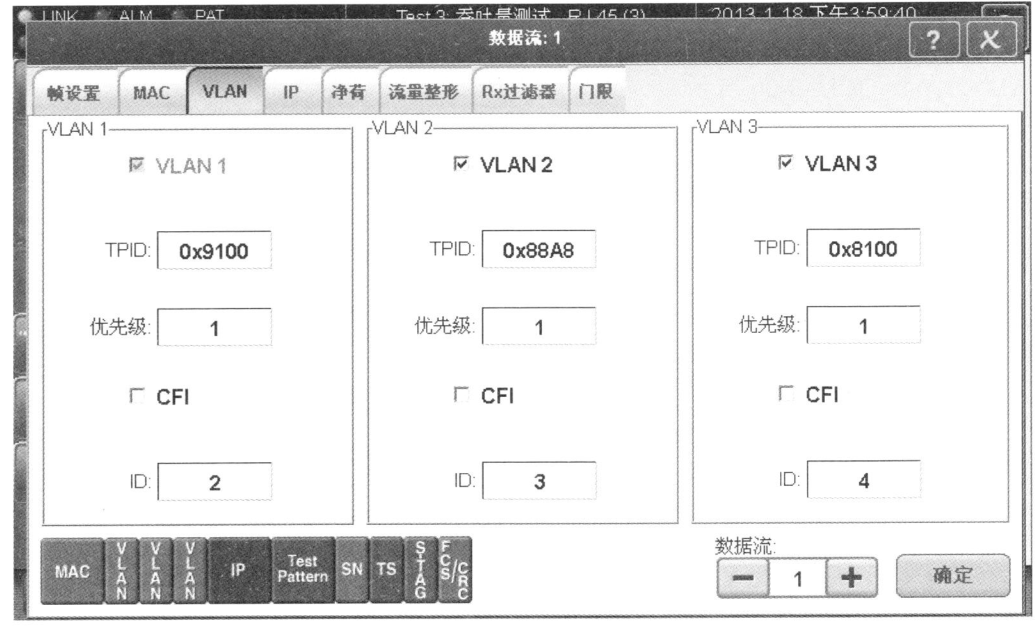

图 4-31　VLAN 地址编辑

（8）IP 地址信息编辑项，可以选择编辑有关 IP 地址/报头的有关信息，如图 4-32 所示。

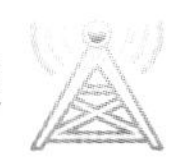

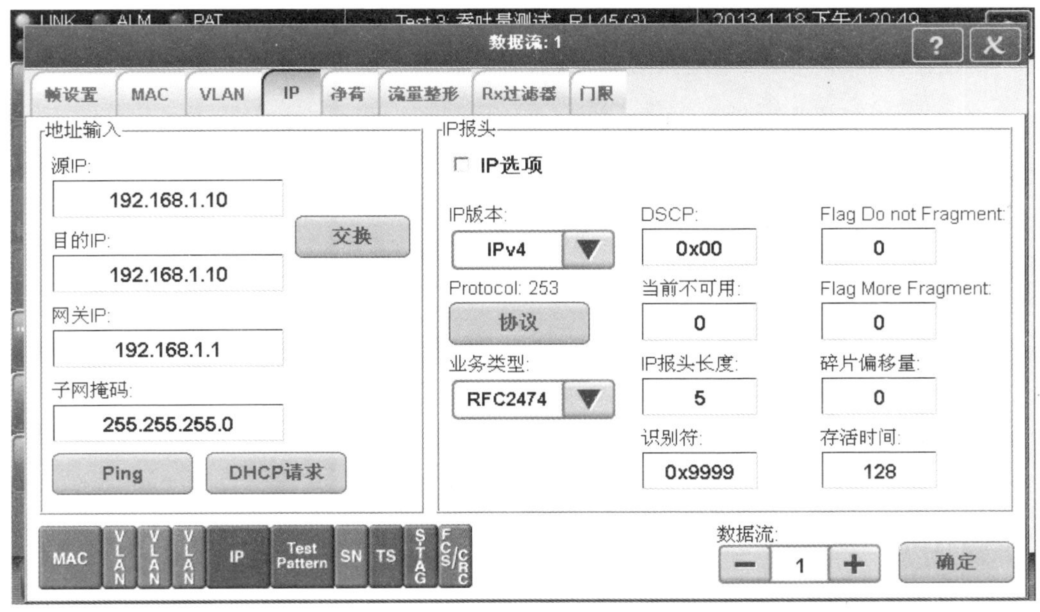

图 4-32　IP 地址信息编辑

（9）净荷/负载信息编辑项，可以选择三种净荷/负载信息：SN/TS/SR-TAG、NONE、SR-TAG。

SN/TS/SR-TAG：在吞吐量测试项中，如果选择了该净荷/负载选项，就说明该数据流包含时间标签、序列标签和 Sunrise 自身的测试标签。这样也可以区分测试流和非测试流。

NONE：在吞吐量测试项中，如果选择了该净荷/负载选项，测试数据流和非测试数据流就会统计到一起，不区分是哪种数据包。

SR-TAG：在吞吐量测试项中，如果选择了该净荷/负载选项，可以区分测试包和非测试包（如管理包，广播包等），设置项如图 4-33 所示。

（10）流量整形选项的相关设置，流量整形模板有：恒定模式、阶梯模式、突发模式三种模板，数据流的带宽可以自行设定，如果选择了恒定模式，就是固定发送某一个设定好的数据流，恒定带宽将会显示 XXX%，就是当前端口最大带宽的百分比，如图 4-34 所示。

如果选择了阶梯模式，阶梯带宽数据将会显示起始带宽 XXX%，起始带宽 XXX%，步进带宽 XXX%，步进间隔 XXS，带宽当前端口最大带宽的百分比，如图 4-35 所示。

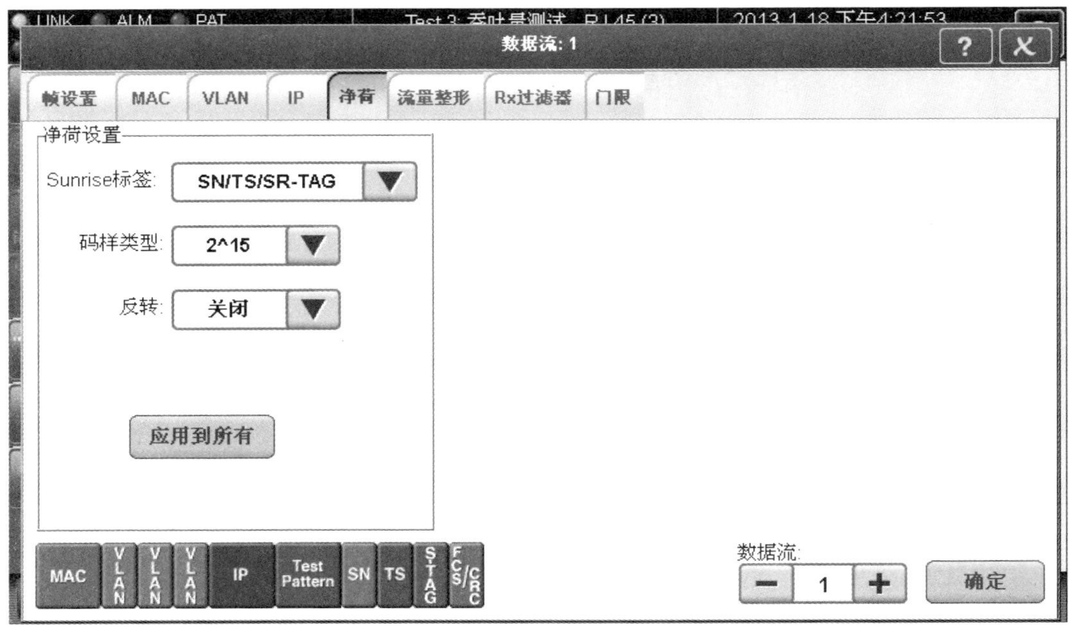

图 4-33　净荷/负载信息编辑

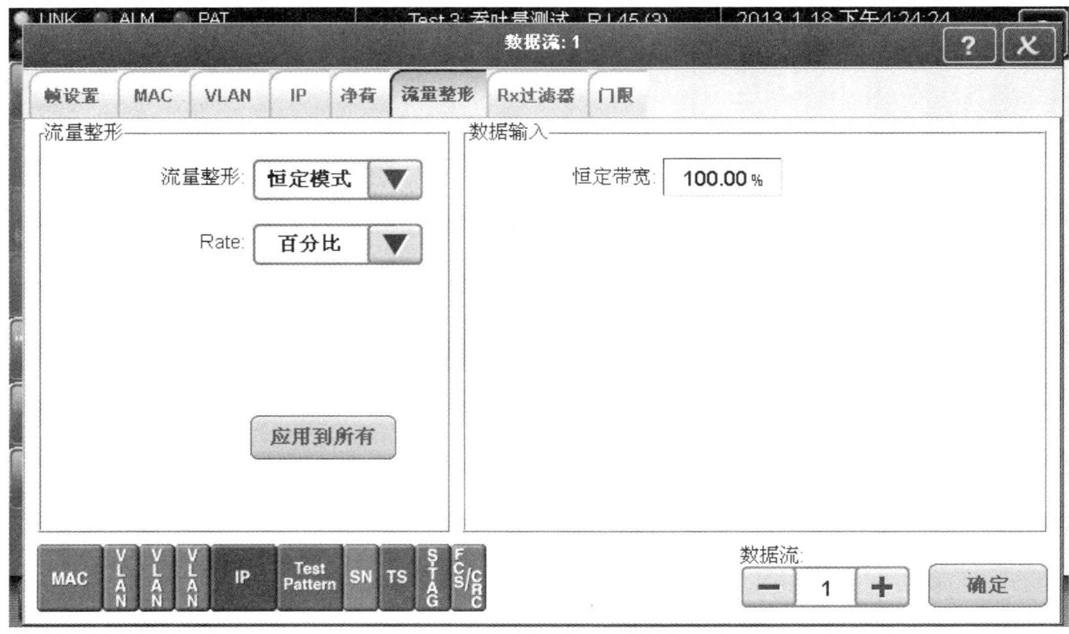

图 4-34　流量整形选项的相关设置

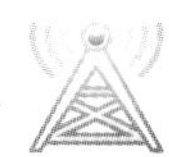

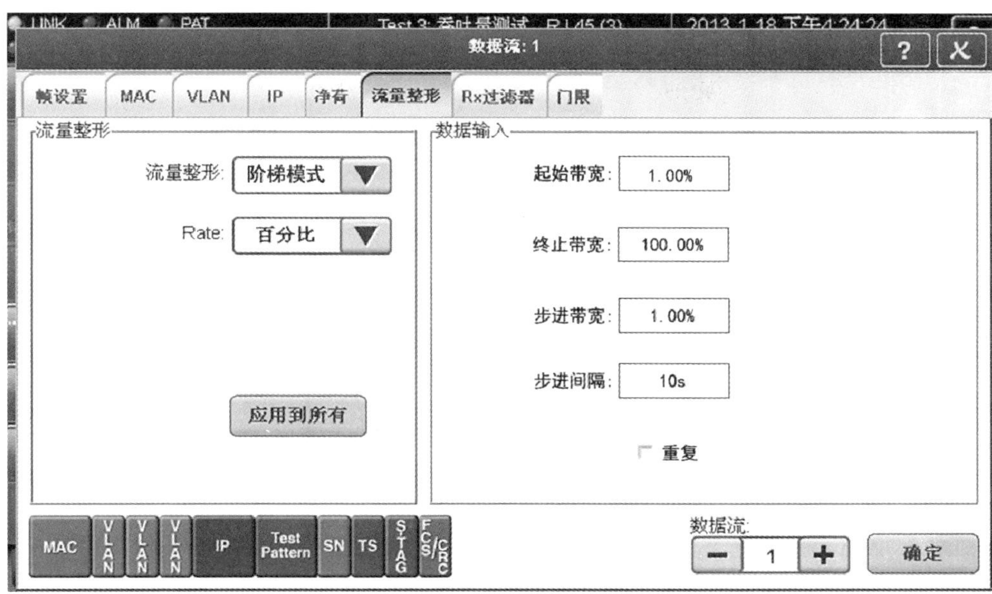

图 4-35　阶梯模式

如果选择了突发模式，突发带宽数据将会显示突发 1 带宽 XXX%，突发 2 周期 XXs，突发 2 带宽 XXX%，突发 1 周期 XXs，带宽当前端口最大带宽的百分比，如图 4-36 所示。

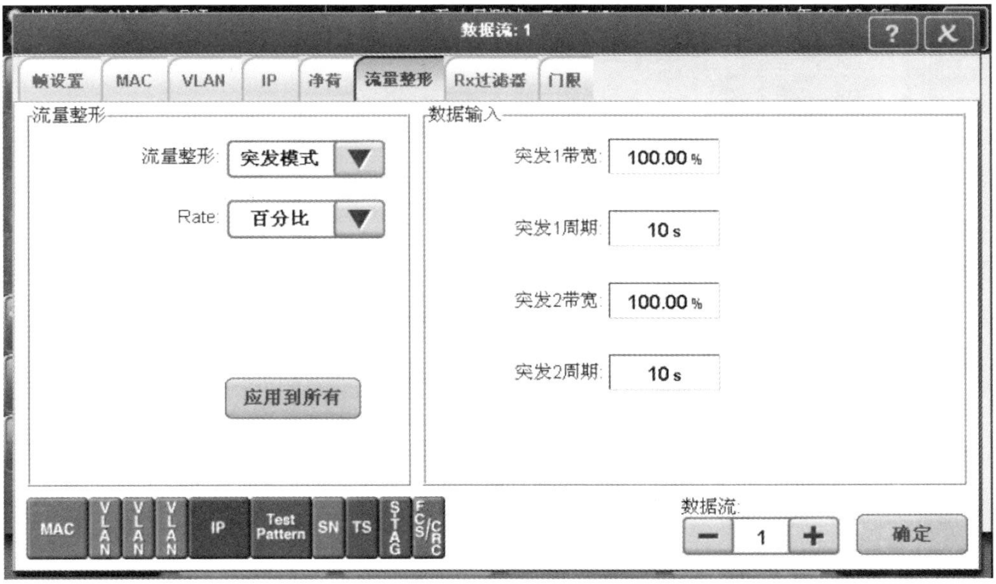

图 4-36　突发模式

数据流中速率格式可以显示为百分比：当前接口最大带宽的百分比，比特率：XXXkb/s，kb/s，IPG：数据包间隔 XXXns，三种格式显示，如图 4-37 所示。

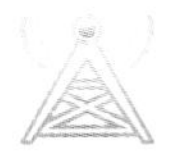

图 4-37　数据流中速率格式

2. RFC2544 测试

（1）RFC2544 测试，右边的图形和文字描述了 RFC2544 的相关作用和测试位置，如图 4-38 所示。

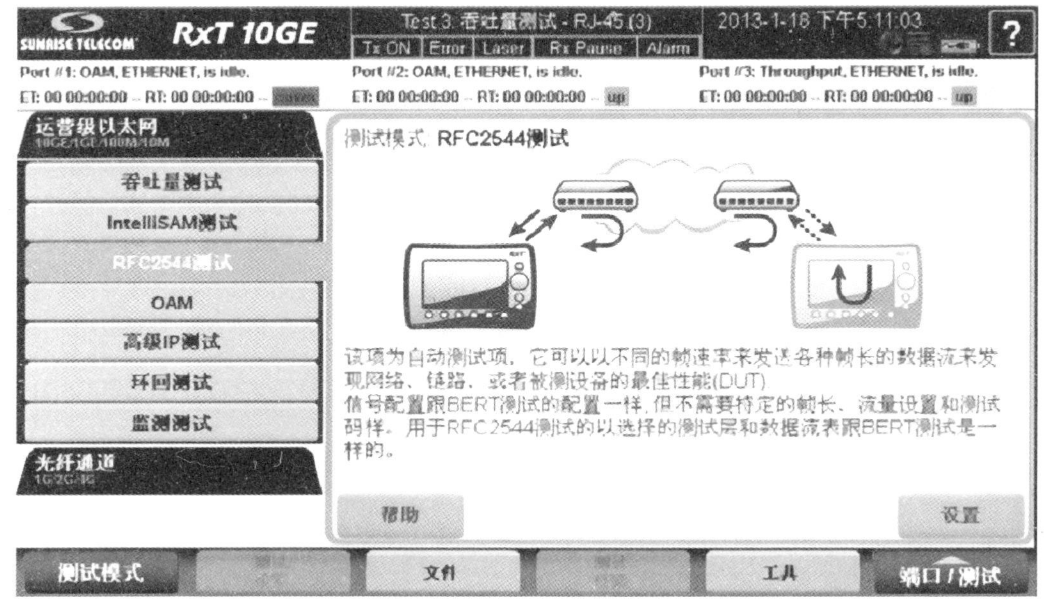

图 4-38

（2）点击“设置”按钮或屏幕的图形处，可进入到 RFC2544 相关的测试界面，如图 4-39 所示。

（3）测试配置界面，包括端口类型的设置、RFC2544 设置、数据流设置以及测试序列的选择等，以及根据具体配置，预估的测试时长等，如图 4-40 所示。

（4）端口设置：可以选择 SFP 或者 RJ45 两种介质类型，自协商、流控设置，以及端口的双工模式等，如图 4-41 所示。

（5）RFC2544 的帧长设置：RFC2544 的帧长设置通过打“V”激活要测试的帧长类型，点击某一个帧长来编辑帧长和门限等设置，设置完后，点击“确定”按钮，如图 4-42、图 4-43 所示。

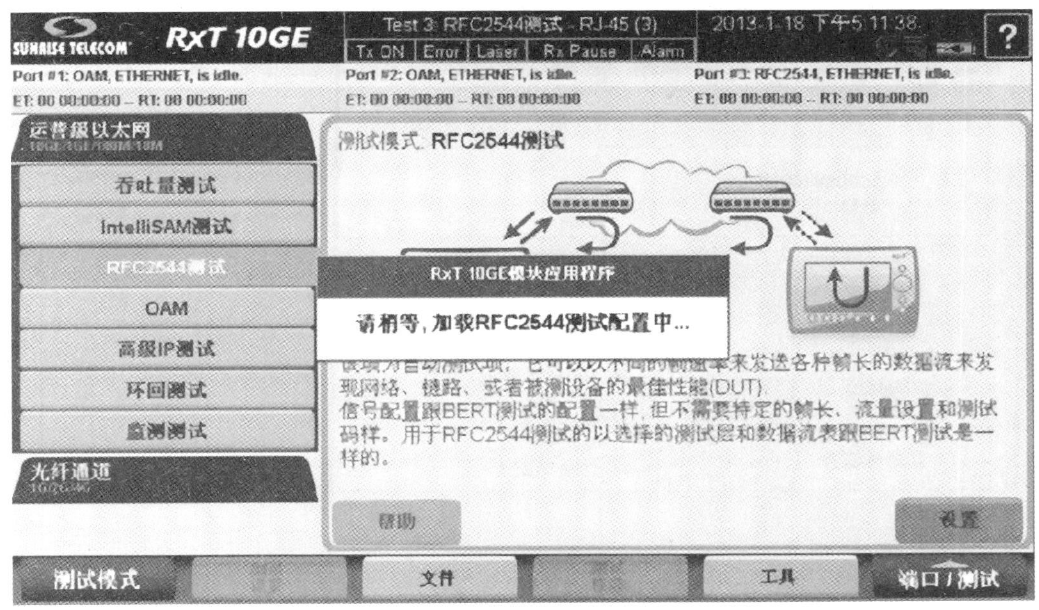

图 4-39　RFC2544 相关的测试界面

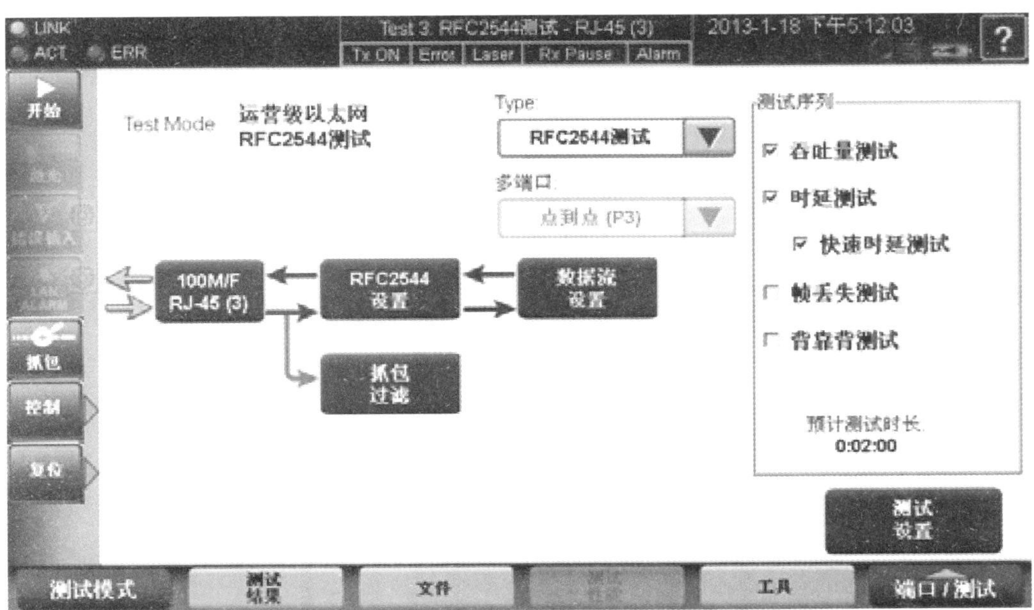

图 4-40　RFC2544 测试配置界

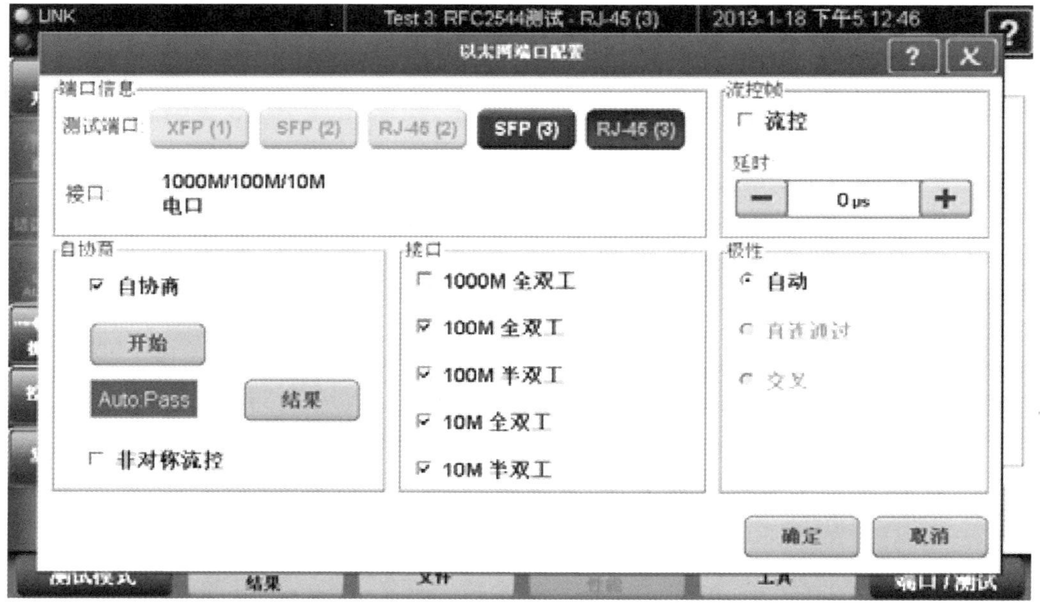

图 4-41　端口设置

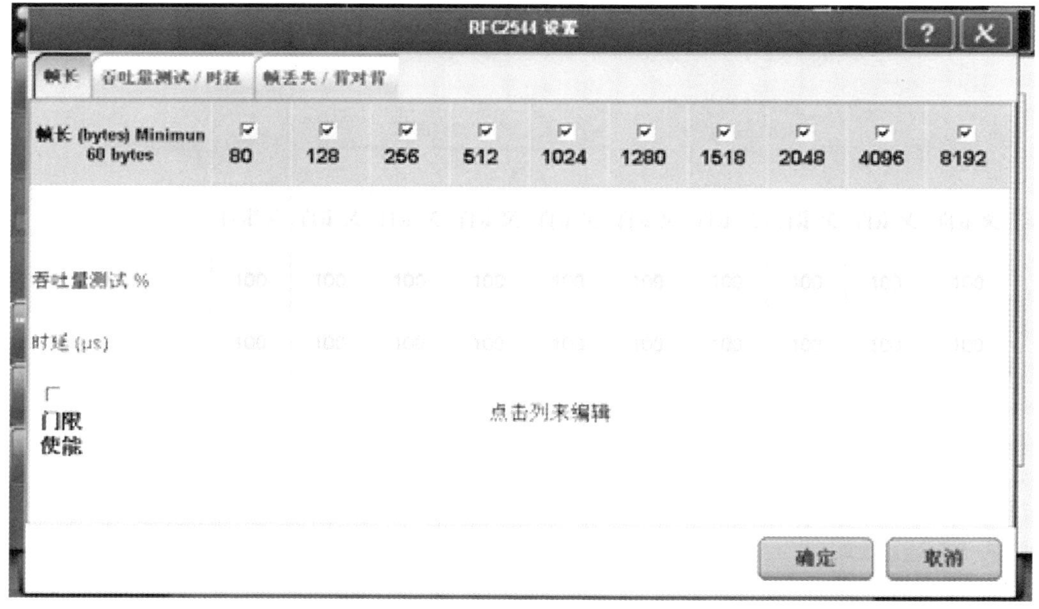

图 4-42　帧长设置（1）

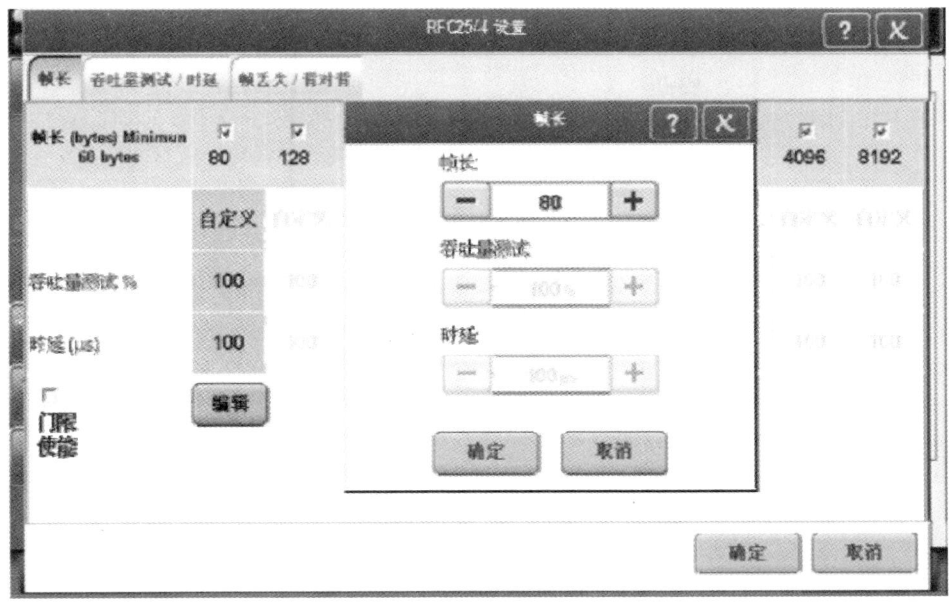

图 4-43　帧长设置（2）

（6）RFC2544 的吞吐量/时延设置：吞吐量/时延设置包括吞吐量的测试/时延周期、时间、起始速度、分辨率的单独定义，时延标准设置，如周期，速率类型，准备时间，速率类型、重复次数等，如图 4-44 所示，可点击任意一个数字进行编辑，详细设置如图 4-45 所示。

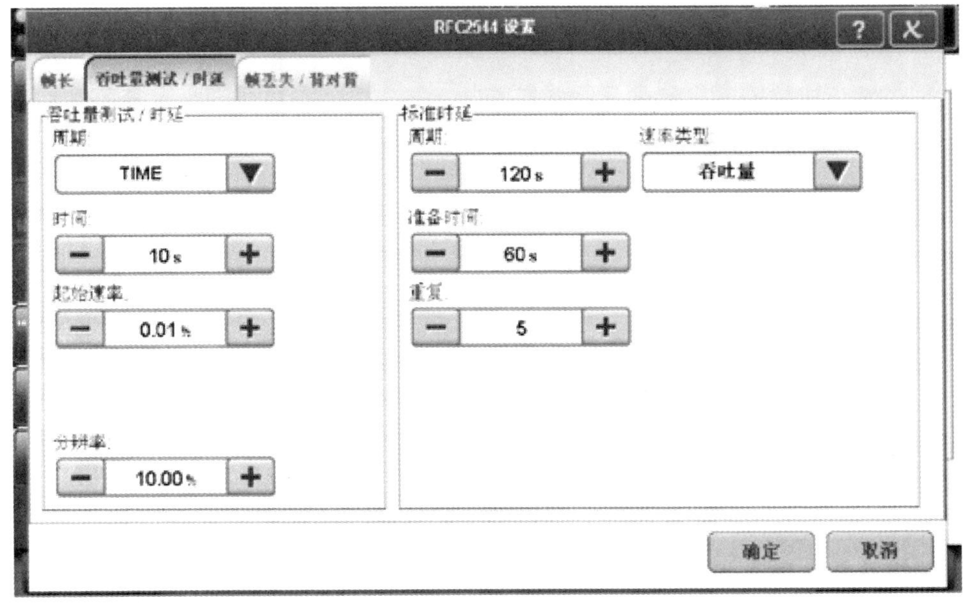

图 4-44　吞吐量/时延设置（1）

RFC2544 的帧丢失/背对背设置：帧丢失/背对背设置可以对帧丢失中的测试类型、持续时间、起始速率进行定义，以及背对背设置的时间间隔、最大周期、重复次数进行设置，通过点击数字，对帧丢失/背对背的相关参数进行编辑，详细如图 4-46 所示。

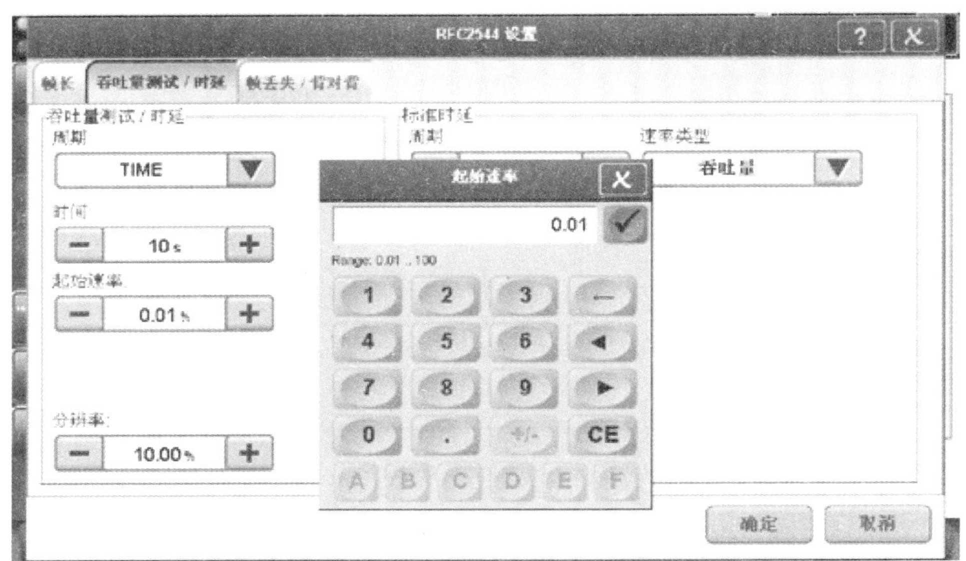

图 4-45　吞吐量/时延设置（2）

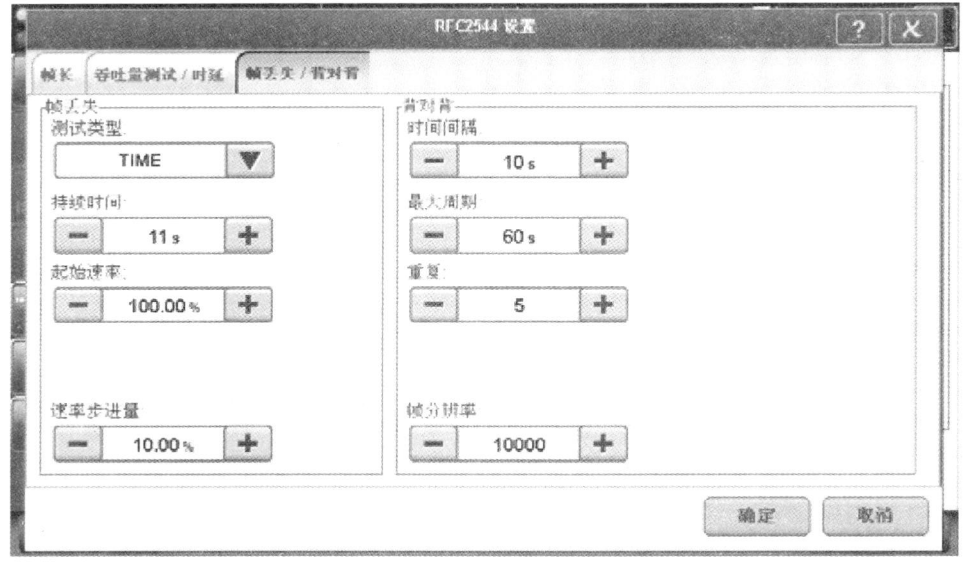

图 4-46　RFC2544 的帧丢失/背对背设置

RFC2544 数据流设置：通过点击下面数据流设置图标，对发送的数据流进行设置，如图 4-47 所示。

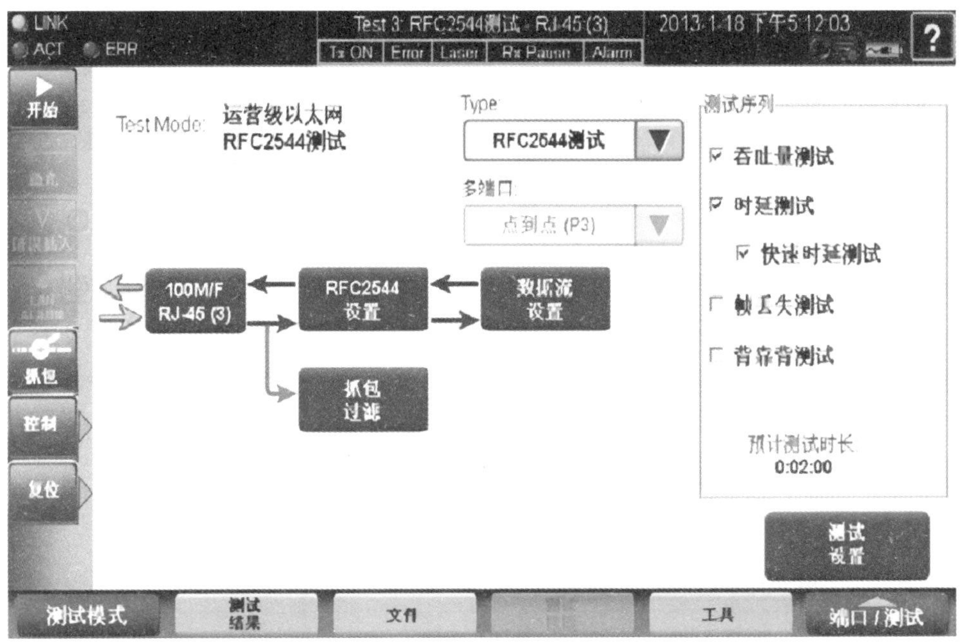

图 4-47　RFC2544 数据流设置

RFC2544 数据流表设置：如图 4-48 所示，点击“设置”按钮，进行数据流的设置。

图 4-48　RFC2544 数据流表设置（1）

数据流的设置和吞吐量测试中的数据流表设置一样，区别是 RFC2544 只能设置一条测试数据流，如图 4-49、图 4-50 所示。

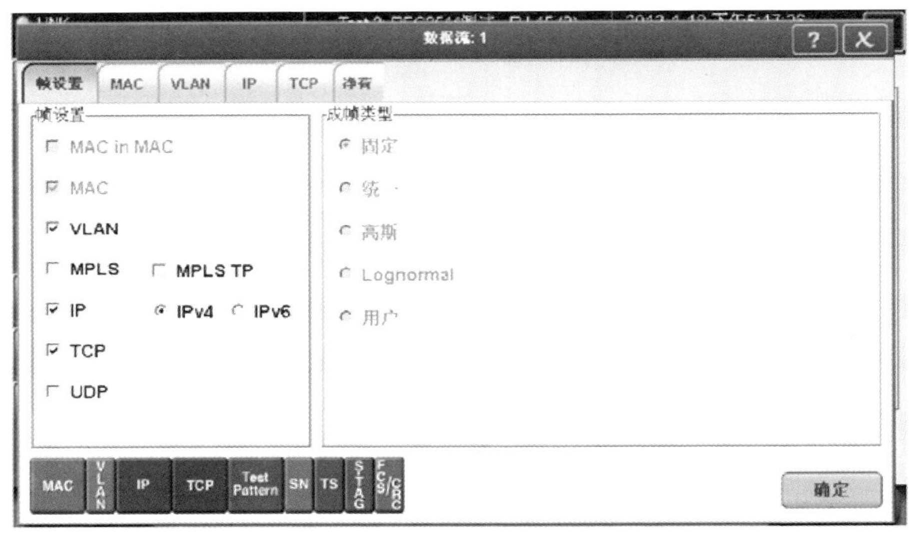

图 4-50　RFC2544 数据流表设置（3）

（四）光谱分析仪

用光谱分析仪测试单板的光口时，可直接从输出信号的光谱上读出光功率、信噪比，将得到的数据和原始数据比较，判断是否出现比较大的性能劣化。

如果受到影响的业务是主信道的所有业务，重点分析合分波子系统和光放大子系统单板的光谱；如果受损的业务只是主信道中的一路业务，重点分析光转发类型板、合分波子系统和光放大子系统单板的光谱。

注意：DWDM 的无源单板含有外置的监测光口。测试时，应使用该监测光口，以免影响主信道中正常传输的业务。

仪表可以通过键盘区域的红色按键来开机或者关机，如果需要关机，按下电源键至少 2 s，仪表就可以关机。如果仪表没有响应，请按下电源键并保持 10 s，可以强制关机。

1. 测试平台概述

（1）键盘

键盘主要包括：RXT 测试口、DC 电源接口、USB/耳麦接口等，如图 4-51 所示。

键盘主要包括：RXT 测试口、DC 电源接口、USB 接口/耳麦接口等，如图 4-51 所示。

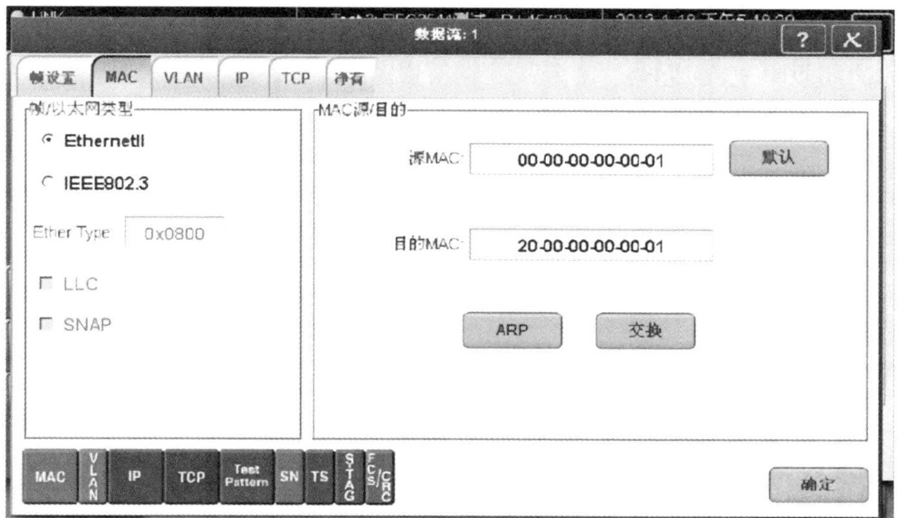

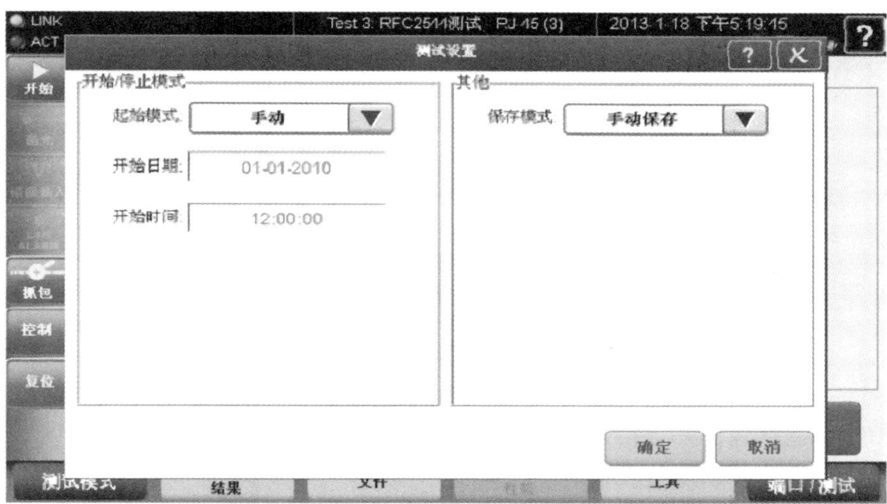

图 4-50　RFC2544 数据流表设置（3）

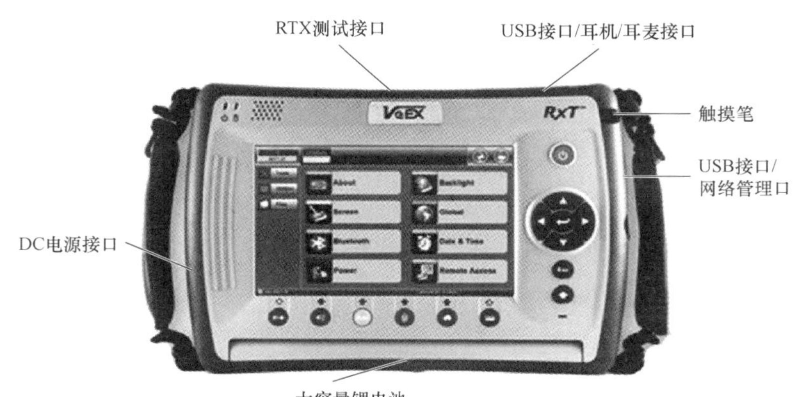

图 4-51　RXT 键盘

（2）键盘功能

键盘功能如图 4-52 所示。

图 4-52　键盘（1）

从左到右为：历史清除键（指示灯复位键）、声音键、APP 应用键、锁屏/截屏键、主页键、保存文件键。

历史清除键（指示灯复位键）有历史错误时，点击此键可将指示灯的历史错误清除并复位。

声音键：语音监听或对讲时，可以调整声音的大小。

APP 应用键：在通用界面时，点击此键可切换到模块的应用中。

锁屏/截屏键：默认为锁屏键，点击此键，触摸屏及其他键盘无效。

主页键：在加载的测试应用中，端口无论在哪种测试或者设置下，点击此键可立即回到测试应用的主界面

保存文件键：完成测试后，点击此键可以保存测试结果。

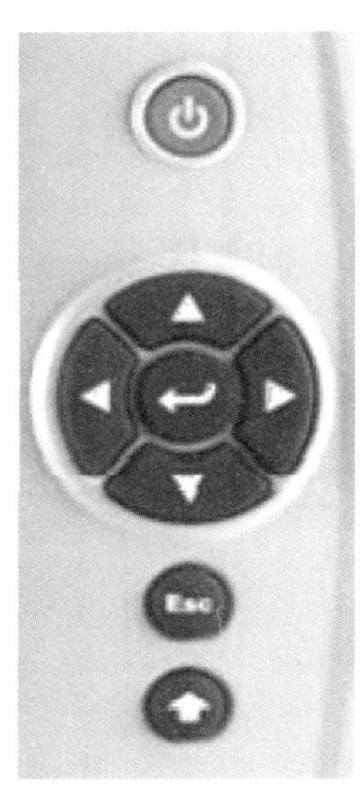

图 4-53　键盘（2）

图 4-53 所示的按键功能如下：

电源键：仪表可以通过红色的电源键进行开关机操作。按下电源键并保持 3～5 s 可以开机，关机操作时按下电源键保持至少 2 s 即可，如果仪表没有反应，请按下电源键并保持至少 10 s 进行强制关机操作。

方向键：通过方向键可以调整参数或者选项。

回车键：回车键及确认键可以进入某种测试功能中。

ESC 键：按此键可返回到上一个测试或设置页面。

向上箭头键：进行 U 盘升级时，作为组合键使用。

（3）触摸显示屏

LCD 支持触摸屏操作。若要使用仪器的触摸屏模式，打开显示屏表面的透明盖。取下位于上盖顶部的手写笔。使用仪器的非触摸屏模式时，关闭液晶显示屏上盖，使用箭头键，回车键和后退键、屏幕上光标的位置表示为焦点状态。焦点状态根据测试仪器不同的功能和部件而有所不同，请遵守以下注意事项；请勿用力按压触摸屏以免损害触摸屏的功能。

请勿使用如钢笔，螺丝刀等利器以免对触摸屏表面造成损害。只可用软布和中性清洁剂擦拭触摸屏表面。请勿使用酒精。

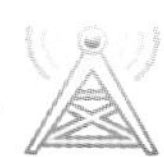

（4）电池

在 VPAL300 机壳背面配备有一个智能锂充电电池组。新仪器的电池有部分电量，因此建议使用前将电池充满电。建议在室温下充电，以延长其寿命并达到最大充电量。当仪器通过提供的 AC 适配器连接到 AC 主线时，可在仪器操作过程拆下电池。当仪器没有连接到 AC 主线时，拆下电池会导致仪器关机。打开左侧的橡胶盖将 AC 主线适配器连至仪器。

（5）测试面板和连接头

1）RXT Combo 可以提供如图 4-54 所示光口和电口作为测试端口。

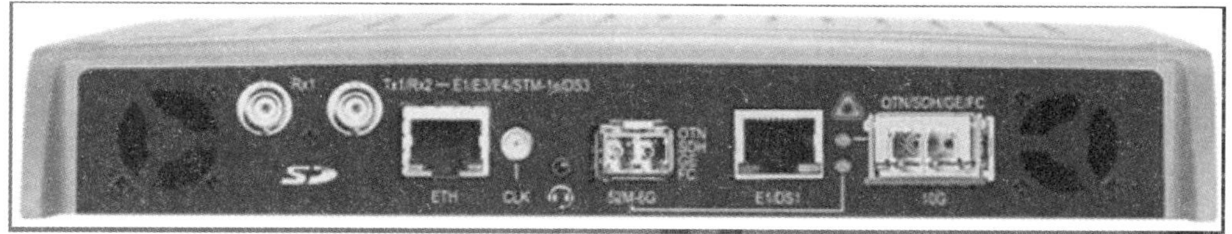

图 4-54　RXT Combo 接口

2）RXT 6000 100 G 模块可以提供如图 4-55 所示接口。

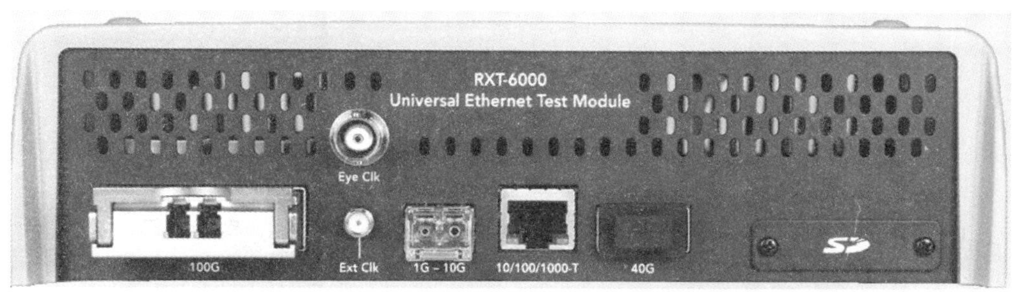

图 4-55　RXT 6000 100G 模块接口

3）RXT3900 双 SFP+/双 RJ45 接口模块可以提供如图 4-56 所示接口。

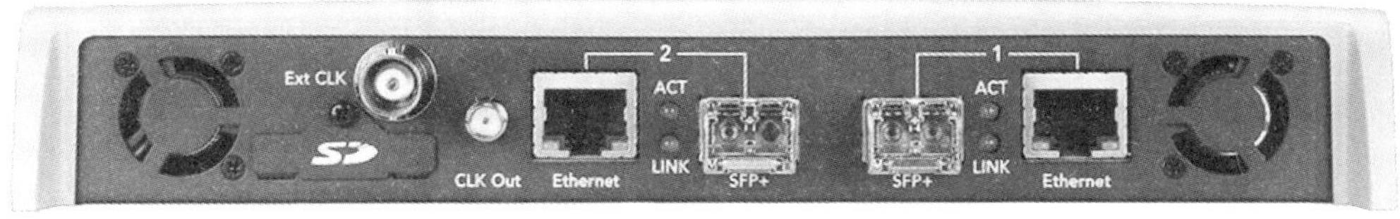

图 4-56　RXT3900 双 SFP+/双 RJ45 接口

（6）LED 指示灯

TX300 测试仪内置了如图 4-57 所示的 LED 指示灯。

固定 LED：单一 LED 指示灯显示仪表的电源状态。当仪表关机时，LED 指示灯关闭；当仪表开机时，LED 指示灯为绿色。关机状态下，当仪表连接 AC 电源适配器时，LED 指示灯为橙色。

图 4-57　TX300 测试仪

软 LED 指示灯：图形化用户界面同样根据不同的测试接口功能支持多种软 LED 指示灯。

信号 LED：指示当前有效的信号输入。

成帧 LED：指示当前输入信号是成帧信号

码样同步 LED：指示在 BERT、RFC、吞吐量测试中测试码样同步。

告警/错误 LED：指示当前测试中有告警/错误。

注：每一种软 LED 指示灯都支持历史功能。

绿色 LED：指示当前没有告警/错误发生。

红色 LED：指示当前测试中至少有一种告警/错误发生。

红灯闪烁 LED：指示某些告警/错误已经发生。

灰色指示灯 LED：指示无当前状态或者一个测试还没有开始。

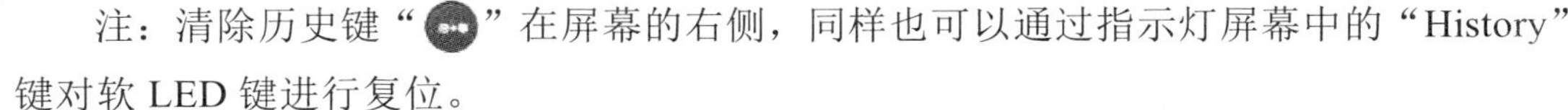

注：清除历史键“”在屏幕的右侧，同样也可以通过指示灯屏幕中的“History”键对软 LED 键进行复位。

2. 主界面

当仪表开机后，屏幕上会显示通用设置主界面，如图 4-58 和图 4-59 所示。

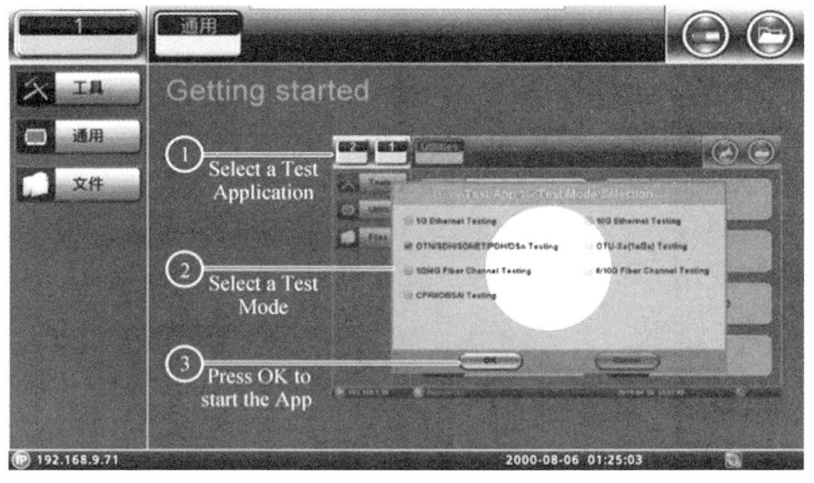

图 4-58　RXT Combo 主界面

在 RXT Combo 屏幕上有两个区域：

（1）左边区域

工具：IP 工具、网络专家、WiFi 专家、高级功能（光纤放大镜，WiFi 频谱分析，签字板，光功率计，高精准时钟源）、浏览器。

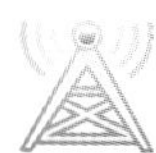

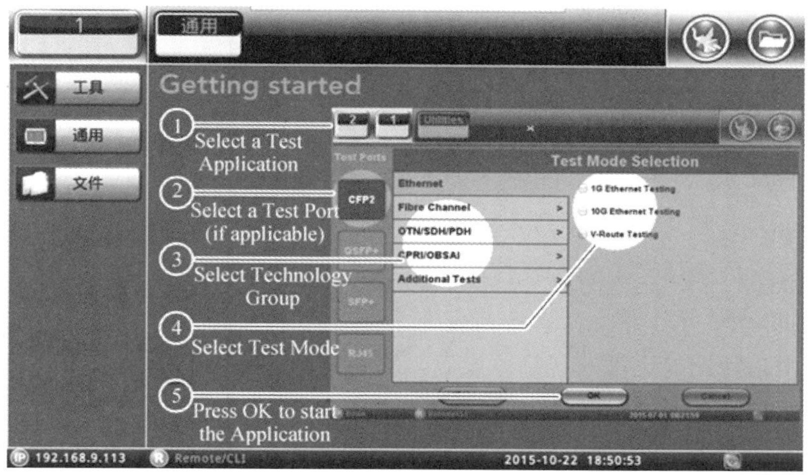

图 4-59 RXT-6000 主界面

设置：设置、帮助、背光、VeEXPRESS。

文件：已保存、USB、管理。

（2）右边区域

显示屏显示指定的图标按钮，这些图标按钮主要根据左侧的功能菜单显示，默认情况下，显示的通用设置项包括：关于、背景光、显示屏、通用设置、蓝牙、日期/时间、电源、远程接入等。

屏幕上部分的图标说明如图 4-60 和表 4-20 所示。

图 4-60 屏幕上部分的图标

表 4-20 屏幕顶部图标说明

图标符	状态	描述
	激光打开	提示 SFP 或 XFP 激光收发器打开或关闭
	激光关闭	
	WiFi 打开	指示是否连接 WiFi 适配器
	WiFi 关闭	
	连接 AC 电源	提示是否连接 AC 电源并给电池充电，或者电池供电
	电池供电	
	文件信息	提供文件存储信息
	主界面	提供快速返回主界面的按钮
	关闭	关闭当前屏幕或者返回到上个屏幕

3. 测试应用模式

RXTCombo/3900 测试应用主界面屏幕可以通过点击主界面按键使应用直接回到主界面，主界面中屏幕被分为三个区域：

（1）左侧面板

LED 指示灯：软 LED 指示灯，可以显示带有错误和告警的信号。

清除历史：历史错误或告警复位键，可以把历史的错误或告警 LED 提示清除。

（2）中间面板

测试应用功能图标选项（包括：设置，测试结果，告警/错误，SDH/SONET 工具，PDH 工具，DS1/3 工具，OTN 工具，配置文件）。

（3）右侧面板

开始：开始一个测试。

告警/错误：快捷键，可以直接到告警/错误界面，此外，该界面还可以通过中间面板的告警/错误图标进入。

激光打开/关闭：打开或关闭光端口（SFP 或者 XFP）激光收发器的激光。

MX 发现：启用测试设备发现网络中其他的用于环回的测试设备。

测试应用主界面如图 4-61 和图 4-62 所示。

（五）光万用表

1. JW3209 光万用表具有如下特点：

- 简便的功能模式切换
- 光源稳定输出

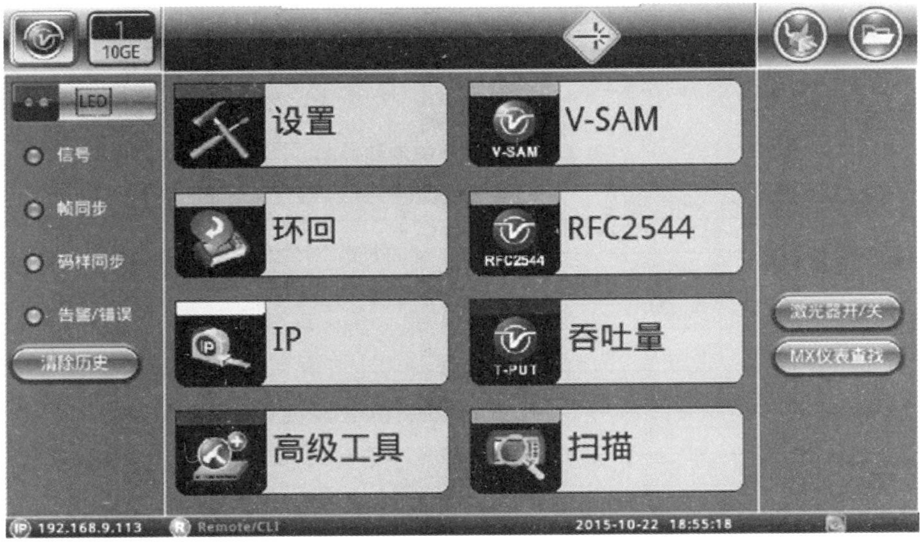

图 4-61　测试应用主界面（1）

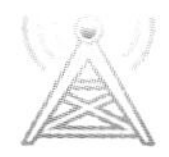

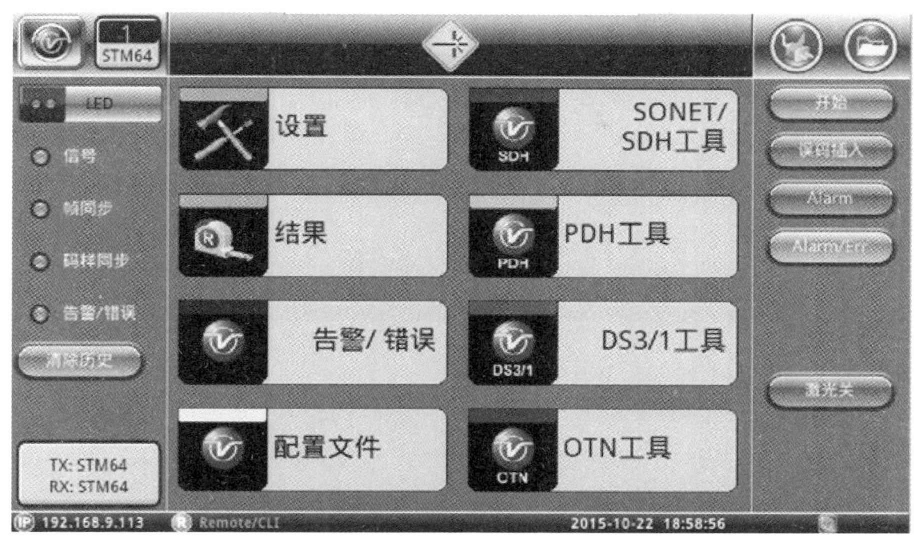

图 4-62　测试应用主界面（2）

- 仪表自带的光源波长自动切换功能
- 频率光的检测功能
- USB 数据通信存储上传与供电功能
- 数据存储 1 000 条
- 提供实时数据读取功能，方便嵌入系统应用

2. JW3209 光万用表应用范围如下：

- 电信工程维护
- CATV 工程维护
- 数字数据网工程维护
- 光通信的教学与研究
- 其他光纤工程

3. 仪表操作

当仪表使用干电池供电时，仪表通电开启后屏幕左下角显示“Auto-off”符号；若 10 min 内按键无任何操作则自动关机，短按“ ⏻ ”键即可取消自动关机功能。当使用外部 USB 适配器供电时，则无自动关机功能，如图 4-63 所示。

仪表开机后自动进入“功率计模式”如图 4-64 所示，可通过“MODE”键切换至“光源模式”如图 4-65 所示。两种测量模式可单独或同时使用。

（1）功率计模式

1）“ λ ”键：依次切换仪表自带的测试波长。

2）$\frac{\text{UNITS}}{\text{LASER}}$键：依次在 dBm、dB、XW 之间切换，如图 4-66 所示。

图 4-63　JW3209 光万用表开关机

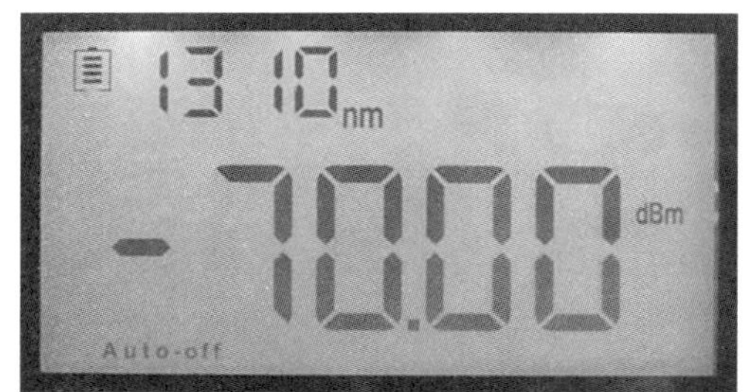

图 4-64

图 4-65

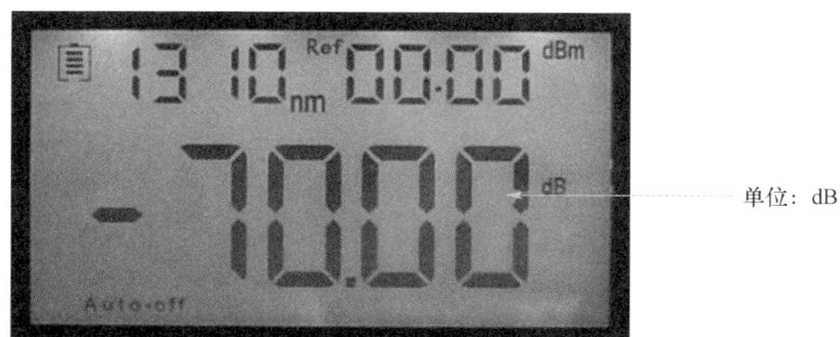

图 4-66　功率计模式

3）“REF/ZERO”键。

（a）短按键，REF 功目旨响应。

将当前测试结果设置或更改为参考值，进行相对功率值测量，显示屏右上方将显示“Ref”和设定的 dBm 值，如图 4-67 所示。

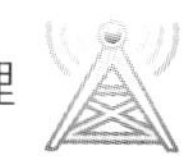

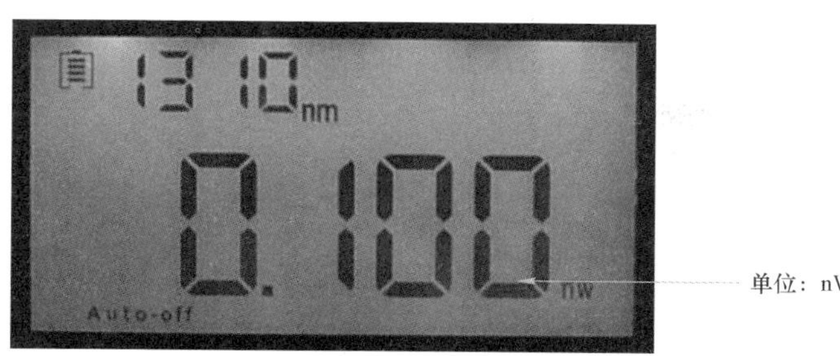

图 4-67　REF 功能响应

相对功率值、绝对功率值、参考值之间的关系：相对功率值＝绝对功率值－参考值。

（b）长按“REF/ZERO”键约 5 s，ZERO 功能响应。

当仪表需要“系统校零”时，必须将功率计探测端的防尘帽旋紧，保证无光输入，然后长按此键约 5 s 即可自动完成系统调零并返回上一界面，如图 4-68 所示。

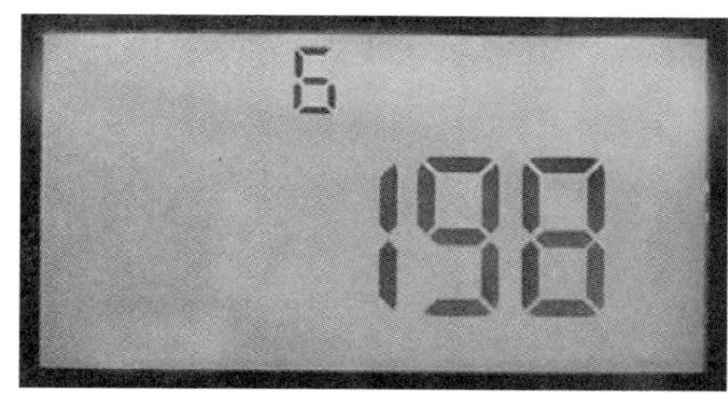

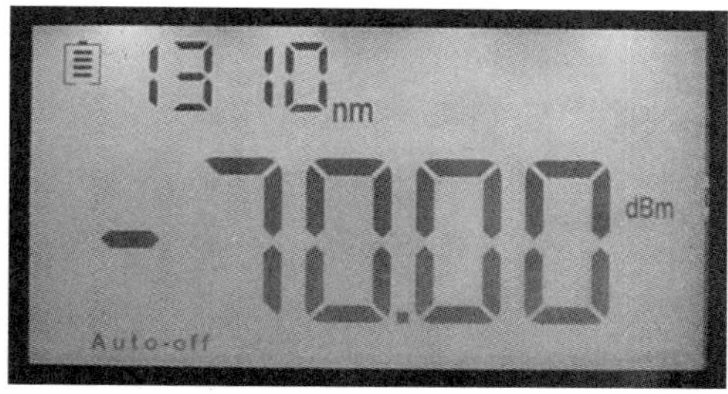

图 4-68　ZERO 功能响应

（3）“SAVE/AUTO”键。功率 4 模式下按此键，SAVE 功能响应。

（a）数据保存：短按此键可对当前测试数据保存，按一次键出现存储序号，再按一次确认保存退出，如图 4-69 所示。

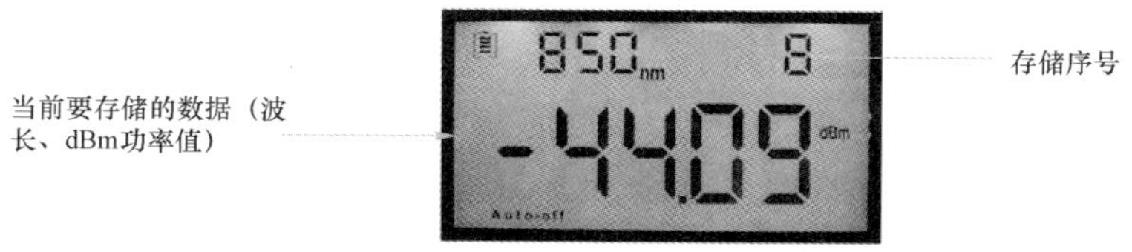

图 4-69　数据保存

（b）数据查看：长按键，进入数据查看界面，再短按键，可逆序翻看数据记录。再次长按键即可退出，如图 4-70 所示。

（c）“DEL”删除键。

删除数据：在数据查看状态下，按“DEL”键删除当前条记录。

（2）光源模式

（a）“ λ ”键：依次切换仪表自带的光源波长。

（b）“$\frac{\text{UNITS}}{\text{LASER}}$”键：打开或关闭光源模块的激光输出，如图 4-71 所示。

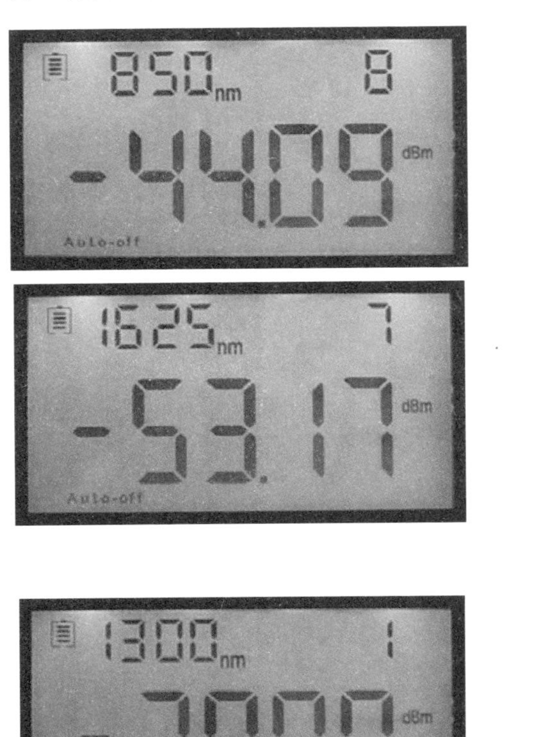

图 4-70　数据查看

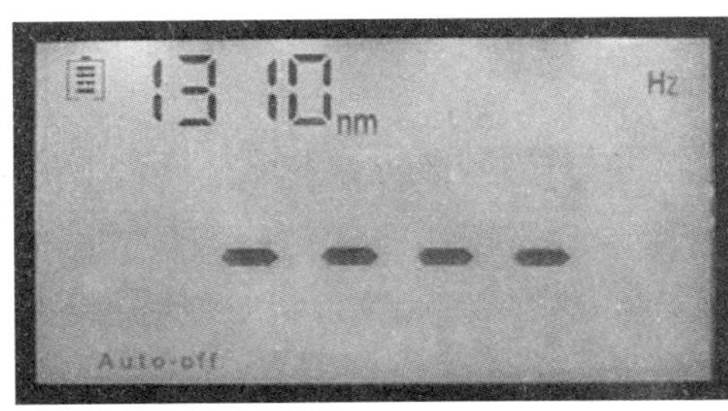

图 4-71　光源输出模式

（c）“ CW ”键：光源模块的激光打开后，按键可依次切换至 0 Hz、270 Hz、1 000 Hz、2 000 Hz，如图 4-72 所示。

“$\frac{\text{SAVE}}{\text{AUTO}}$”键：在光源模式下，打开或关闭光源输出波长的自动跟随切换功能，如图 4-73 所示。

短按键，仪表右上方显示“-AU”，表示该功能已开启，此时光源模块的激光输出波长会随着功率计模块上的相同波长切换而自动跟随切换。

图 4-72 频率切换

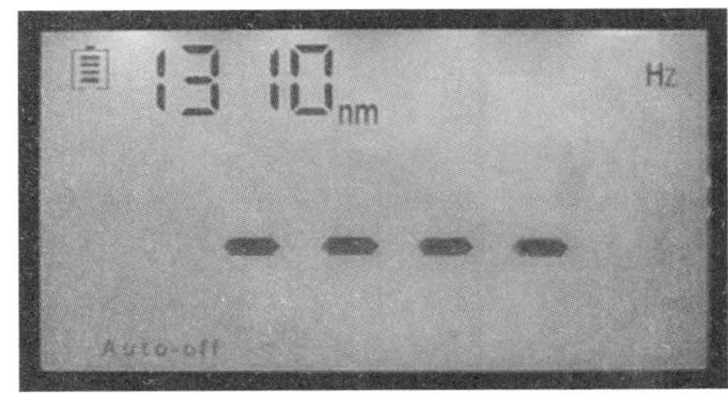

图 4-73 自动跟随切换

例：仪表自带的光源模块上有 1 310/1 490/1 550 波长，功率计模块的测试波长为 850/1 300/1 310/1 490/1 550/1 625。若此时功率计模式的测试波长切换至 1 550 nm 时，则仪表上的光源模块会自动切换为 1 550 nm 的激光输出波长；反之当功率计模块上的测试波长与光源模块上的输出波长不同时，光源模块则不能自动跟随切换波长，并且无光功率输出。

（3）背光控制功能

开机状态下，按“ ”键可打开或关闭背光灯。

（4）功率计校准模式

在功率计模式下，同时按下 键和“MODE”键，屏幕右上方会出现“U-01”，表示仪表已进入功率值校准模式。按UNITS/LASER键和REF/ZERO键可增加或减小仪表显示的绝对光功率值，当调整至用户所需要的绝对光功率值后，按键保存当前校准值，屏幕出现提示后表示校准成功，按“MODE”键退出校准模式，如图 4-74 所示。

例：以 1 310 nm 波长校准为例。

（a）选择一台高稳定的 1 310 nm 光源，用跳线一端接入，另一端插入标准光功率计探测端拧紧，在标准光功率计选择 1 310 nm 波长，读取此时的绝对光功率值，假设为 A。

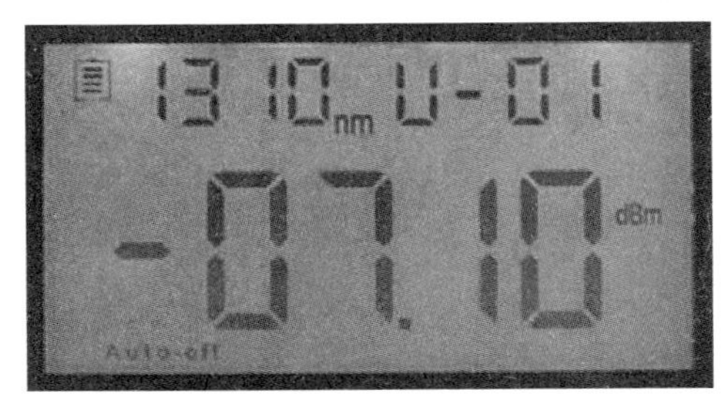

图 4-74 功率计校准模式

（b）跳线从标准光功率计探测端取出，插入被校仪表光功率计的探测端，然后把被校准光功率计中的波长切换至 1 310 nm，按键和键，调整被校仪表窗口显示的绝对光功率值，当被校准仪表显示的绝对光功率值调整为 A 时，按键保存当前校准值，屏幕提示后表示校准成功。

（c）其他波长校准与 1 310 nm 波长校准相同，校准完成后按“MODE”键即退出校准模式。

注：仪表出厂前都进行过严格的校准检验，客户应慎用此功能以避免仪表测试出现偏差！

（六）光衰减器

1. 各功能键作用

本任务以 AV6381B 可编程光衰减器为例说明光衰减器使用方法，其面板如图 4-75 所示。

AV6381B 可编程光衰减器能够在 1 200～1 650 nm 宽波长范围内提供 0～60 dB 的连续可调衰减，具有极高的可靠性和稳定性，各功能键作用如表 4-21 所示。

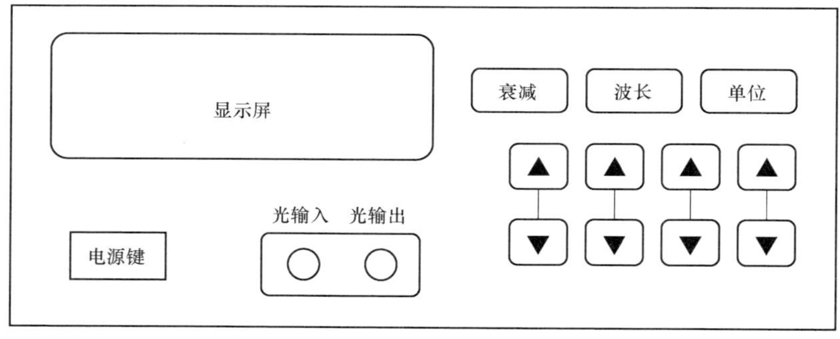

图 4-75 AV6381B 可编程光衰减器面板

表 4-21 光衰减器各功能键作用

序号	按键	说明
1	电源键	按下该键打开电源，再次按下该键关闭电源
2	单位键	用于设置衰减单位，常用的单位有 W、dB 和 dBm 三种
3	波长键	用于选择波长，常用的波长有 850 nm、1 310 nm 和 1 550 nm 三种
4	装减键	用于设置衰减大小
5	▲ ▼键	用于设置的损耗值和波长值。一般仪表损耗从左至右依次为 10、1、0.1 和 0.01；仪表波长从左至右依次为 1 000、100、10 和 1

2. 操作步骤

第 1 步：在光纤线路中串入光衰减器，注意只能串入。

第 2 步：打开光衰减器电源开关。

第 3 步：设置测试单位。

第 4 步：设置测试波长，常用的波长有 850 nm、1 310 nm 和 1 550 nm 二种。

第 5 步：根据需要调整损耗大小，直到适合为止。

（七）误码测试仪

1. 仪表功能

本任务以 TL3000EVR 手持误码测试仪为例说明误码测试仪的使用方法，其面板如图 4-76 所示。

TL3000EVR 手持误码测试仪面板按键说明如表 4-22 所示。

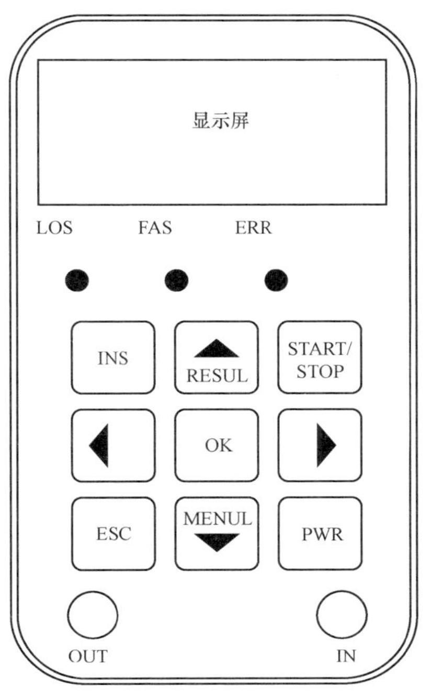

图 4-76 TL3000EVR 手持误码测试仪面板

表 4-22 TL3000EVR 手持误码测试仪按键说明

序号	按键	说明
1	INS	插错按键
2	ESC	取消按键，用于取消选项
3	OK	确认按键，用于确认选项
4	PWR	电源开关按键
5	START/STOP	开始/停止按键，控制误码测试的开始^亭止
6	MENU	菜单按键，进入设置子菜单
7	RESULT	结果按键，进入结果子菜单
8	←↑↓→	方向按键，用于移动光标

表 4-23 TL3000EVR 手持误码测试仪面板指示灯说明

序号	指示灯	说明
1	ERR	双色双功能指示，其中的红色灯为误码指示，有单个误码时，此红色灯闪亮 0.25 秒，当有连续误码且误码间隔小于 0.25 秒时，此红色灯长亮；绿色灯为充电指示，当接入电源适配器，长亮时电池充电，熄灭时电池充满
2	FAS	码图失步指示，在码图同步状态下，此灯灭，当连续 3 次没有捕获码图同步信号后，进入码图失步状态，此灯点亮；在码图失步状态下，当连续 3 次捕获码图同步信号后，进入码图同步状态，此灯熄灭
3	LOS	无信号或无时钟指示，在无信号或无时钟状态下此灯点亮。在有接收信号或时钟条件下此灯熄灭。当测试类型为 E1（3 个子类型）或 E2 且输入码为全“1”时，此灯闪亮

2. 仪表操作

第 1 步：按住红色“PWR”键 3 s 即可打开仪表电源，液晶显示屏将出现开机画面。

第 2 步：按“↓/MENU”键可进入设置子菜单，设置即将开始的误码测试所需的参数，具体设置请参考任务 2。

第 3 步：按“START/STOP”键可开始新的误码测试，并进入测试子菜单。

第 4 步：按“↑/RESULT”键可进入结果子菜单，显示已完成的测试结果及误码性能分析，并能查看输入信号频率。

第二节　光传输设备故障处理

一、故障处理一般流程

故障处理即根据故障现象对故障进行判断、流程分析和网元分析，然后从业务流程和系统组成入手，将问题定位到具体的模块。找到出现故障的具体模块后，根据已经掌握的处理方法或者参考本手册中的解决方法进行处理。

发生故障时，一般按照图 4-77 所示流程处理。

确定故障情况：故障发生时，进行简单业务测试，弄清故障事实情况。

收集原始信息：故障发生时，尽量详细记录故障发生时的现象、故障管理中的告警信息、运行信息和所做的处理操作，运用系统自带维护工具（如业务观察、性能统计等）收集故障发生时的相关信息并进行保存。

故障分类判断：根据故障现象及通过维护工具收集的故障相关信息，对故障原因进行初步的判断、分类。

故障具体原因定位：结合故障发生时的情况，进行流程、网元分析，对可能引起故障的原因进行甄别，确定具体的原因。

故障排除：根据具体的原因，进行相应处理，排除故障。

故障记录：故障处理后需要详细记录故障现象、处理方法，以利于以后出现类似情况时参照解决。

二、故障信息收集常用方法

在处理突发性故障时，首先是要尽量收集原始信息。对于无法自行处理的故障，也应该尽量收集原始信息，以便中兴通讯的维护工程师进一步处理。常见的故障信息收集基本方法包括：

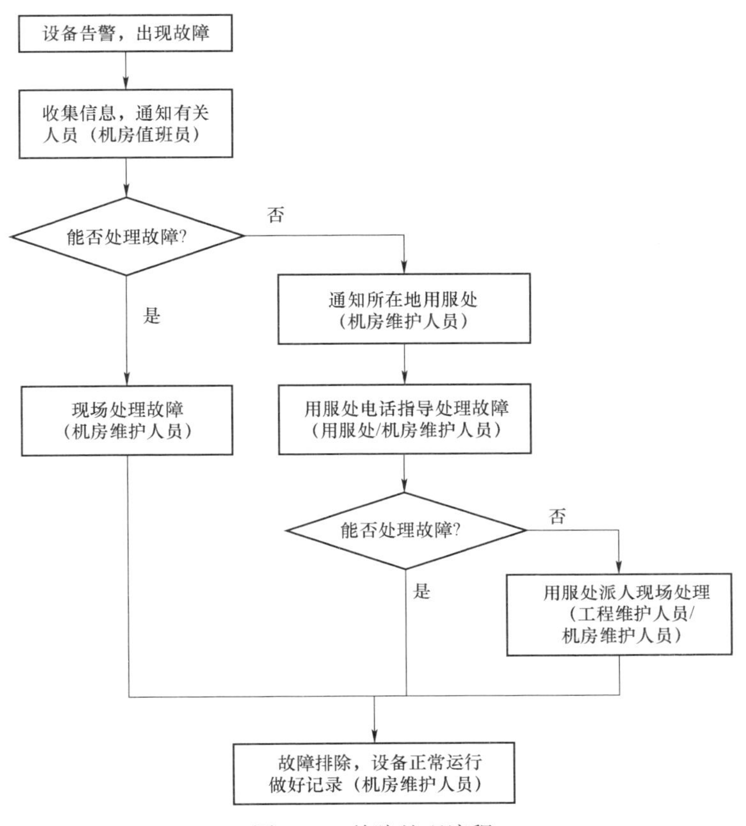

图 4-77 故障处理流程

- 查看模块运行日志
- 用抓包工具抓包
- 基本网络测试（ping、telnet、trace route 等）
- 查看业务运行日志，查看操作系统日志，查看双机日志
- 查看告警，进行相应的分析
- 进行实际业务测试

三、故障处理常用方法

在进行故障处理时，需要综合运用各种技术手段。

在判定硬件方面的问题时，通常需要观察硬件本身的指示灯并结合替代法、对比法等方法来判断硬件工作是否正常。

在处理软件、业务方面的问题时，主要通过操作维护系统中的维护工具，结合系统记录的日志或数据分析出可能的原因。

实际工作中遇到的问题，可能无法立即判定是软件方面的还是硬件方面的问题，这时就需要灵活运用多种方法来处理。因此熟练掌握以下几种常用的维护方法，将有助于快速地解决故障。

（1）对比法：对比法比较简单，只要把出故障的数据配置或设备与正确的设备或数据相比较，找到不同点，进行分析，解决问题。

（2）替代法：替代法是一种简单实用的故障排除法，对于出现故障的硬件或单板用同样功能（最好是同样型号）的板件替换掉，如果替换后问题消失了，那就是这个板件的问题。

（3）最小系统法：最小系统法就是去掉系统中的其他硬件设备，只保留最简单的部件，观察最小系统是否有故障。如果有，则可排除其他硬件的问题，而故障来自现有的几个硬件中。如果没有，则将其他硬件一一添加，查看在添加哪个硬件后出现故障，发现故障所在后，将其更换即可。

（4）失败码分析法：失败码分析法用于诊断软件、业务上的故障。每一次操作失败都有相应的失败码和失败原因值，通过对失败码的解释就可以方便地定位故障原因。

四、故障处理常用工具

故障处理过程中需要用到一些相关工具，这些工具包括硬件的仪器仪表、日志查看等，以及一些模拟器工具，主要有：

1. 日志分析

常用的日志包括系统自动记录的操作系统日志和业务运行错误日志。

通过操作系统日志查看故障发生时有哪些操作，进而可以判断故障是否与这些操作有关。通过对业务运行错误日志进行分析，结合操作系统日志进而判断故障原因。

2. 抓包工具

抓包工具将需要的网络接口数据保存下来，并转换为可理解的格式提供给用户阅读分析。

3. MIB 浏览器

SNMP 属性的取值工具将网元代理处的数据取出来，与网元处、网管处的数据做比较分析。

五、故障处理注意事项和要求

故障处理过程中的有如下注意事项和要求：

1. 配备常用的工具仪表

应配备常用的工具和仪表，如螺丝刀（一字、十字）、试电笔、网线钳等。

2. 严格遵守机房的安全规定和维护注意事项

建立完善的机房故障处理跟踪制度，对维护人员的故障处理工作进行规范。只允许相关故障处理人员参与故障处理，防止出现处理故障时由于误操作带来新的故障。

3. 故障处理过程中需要注意如下事项

处理故障前应尽可能备份业务数据和运营参数。

尽可能采集故障数据，便于进行分析和故障排除。

对系统的故障现象、版本情况、数据变更情况等做好详细的记录。

4. 故障处理结束后，应有详细的故障处理跟踪日志

对故障处理情况做好详细的记录，便于进行分析和处理。对于持续性的故障处理过程应有交接班记录，做到责任分明。

5. 无法处理的问题应及时与中兴通讯当地办事处联系

将中兴通讯当地办事处的联络方法放在醒目的地方，在需要支持时能及时联络。注意时常更新最新的联络方法。

在以下情况发生时，请及时与中兴通讯当地办事处联系：

（1）重大故障，如业务部分中断或全部中断时。

（2）通过本手册提及的方法无法解决问题时。

（3）通过掌握的已知的处理方法无法解决问题时。

（4）参照以前发生类似故障时处理的方法来处理，但仍无法解决问题时。

需要向中兴通讯技术人员提交如下信息：

（1）事实详情，如：时间、地点、事件等。

（2）服务器端客户端的日志文件。

（3）抓包数据。

（4）采取的操作经过。

（5）远程登录方法和联系人员电话。

中兴通讯提供多种处理故障的技术支持手段，主要有：

（1）现场支持：中兴通讯的维护工程师到现场进行处理。

（2）电话支持：中兴通讯的维护工程师通过电话指导现场人员处理。

（3）远程登录：中兴通讯的维护工程师登录到现场的设备上排查故障。

六、PTN 设备典型故障处理

（一）故障处理原则

先外部，后传输。在定位故障时，应首先排除外部的可能因素，如断纤、交换、电源等故障。

先单站，后单板。在定位故障时，首先要准确地定位出是哪一个局站，然后再定位出是该局站的哪一块板。

先高级，后低级。即进行告警级别分析，首先处理高级别的告警，再处理低级别的告警。通常高级别的告警会抑制低级别的告警。

（二）故障诊断方法

1. 告警、性能分析法

分析设备告警信息是维护人员对故障进行判断的主要手段。设备告警信息主要来自设备指示灯和网管。指示灯的状态反映出设备当前的运行状况或存在告警的级别，通过网管采集到的告警和性能数据具有内容丰富、描述精细的特点。通过分析告警信息，可以初步判断故障类型和故障点的位置。

2. 网管测试法

当组网、业务和故障信息相当复杂时，或者设备出现没有明显的告警和性能信息上报的特殊故障时，可以利用网管提供的维护功能进行测试，判断故障点和故障类型。

环回操作不需要花费过多的时间去分析告警或性能事件，是定位故障点最常用、最有效的方法。环回时，借助网管、仪表共同判断故障发生的段落，将故障范围缩小到具体的站点或端口。但这种操作会影响正常的业务甚至造成业务中断，建议在网管不能确定故障的时候使用。

3. 替换法

替换法是使用一个工作正常的物件去替换一个被怀疑工作不正常的物件，从而达到定位故障、排除故障的目的。这里的物件，可以是一段线缆、一个设备或一块单板。替换法适用于排除传输外部设备的问题，如光纤、中继电缆、交换机、供电设备等；或故障定位到单站后，用于排除单站内单板的问题。

4. 仪表测试法

仪表测试法是指利用工具仪表定量测试设备的工作参数，一般用于排除传输设备外部问题以及与其他设备的对接问题。通过仪表测试法分析定位故障准确性较高，缺点是对仪表有需求，同时对维护人员的要求也比较高。

5. 配置数据分析法

在排除其他因素仍不能够消除故障时，可查询、分析设备当前的配置数据并进行分析。若配置的数据有错误，需进行重新配置。

配置数据分析法适用于故障定位到单站后故障的进一步分析。配置数据分析法可以查清真正的故障原因，但定位故障的时间相对较长，且对维护人员的要求非常高，一般只有对设备非常熟悉、且经验非常丰富的维护人员才使用。

6. 经验处理法

在一些特殊的情况下通过复位单板、单站的掉电重启、重新下发配置数据等手段可有效及时地排除故障、恢复业务。该方法不利于故障原因的彻底清查，建议应尽量少用。除非情况紧急，一般应尽量使用上面介绍的方法，或请求支援。

（三）典型 PTN 网络故障

1. 初始化和升级故障

（1）故障现象

- 设备加电后，灯常亮，无其他响应
- 设备加电后，进行到一定阶段，某些灯快闪，无法继续
- 不能加载版本

（2）故障原因

导致初始化和升级故障的原因主要有供电电源故障、版本损坏、操作错误和设备/单板故障。

2. 业务类故障

此处业务类故障包括以太网业务、TDM 业务和 IMA 业务故障。

（1）故障现象

- 业务全部不通，同时网管上报告警或性能
- 业务全部不通，同时网管上无任何告警或性能
- 部分子卡业务不通
- 子卡上的某些支路业务不通
- 业务出现误码

（2）故障原因

业务类故障原因如表 4-24 所示。

表 4-24　业务类故障原因

故障原因	说明
外部原因	供电电源故障，如设备掉电、供电电压过低； 光纤故障，如光纤性能劣化、损耗过高、光纤损断、光纤接头接触不良； 电缆故障，如中继脱落、中继损断、电缆插头接触不良； 设备接地不良
配置原因	网元相关数据配置错误、业务相关数据配置错误
操作不当	人为插入告警或误码、人为设置环回
设备原因	设备或单板故障

3. 网管通道故障

（1） 故障现象

- 设备之间能够 ping 通，网管服务器无法管理设备
- 设备之间不能 ping 通
- 能够管理第一台设备，其他设备均无法管理

（2） 故障原因

导致网管通道故障的原因主要有供电电源故障、光纤/电缆故障、配置原因以及设备/单板故障。

4. 时钟时间故障

（1） 故障现象

- 无法锁定线路时钟
- 设备之间时间无法同步

（2） 故障原因

导致时钟时间故障的原因主要有光纤、电缆故障以及时钟时间配置错误。

5. OAM 故障

（1） 故障现象

- 业务不通，OAM 告警异常
- 业务正常，OAM 告警异常
- 仅 OAM 模块告警异常，其他接口类无告警
- 存在其他设备类、接口类告警

（2） 故障原因

OAM 故障原因如表 4-25 所示。

表 4-25　OAM 故障原因

故障原因	说明
外部原因	供电电源故障、光纤故障、电缆故障、设备接地异常
配置原因	网元相关数据配置错误、业务相关数据配置错误
操作不当	人为插入告警或误码、人为设置 OAMLCK
设备原因	设备或单板故障

6. APS 保护故障

（1） 故障现象

- 保护不能正常启动，业务中断
- 保护不能正常启动，OAM 告警能够正常消失产生
- 保护不能正常启动，OAM 告警不能正常消失产生

- 通过强制倒换，可以正常切换
- 断纤倒换不能正常
- 强制倒换不能正常切换

（2）故障原因

导致 APS 故障的原因主要有外部原因、配置原因、操作不当和设备或单板故障。其中配置原因主要来自保护链路失效、OAM 模块失效和保护配置错误。

7. QoS&ACL 故障

（1）故障现象

- 配置 ACL、规则组、限速，通过仪表测试，限速未起作用或限速值不正确
- 为 DS 域/端口/隧道配置 PHB 映射表，从测试仪的接收流量反应出映射关系不正确；或者测试仪抓包，显示 EXP 值与配置不符
- 队列优先级调度不正确
- 拥塞控制模式不正确
- 断纤倒换不能正常
- 强制倒换不能正常切换

（2）故障原因

QoS&ACL 故障原因如表 4-26 所示。

表 4-26　QoS&ACL 故障原因

故障原因	说明
外部原因	仪表或 CE 设备发来的数据不符合预期
配置原因	ACL、规则组、规则组限速、端口绑定配置错误； 配置的是 EVPLAN/EPLAN 业务，未学到 MAC 地址导致广播，限速不起作用；PE 节点的 DS 域；P 节点的隧道/端口/DS 的 PHB 表配置错误，未正确应用；队列调度模式配置错误，未正确应用到端口
操作不当	存在冲突的 rule 配置，先下发的先起作用，后下发的无效
设备原因	设备或单板故障

8. IGMP 故障

（1）故障现象

- 组播业务不通，而广播单播业务正常
- 组播业务不通，广播单播业务也不正常
- 组播端口的一部分业务不通
- 离开组播的端口仍然能够接收组播报文

（2） 故障原因

导致 IGMP 故障的原因主要有外部原因、配置原因、操作不当和设备或单板故障。

七、IP RAN 设备典型故障处理

（一）故障分类

U31 R22 网管系统故障分为以下几类：

1. 网管硬件故障

2. 网管软件故障

1） 安装、卸载问题

2） 性能管理问题

3） 告警管理问题

3. 操作系统故障

4. 数据库故障

（二）故障处理

1. 硬件故障处理

（1） 服务器故障处理

1） 服务器亮红灯

故障现象：服务器前面板指示灯显示为红色。

故障分析：一般情况下，服务器亮红灯说明服务器硬件出现问题。以下几个原因可能导致服务器亮红灯。

a） 服务器硬件松动。

b） 服务器硬件损坏。

故障处理方法：针对不同的故障原因，处理方法如下。

a） 检查服务器各个硬件，是否存在松动现象。如果有松动，用工具将松动的硬件拧紧。如果未松动，转至方法 b）。

b） 查看发货自带的服务器硬件手册，找出相关指示灯的说明，判断硬件当前状态，记录服务器序列号，咨询服务器厂家人员。

故障处理结果确认：服务器指示灯显示为绿色。

2） 服务器亮黄灯

故障现象：服务器前面板指示灯显示为黄色。

故障分析：需要根据不同服务器来确定黄色指示灯的含义。一般情况下，服务器亮黄灯代表一般硬件故障。以下几个原因可能导致服务器亮黄灯。

a） 服务器硬件松动。

b）服务器硬件损坏。

故障处理方法：针对不同的故障原因，处理方法如下。

a）检查服务器各个硬件，是否存在松动现象。如果有松动，用工具将松动的硬件拧紧。如果未松动，转至方法 b)。

b）查看发货自带的服务器硬件手册，找出相关指示灯的说明，判断硬件当前状态，记录服务器序列号，咨询服务器厂家人员。

故障处理结果确认：服务器指示灯显示为绿色。

3）硬盘亮红灯

故障现象：硬盘指示灯显示为红色。

故障分析：硬盘红灯闪亮可以判断是硬盘故障，需要立即更换硬盘。一般的操作系统是采用 RAID（Redundant Array of Inexpensive Disks）技术，拔掉其中一个硬盘后不影响数据的完整性，系统能够正常工作。

故障处理方法：

a）联系硬盘厂家人员提供新的硬盘。

b）联系中兴工程师更换硬盘。

故障处理结果确认：更换硬盘后，硬盘指示灯应该显示为绿色，并且红灯不亮。

4）服务器无法成功启动

故障现象：服务器上电后，无法成功启动。

故障分析：以下几个原因可能导致服务器无法启动。

服务器电源模块故障。

服务器硬件损坏，如硬盘损坏、I/O 冲突、CPU（Central Prpcessing Unit）和内存故障。

服务器的启动过程报错，如文件系统损坏。

故障处理方法：

a）根据电源模块指示灯判断服务器电源是否产生故障。电源模块正常状态指示灯显示为绿色，如果电源模块故障，指示灯不亮。如果有故障，更换出现告警的电源模块。如果未损坏，转至方法 b)。

b）检查系统硬件是否有松动、损害等情况。如果有损坏，重新插拔或者更换损坏的硬件，再检查系统是否能够正常启动。如果未损坏，转至方法 c)。

c）系统启动过程中报错，查看具体报错信息。如果是文件系统损坏，则启动主机，进入安全模式或者维护模式，对文件系进行修复，之后重启系统，检查是否能够正常启动。如果不是文件系统损坏，转至方法 d)。

d）如果不能排除故障，则记录报错信息，并反馈给中兴工程师进行处理。

故障处理结果确认：服务器上电后，可以正常启动。

5）不能远程登录服务器

故障现象：能 ping 通服务器，但是不能 telnet 或者 ssh 远程登录服务器。

故障分析：可能有以下几种原因造成该故障。

a）文件系统损坏，服务器不能正常启动。

b）文件系统满。

c）相关服务异常。

故障处理方法：通过串口登录服务器后，针对以上不同的故障原因，处理方法如下。

a）检查服务器启动是否正常，如发现服务器没有正常启动，可重新启动主机。观察重启时屏幕打印的错误信息，并使得服务器在重启过程中进入维护或者安全模式，然后对服务器进行故障定位。

b）检查文件系统利用情况，如发现文件系统已满，可对系统垃圾文件进行清理，确保根分区或者启动盘的磁盘利用率不超过 80%。

c）检查服务器相关服务是否启动，如没有启动或者运行异常，可以重启远程服务。如果仍然解决不了，可联系中兴技术支持人员解决。

故障处理结果确认：可以远程登录服务器。

（2）以太网交换机故障处理

1）网线插入后不亮

故障现象：正常情况下，网线插入网口一段时间后，指示灯不亮。

故障分析：以下几个原因可能导致网线插入后指示灯不亮。

a）交换机网口故障。

b）网线故障。

c）服务器网口故障。

故障处理方法：针对以上各种故障原因，分别有如下处理方法。

a）检查交换机网口是否正常。用串口登录到交换机上，在命令终端中执行命令：showport 端口号，查看具体的网口是否正常。如果交换机网口故障，需要更换交换机，或者将网线插入正常的网口上。如果交换机网口正常，转至方法 b)。

b）检查网线是否有故障。将网线插入测线仪，查看测线仪上的灯是否都亮。如果有灯不亮，说明与之对应的线未接好，表明网线有故障。如果网线有故障，更换网线。如果网线正常，转至方法 c)。

c）检查服务器网口是否正常。

在服务器上选择“开始—设置—网络连接”菜单项，进入网络连接配置界面。如果没有显示服务器对应网卡的本地连接，则需要重新安装网卡驱动程序。如果显示了服务

器对应网卡的本地连接，但是本地连接状态不正常，则需要重新安装网卡驱动程序，或更换网卡。

右击服务器对应本地连接，选择状态，查看服务器对应网卡的收发包数及错误包数等信息，进一步判断网卡工作是否正常。

采用以上方法后仍排除不了故障，则可收集错误信息，寻求中兴技术支持人员支持。

故障处理结果确认：网口正常启动，网线插入后过一段时间指示灯变绿。

2）网线插入后始终是黄色

故障现象：网线插入网口后，网口指示灯一直显示为黄色。

故障分析：网口指示灯显示为黄色表示网络不通。以下几个原因可能导致指示灯呈黄色。

a）交换机网口故障。

b）服务器网口故障。

c）网线故障。

故障处理方法：

a）检查交换机网口是否正常。用串口登录到交换机上，在命令终端中执行命令：showport 端口号，查看具体的网口是否正常。如果交换机网口有故障，需要更换交换机，或者将网线插入正常的网口上。如果交换机网口正常，转至方法 b)。

b）检查服务器网口是否正常。在服务器上选择“开始—设置—网络连接”菜单项，进入网络连接配置界面。如果没有显示服务器对应网卡的本地连接，则需要重新安装网卡驱动程序。如果显示了服务器对应网卡的本地连接，但是本地连接状态不正常，则需要重新安装网卡驱动程序，或更换网卡。右击服务器对应本地连接，选择状态，查看服务器对应网卡的收发包数及错误包数等信息，进一步判断网卡工作是否正常。如果服务器网口正常，转至方法 c)。

c）检查网线是否有故障。将网线插入测线仪，查看测线仪上的灯是否都亮。如果有灯不亮，说明与之对应的线未接好，表明网线有故障。如果网线有故障，更换网线。采用以上方法后仍排除不了故障，可收集错误信息，寻求中兴技术支持人员支持。故障处理结果确认：交换机网口指示灯显示为绿色。

2. 网管软件类故障处理

（1）磁盘空间过小

安装网管服务器端时，提示磁盘空间过小。

故障现象：安装服务器端时，在执行步骤 NetNumen 统一网管系统安装-系统信息检测时提示“数据库检测：未通过”，导致安装过程无法继续进行，如图 4-78 所示。

故障分析：安装界面上同时提供故障原因：安装目录所在的磁盘空间不能满足服务

器端设置的数据库容量需求。

故障处理方法：

a）在系统信息检测窗口上单击上一步按钮，回退到安装步骤的 NetNumen 统一网管系统安装-数据库参数设置界面，如图 4-79 所示。

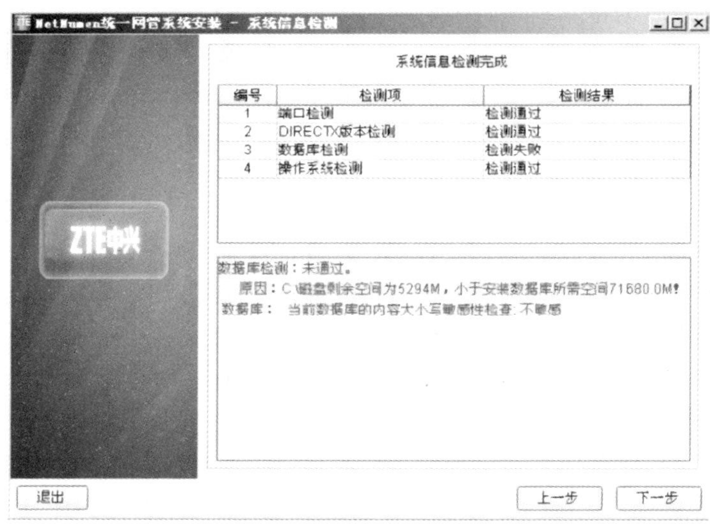

图 4-78 NetNumen 统一网管系统安装-系统信息检测

b）在 NetNumen 统一网管系统安装-数据库参数设置界面的第一行单击数据库文件大小总和单元格，则界面上显示出该行相关的统一支撑框架配置表格。在统一支撑框架配置栏中的第一行单击表空间或数据库文件位置和大小单元格，弹出数据库参数设置对话框，如图 4-80 所示。

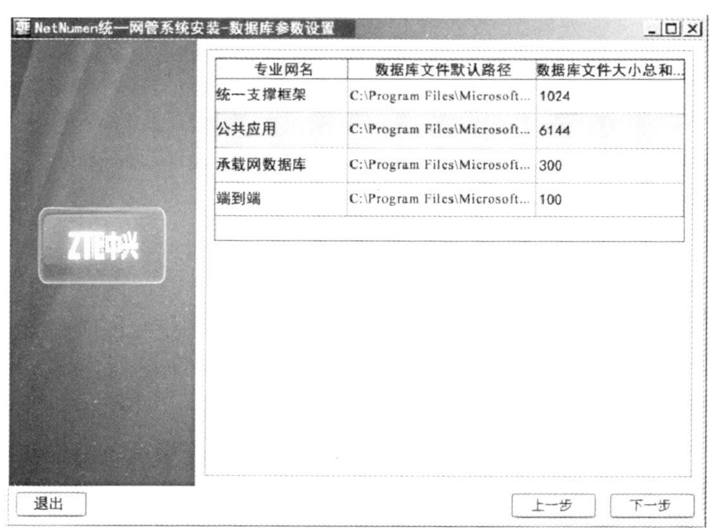

图 4-79 修改前的数据库参数

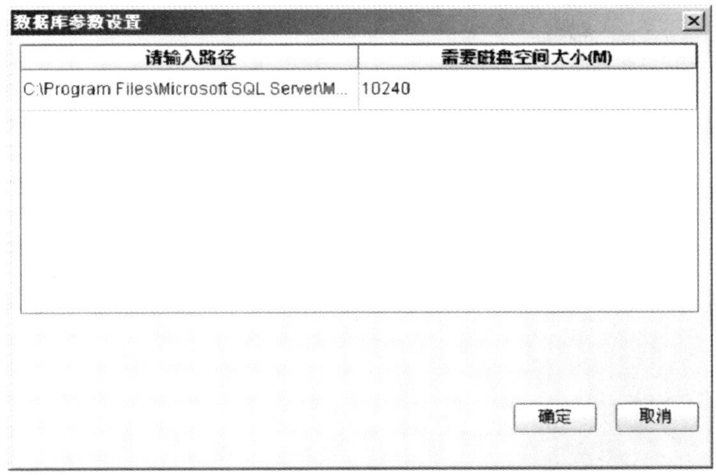

图 4-80　数据库参数设置

c）双击“需要磁盘空间大小（M）”单元格，则该单元格变为可修改状态。修改其数值大小，如修改为“1024”。

d）单击“确定”按钮，保存所做修改。

e）在 NetNumen 统一网管系统安装-数据库参数设置界面单击选中第二行（即专业网名为“公共应用”的所在行），同样按照步骤 a）～d）方法修改，缩小公共应用相关数据库的容量。例如将各数据库所需的容量都缩小 10 倍，修改后如图 4-81 所示。

设置完成后，单击下一步按钮，若磁盘空间已经能满足上述修改后的数据库所需容量要求，则能顺利继续安装，安装流程进入 NetNumen 统一网管系统安装-系统信息检测，如图 4-82 所示，系统信息检测通过。

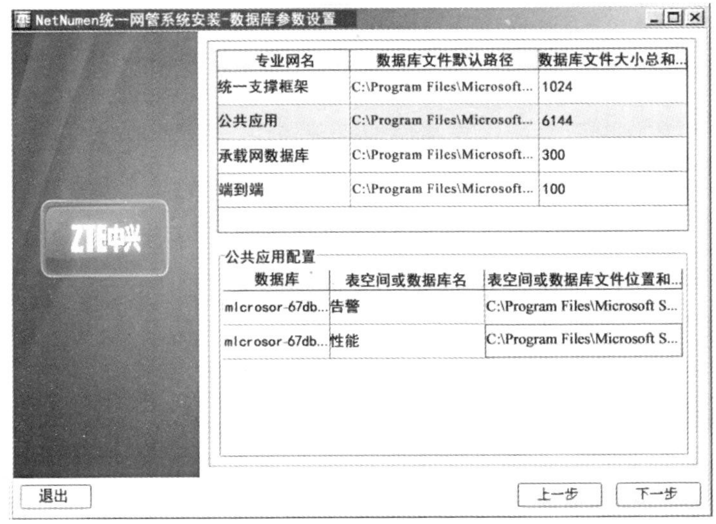

图 4-81　修改后的数据库参数

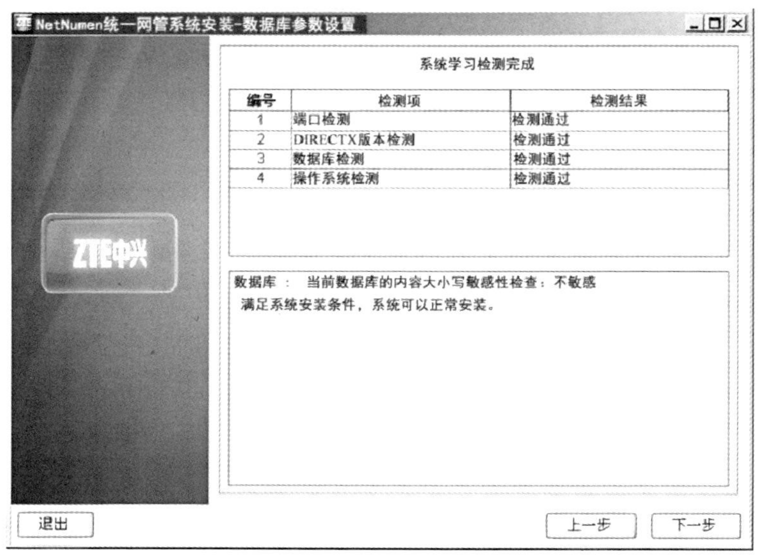

图 4-82　系统信息检测通过

（2）查询不到网元的性能数据

故障现象：U31R22 网管系统进行性能数据查询时，不能获取性能数据。

故障分析：一般情况下，有以下几个原因可能导致无法获取性能数据。

a）U31R22 网管系统中没有创建性能测量任务。

b）性能测量任务的状态为挂起，并未激活。

c）创建并激活了性能测量任务，但任务的起止时间段不包含目前网元上报性能数据的时间点。

d）网元与 U31R22 网管系统连接有问题。

故障处理方法：针对不同的故障原因，处理方法如下。

a）确认 U31R22 网管系统中是否存在相应的性能测量任务。具体方法如下。

（a）进入 U31R22 网管系统客户端性能管理模块，在主菜单中单击选择“性能—测量任务管理”，进入测量任务管理视图，查看是否存在相关的性能测量任务记录。

（b）如果没有相应的性能测量任务，则需重新创建。具体方法可参见《NetNumenU31 R22 子网级管理系统操作手册（基本操作分册）》。

b）确认性能测量任务的状态是否为激活状态。查看性能测量任务的任务状态列，如果标识为挂起，则表示测量任务未激活。右击未激活的任务，在弹出的快捷菜单中单击选择“激活测量任务”，将其激活。

c）确认性能测量任务的起止时间是否包含了网元上报性能数据的时间点。如果不包含，则修改起止时间。

d）在 U31R22 网管系统拓扑管理视图中查看网元是否在线。如果处于离线状态，

则说明 U31R22 网管系统和网元之间的链路不正常；也可以在 U31R22 网管系统服务器端看能否 ping 通网元的 IP（Internet Protocol）地址。如果网元处于离线状态或不能 ping 通网元，则需要检查网元与网管服务器的网络链路。

故障处理结果确认：可以正确获取和查询性能数据。

八、OTN 设备典型故障处理

（一）故障处理流程

1. 故障处理总流程

故障处理总流程如图 4-83 所示。

2. 紧急故障处理流程

紧急故障处理流程如图 4-84 所示。

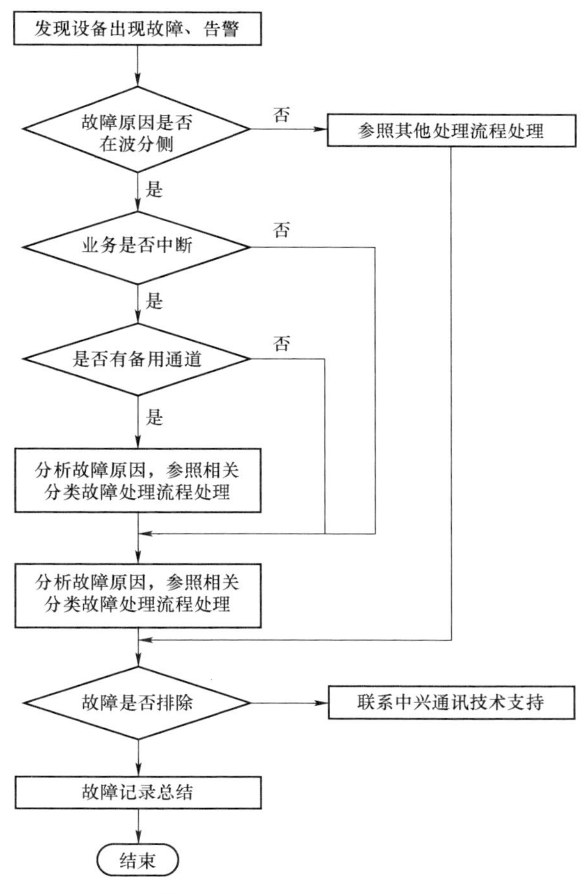

图 4-83　故障处理总流程图

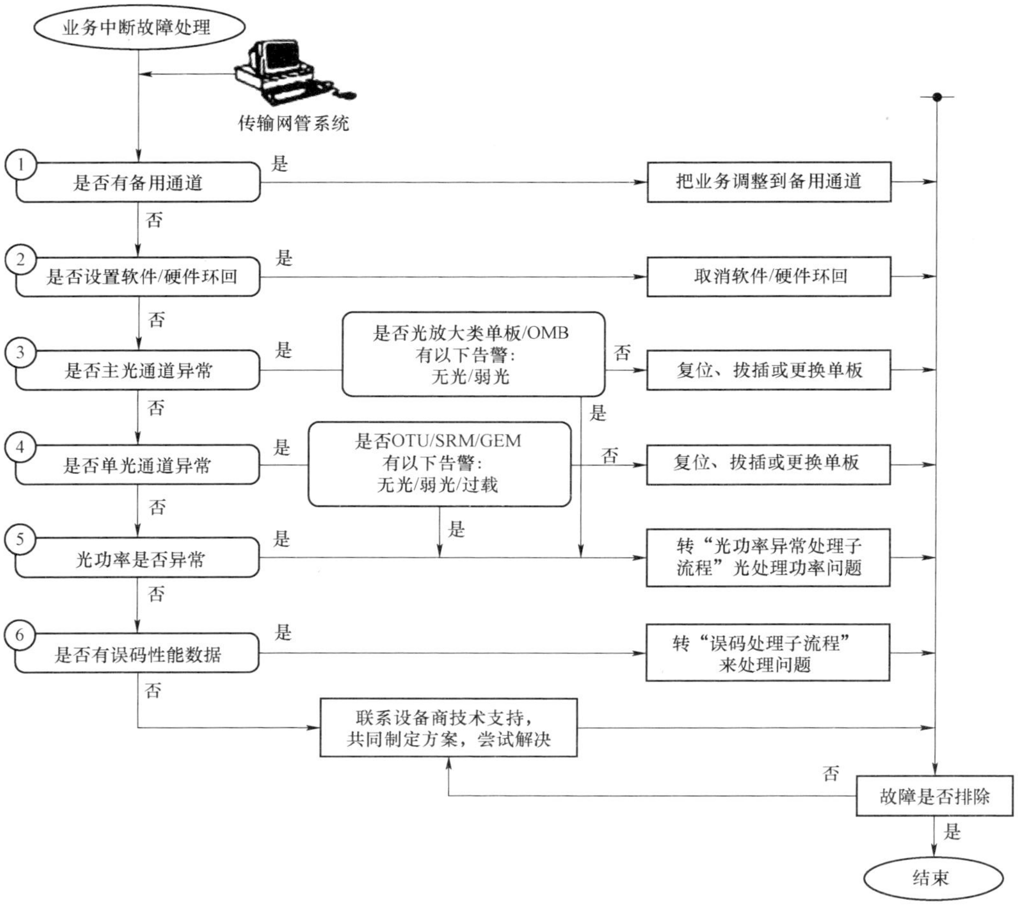

业务中断故障处理

传输网管系统

① 是否有备用通道 —是→ 把业务调整到备用通道

否

② 是否设置软件/硬件环回 —是→ 取消软件/硬件环回

否

③ 是否主光通道异常 —是→ 是否光放大类单板/OMB有以下告警：无光/弱光 —否→ 复位、拔插或更换单板；是→ 转"光功率异常处理子流程"光处理功率问题

否

④ 是否单光通道异常 —是→ 是否OTU/SRM/GEM有以下告警：无光/弱光/过载 —否→ 复位、拔插或更换单板；是→ 转"光功率异常处理子流程"光处理功率问题

否

⑤ 光功率是否异常 —是→ 转"光功率异常处理子流程"光处理功率问题

否

⑥ 是否有误码性能数据 —是→ 转"误码处理子流程"来处理问题

否 → 联系设备商技术支持，共同制定方案，尝试解决

故障是否排除 —否→ 联系设备商技术支持，共同制定方案，尝试解决；是→ 结束

图 4-84　紧急故障处理流程

流程说明：

（1）尽快恢复业务

波分出现故障，承载的业务中断，如果有备用路由，请把业务割接到备用路由上。

（2）环回

检查业务通道上是否设置了环回（包括软件环回和硬件环回）。如果设置了环回，请立即将环回去掉。

（3）主光通道异常告警处理

如果有无光、弱光、过载告警，则转光功率异常处理子流程。如果有其他类告警（不在位、栗温异常、偏置电流过大、制冷电流过大等告警），可以尝试复位、插拔或更换单板。

（4）单光通道异常告警处理

如果有无光、弱光、过载告警，则转光功率异常处理子流程。如果有其他类告警（不

在位、信号失锁、超温、偏置电流过大、制冷电流过大等告警），可以尝试复位、插拔和更换单板。

（5）光功率故障处理

光功率异常会引起系统误码或导致激光器关断。光功率过高和过低都会引起故障，一般会有无光、弱光、过载等告警。当业务中断或者伴随有再生段误码或大量的纠错性能数据时，可通过网管查询单板光功率性能事件，或通过光功率计测试收、发光功率值，来判断光功率是否在光板的正常工作范围之内，排除对端网元掉电、光缆异常衰耗的问题。

（6）误码问题

误码问题按照信号流经过的单板顺序进行处理，误码的出现与光功率、光纤的异常反射、光板（波长转换板和放大板）故障、光纤的非线性有关。

单个通道出现误码说明与共有光路信号经过的线路没有关系。

所有通道出现误码说明与共有光路信号经过的线路有关系，与单个通道无关。

单个通道出现误码可以采用替换法进行定位。

如果光功率和信噪比在系统的临界点时，可能会导致部分波出现异常。

（二）故障定位的基本思路

1. 故障原因分析

（1）工程问题

工程问题是指由于工程施工不规范、工程质量差等原因造成的设备故障。此类问题有的在工程施工期间就能暴露出来，有的可能在设备运行一段时间或某些外因作用下，才暴露出来，为设备的稳定运行埋下隐患。

产品的工程施工规范是根据产品的自身特点并在一些经验教训的基础上总结出来的规范性说明文件，因此，严格按工程规范施工安装，认真细致的按规范要求进行单点和全网的调试和测试，是防止此类问题出现的有效手段。

（2）外部原因

外部原因是指除传输设备以外导致设备故障的环境、设备因素，包括：

a）供电电源故障，如设备掉电，供电电压过低。

b）光纤故障，如光纤性能劣化、损耗过高，光纤损断，光纤插头接触不良。

c）电缆故障，如中继电缆脱落、损断，电缆插头接触不良。

d）设备接地不良。

e）设备周围环境劣化，机房温度过高，设备没有定期清洁维护，导致设备温度过高，单板工作不稳定。

（3）操作不当

操作不当是指，由于维护人员对设备的了解不够深入，做出错误的判断和操作，从而导致设备故障。

在设备维护过程中最容易出现操作不当导致的故障。尤其在改网、升级、扩容时，出现新老设备混用、新老版本混用，因为维护人员不是非常清楚新老设备或版本之间的差别，常常引发故障。

（4）设备对接问题

OTN系统可以接入多种光信号，接入的信号在OTN系统中透明传输，如果出现对接不成功，可能是由于光器件的特性造成。导致设备对接问题的原因可能有：

a）光纤连接错位，在维护过程中最常见的原因是光接口插错。

b）SDH“等信号源”设备自身存在问题。

c）波长转换器类型单板性能劣化。

（5）设备原因

设备原因指由于传输设备自身的原因引发故障，主要包括设备损坏和板件配合不良。其中的设备损坏是指在设备运行较长时间后，因板件老化出现的自然损坏，其特点是：设备已使用较长时间，在故障之前设备基本正常，故障只是在个别点、个别板件出现，或外因作用下出现，OTN设备的时钟单元失效，会导致整个子架上单板上报时钟不可用，业务全部中断。

2. 故障定位的原则

由于传输设备自身的应用特点一站点之间的距离较远，因此在进行故障定位时，最关键的一步就是将故障点准确定位到单站。在将故障点准确地定位到单站后，就可以集中精力排除该站的故障。

故障定位的一般原则：

排除外部的可能因素，如光纤断、交换故障或电源问题，再考虑传输设备的问题。

尽可能准确定位产生问题的站点，再将故障定位到单板。

在分析告警时，应先分析高级别告警，再分析低级别告警。

3. 故障处理常用方法

（1）观察分析法

当系统发生故障时，在设备和网管上将出现相应的告警信息，通过观察设备单板上的指示灯运行情况，可以及时发现故障。有关指示灯的运行状态请参见单板指示灯的相关说明。

故障发生时，网管上会记录非常丰富的告警事件和性能数据信息，通过分析这些信息，并结合WDM告警原理机制，初步判断故障类型和故障点的位置。

通过网管采集告警信息和性能信息时，必须保证网络中各网元的当前运行时间设置

和网管的时间一致。如果时间设置上有偏差，会导致网元告警、性能信息的采集错误和不及时。

（2）仪表测试法

如果无法定位误码是由SDH等信号源设备还是OTN系统产生，可以通过远端用尾纤自环，本端用仪表测试的办法来确定。

仪表测试法一般用于排除传输设备外部问题。

为减小故障定位时对业务的影响，建议按照以下顺序使用仪表：

1）SDH分析仪

将SDH设备的远端自环，近端接SDH分析仪，判断误码来自SDH还是WDM。

2）光功率计

使用光功率计精确测量该点光功率。

3）光谱分析仪

用光谱分析仪测试单板的光口，直接从输出信号的光谱上读出光功率、信噪比，将得到的数据和原始数据比较，判断是否出现比较大的性能劣化。

如果受影响的业务是主信道的所有业务，重点分析合分波子系统和光放大子系统单板的光谱；如果受损的业务只是主信道中的一路业务，重点分析光转发类型板、合分波子系统和光放大子系统单板的光谱。

注意：OTN 的无源单板含有外置的监测光口。测试时，应使用该监测光口，以免影响主信道中正常传输的业务。

4）拔插法

发现某种单板故障时，可以通过插拔单板和外部接口插头的方法，排除因接触不良或处理机异常引起的故障。

注意：拔插单板时应严格按规范操作，以免由于操作不规范导致板件损坏等其他问题。

5）替换法

替换法是指使用一个工作正常的物件替换一个被怀疑工作不正常的物件，从而达到定位故障、排除故障的目的。这里的物件，可以是一段尾纤、一块单板或一个设备。替换法适用于以下情况：

排除传输外部设备的问题，如光纤、接入设备、供电设备等。

故障定位到单站后，排除单站内单板的问题。

解决电源、接地问题。

替换法操作简单，对维护人员要求不高，是比较实用的方法，缺点是要求有可用备件。

6）配置数据分析法

设备配置变更或维护人员的误操作，可能会导致设备的配置数据遭到破坏或改变，导致故障发生。

对于这种情况，在故障定位到网元单站后，可以通过查询设备当前的配置数据和用户操作日志进行分析。对于网管误操作，还可以通过查看网管的用户操作日志来进行确认。

配置数据分析法可以在故障定位到网元后，进一步分析故障，查清真正的故障原因。但该方法定位故障的时间相对较长，对维护人员的要求高，只有熟悉设备、经验丰富的维护人员才能使用。

7）更改配置法

更改配置法是通过更改设备配置来定位故障的方法，适用于故障定位到单个站点后，排除由于配置错误导致的故障，可以更改的配置包括时隙配置、板位配置、单板参数配置。

注意：更改设备配置之前，应备份原有配置，同时详细记录所进行的操作，以便于故障定位和数据恢复。比如，在升级扩容改造中，如果怀疑新的配置数据有误，可以重新下发原有配置数据，来定位是否是配置数据的问题。

由于更改配置法操作起来比较复杂，对维护人员的要求较高，因此仅用于在没有备板情况下临时恢复业务一般情况不推荐使用。

8）经验处理法

在一些特殊的情况下（如瞬间供电异常、低压或外部强烈的电磁干扰），设备某些单板的异常工作状态（如业务中断、ECC 通信中断等），可能伴随相应的告警，也可能没有任何告警，检查各单板的配置数据可能也是完全正常的。此时通过复位单板、重新下发配置数据或将业务倒换到备用通道等手段，可有效地排除故障、恢复业务。

经验处理法不利于故障原因的彻底查清，除非情况紧急，否则应尽量避免使用。当维护人员遇到难以解决的故障时，应通过正常渠道请求技术支援，尽可能地定位故障，以消除隐患。

三、故障处理

（一）业务中断类故障处理

1. 故障现象

1）业务不通，同时网管上报告警或异常性能。

2）业务不通，同时网管上无任何告警或异常性能。

3）主光通道或监控通道不通。

4）单波长业务不通。

5）多波长业务不通。

2. 故障原因

1）外部原因

a）供电电源故障。

b）光纤、光缆故障。

c）接地异常。

2）操作不当

a）网元、网管数据配置错误。

b）由于误操作，设置了单波的环回。

c）由于误操作，更改、删除了配置数据。

d）人为插入告警。

3）设备对接问题

单板失效或性能劣化。

4）设备原因

单板故障或自然损坏。

3. 业务中断故障定位流程

业务中断故障定位流程如图 4-85 所示。

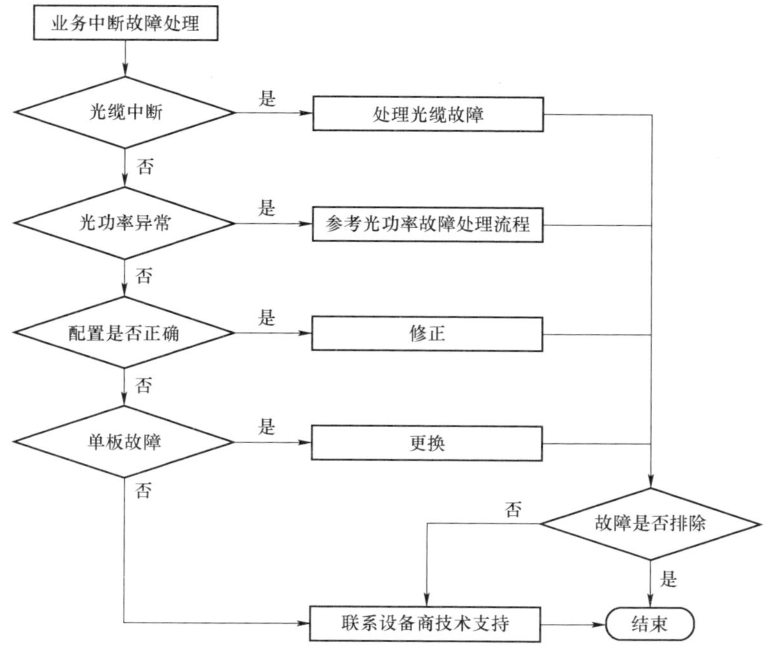

图 4-85　业务中断故障定位处理流程

1）排除外部原因

检查设备供电电源，如设备掉电，则该网元在网管上变灰，不可管理，该网元的上、下游网元对应单板上报无光告警，同时出现多波长、主光通道业务中断。

检查光纤连接，确认光路连接正确且光板收发接口良好。检查网元的光功率，如果无光，或者光功率与正常值差异极大，说明线路有问题，调整光接口，观察告警是否消失。

检查光缆故障，用 OTDR（光时域反射仪）进行测试，找出故障点，并进行相应的处理，如熔纤，观察告警是否消失。

2）检查网元配置数据

检查单波是否做了软件或者硬件环回，如果存在环回，则需要解除相应环回。

检查网元配置数据是否配置正确，如 FEC、接入业务类型、业务映射类型是否匹配，单板的 APSD/APR 使能、交叉连接是否正确。

配置数据丢失导致业务中断。

（二）误码类故障处理

1. 故障现象

网管上报单板 15 min 纠错前误码越限告警、单板有纠错后误码数量。

SDH 业务有 B1 误码、OTU 业务有 SM-BIP 8\PM-BIP8 数、GE 业务 CRC 数量、10 GE 业务有丢包、数据业务报错帧

2. 故障原因

1）外部原因

光纤插头不清洁。

光纤性能劣化、损耗过高。

设备接地不好。

设备附近有强烈干扰源。

设备散热不良，灰尘太多、杂物堵塞通风口、影响通风散热、导致期间温度过高产生误码。

电源电压不稳、产生浪涌或者瞬间掉电，尤其是油机供电场景。

客户端设备的时钟配置不正确，如时钟配置成环。

2）设备对接问题

光纤插头连接不正确。

光转发类型单板、汇聚类型单板传输性能劣化。

3）设备原因

光转发类型单板、汇聚类型单板故障或自然损坏。

其他单板故障。

3. 误码类故障定位流程

误码类故障定位流程如图 4-86 所示。

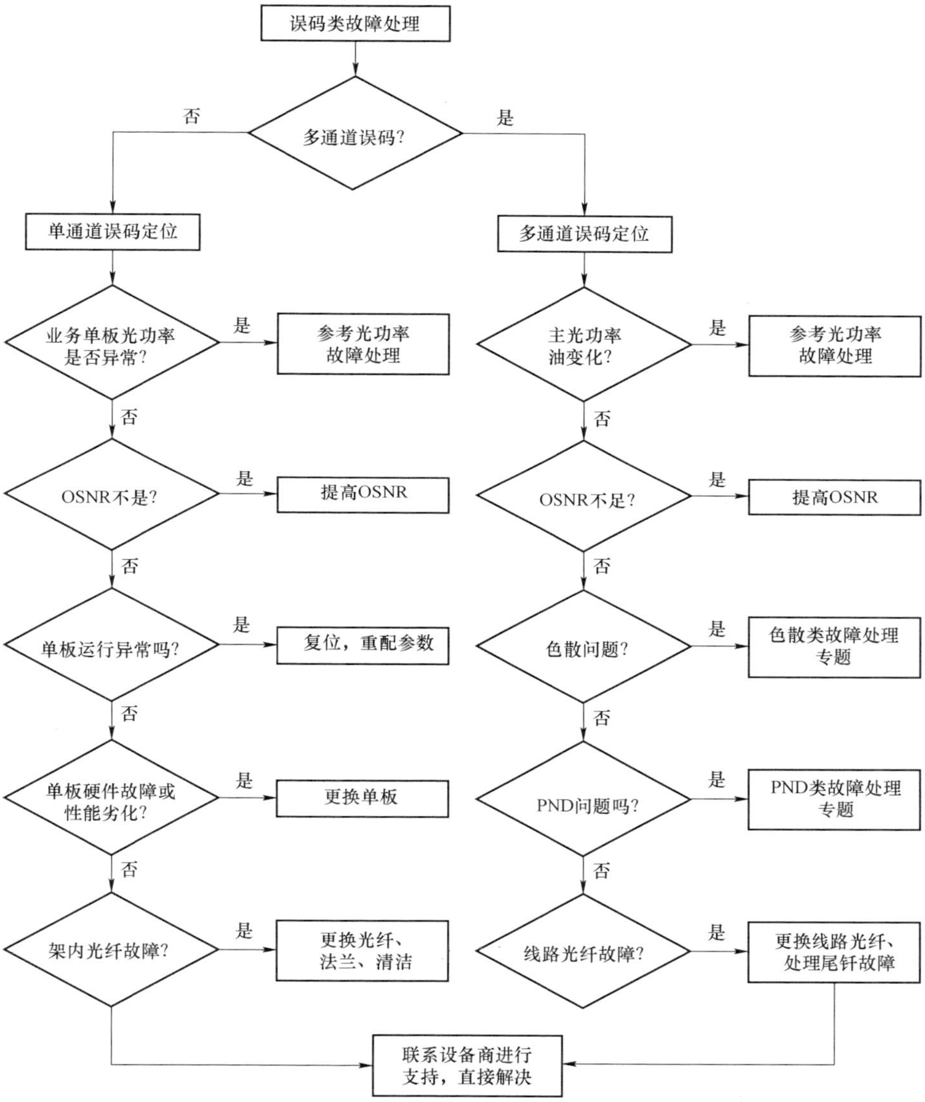

误码类故障处理

多通道误码?

否：单通道误码定位

业务单板光功率是否异常? —是→ 参考光功率故障处理

否：OSNR不是? —是→ 提高OSNR

否：单板运行异常吗? —是→ 复位，重配参数

否：单板硬件故障或性能劣化? —是→ 更换单板

否：架内光纤故障? —是→ 更换光纤、法兰、清洁

是：多通道误码定位

主光功率油变化? —是→ 参考光功率故障处理

否：OSNR不足? —是→ 提高OSNR

否：色散问题? —是→ 色散类故障处理专题

否：PND问题吗? —是→ PND类故障处理专题

否：线路光纤故障? —是→ 更换线路光纤、处理尾纤故障

联系设备商进行支持，直接解决

图 4-86　误码类故障定位流程

4. 误码类故障分析与处理

1）排除外部原因

a）检查线路收发光功率是否在指标范围内。光功率过低或过高，都会导致接收光模块接收光信号不正常，并同时引起误码。如果输入光功率不正常则调整衰耗器或清洁尾纤接头。

b）检查设备接地，可能是 DDF/ODF 架没有接地或传输设备和交换设备之间没有共地。

c）检查设备的时钟配置是否正确，时钟配置是否成环。

d）检查设备温度，排除由于机房环境、设备防尘网堵塞、风扇故障等原因导致的设备温度过高或过低。

e）检查设备附近是否有雷电、高压输电线、电源或其他电子设备带来的电磁干扰。

2）单通道误码故障判断步骤（按照检查先后顺序和发生概率由大到小排列。）

a）OCH\OAC 输入功率超出或者临界单板接收范围导致误码。

b）单板输入功率正常，但内连接的尾纤反射大、不洁净或者弯折角度大。可临时更换尾纤来排除是否为该原因。

c）通道 OSNR 比较低，导致单板接收到误码。首先从上游至下游排查 OA 历史输入\输出功率，与当前值做比较，看是否因为主光功率下降，导致系统整个 OSNR 下降，个别性能最差的通道上产生误码。

d）业务单板故障或单板性能老化导致的故障。如图 4-94 所示，接入 B 点收到误码，故障源可能是 A 点 OTU 单板、B 点 OTU 单板或者是通道相关的其他单板或尾纤的问题。

e）线路光纤质量问题导致个别通道产生误码。可对调光纤查看故障现象是否随着光纤转移。

f）系统色散补偿在某些或则个别通道临界，这种情况发生概率小。色散问题可参考“色散（CD）类故障现象和原因”。

3）多通道误码判断步骤

注意观察相通路由通道的性能特征，逐个排查原因，有如下可能。

a）纤衰减变大，导致 OSNR 不够。可通过提高上游 OA 输出功率来观察通道性能变化，有 OSA、OPM 可直接测试。

b）色散问题，可参照色散处理专题。

c）PMD 问题，可参考 PMD 问题处理。

d）OA 可通过查看该路由所有 OA 偏执电流历史变化来找到故障点。

e）OMU、ODU 单板故障，通常遇到的 OMU、ODU 故障多发生在 AWG 类型单板上。

f）AWG 属于温度控制器件，容易导致通道插损变化或者通道中心偏移。

g）单通道功率过高，光纤非线性效应明显导致的故障。可以通过适当降低入线路光纤功率，在保证 OSNR 满足系统要求的基础上，观察误码率是否有降低，有则说明非线性影响。

（三）PMD 类故障

1. 故障现象

业务单板 OCH 侧纠错前误码率在一段时间（观察 2～3 天内，15 min 性能）内出现较大的数量级变化，甚至出现业务中断（LOF、ODU-LOF、LYSC）。同路由业务做比对，各通道误码率变幅度可能不一。

PMD 对 40 G 类单板影响尤为明显，尤其是 RZ-DPSK 类型的单板。

PMD 对 10 G 类单板影响较少，偶尔会发现这类问题。

2. 故障原因

光纤 PMD 值大于单板 PMD 容限（以业务路由为参考单位）。

光纤问题，尤其是架空线缆容易受温度、风力等影响导致 PMD 瞬时突增。

3. 故障分析与处理

PMD 由光纤的随机性双折射引起，即不同极化状态下光纤的折射率不同，从而引起相移不同，反映在时域上表现为不同极化态之间的群延时不同，最终使光脉冲波形展宽。其产生机制是由于制造过程产生纤芯的椭圆度和非对称机械热应力以及外部弯曲和扭曲影响。PMD 受限距离（详细说明见 G.691 的 appendix I）按 ITU-T 规定，满足以下公式：

$$B^2 * PMD^2 * L < 10^4$$

业务单板的 PMD 容限与线路光纤的 PMD 共同决定了业务性能，PMD 随机性强，必须通过业务单板纠错前误码率的长期观察（至少 2～3 天）。

PMD 类故障判断步骤：

a）排除功率波动导致 OSNR 波动，进而导致纠错前误码率变化的情况。

b）排除单板模块性能不佳导致纠错前误码率变化，可通过更换单板或者利用其他通道正常的单板来接收该通道信号，观察其纠错前误码率的长期变化来判断。

c）查看单板 PDM 容限，与提供的线路光纤 PMD 测试值对比（业务单板整个路由上的 PMD），看是否能通过更换不同类型单板解决。

d）暂时无法获取线路光纤 PMD 值，可互换线路双向光纤，如果故障现象随着光纤互换而改变现象，即可确定是光纤 PMD 问题。用仪表测试线路 PMD 值是最直接的方式。

（PMD 容限简单的判断方法：上游把架内光纤绕成圈晃动几次，增加光纤 PMD 值，观察业务单板告警和性能变化）

e）线路光纤 PMD 问题只有两种可能解决办法：

① 更换线路光纤。

② 可通过更换 PMD 容限大的单板或者 OMS 段上考虑增加中继解决来降低 PMD

的影响，只要业务单板纠错前误码率距离单板纠错能力至少有 3 个数量级即可。（例如 10 G 最大纠错能力 E-3，100 G 最大纠错能力 E-2，仅供参考）

（四）色散（CD）类故障处理

1. 故障现象

OSNR 达标，走相同路由的业务通道多数都有比较高纠错前误码率（＞E-5）甚至 LOF 告警。单板接入业务类型、交叉连接、业务映射、FEC 等都配置无误。

2. 故障原因

色散补偿不合理。色散补偿都是针对具体业务路由的，故障定位时同路由比对才有意义。

3. 色散类故障分析及与处理

色散包括光源线宽、光源啁啾、信号谱宽等因素通过光纤色散导致光脉冲的畸变。色散类故障场景分为开通阶段、维护阶段故障处理

1）开通阶段色散故障判断步骤

a）核查站点内色散模块安装方向是与设计一直，防止双向模块装反。

b）实际线路光纤参数（距离、光纤类型、色散系数）是否与设计时一致。尤其是存在多种不同类型光纤熔接段落。

c）系统残余色散最直接的、准确的方式是使用色散测试仪测试，现场临时无可用也测试仪表可采用变更总色散补偿量的方式进行粗判断，减少或增加色散补偿 10 km、20 km、40 km、80 km 的模块观察纠错前误码和告警变化情况

d）色散补偿不均匀：以业务为基准进行色散计算，发先总残余色散量与业务单板类型匹配，并且 OSNR 满足系统要求，但是业务仍有大误码或 LOF，需要与系统设计人员联系重新设计，提升系统性能。

2）维护阶段色散故障可能原因

a）维护时更换的线缆类型前后不同或者更换的线缆是多种类型光纤熔接的，导致总系统残余色散超标。

b）前后更换的业务单板色散容限差异大。

（五）光功率类故障

1. 故障现象

a）功率和信噪比参差不齐。

b）主光功率出现波动明显。

c）个别通道功率变化明显。

（功率变化通常会伴随 OSNR、业务性能和告警变化，因此故障处理都先排除功率问题，再排除其他可能性）

2. 故障原因

1）外部原因

a）光纤线中断、路损耗增大、架空线缆受到外力拉伸衰耗变化。

b）机房供电系统异常（电压不稳定波动大）或者掉电，影响与之相邻站点功率变化。

2）操作问题

网管中数据被调整。OA 增益改变或激光器状态改变。

业务单板激光器状态改变。

3）设备原因

先处理主光在处理通道层问题的功率问题。

主光：

a）线路单板故障引发系统功率变化，例如：OA、OMU、OCI 故障。

b）大功率 OA 端口反射过大主动管票。

c）ODF 架上连接或者清洁问题导致功率变化。

通道：

a）单板参数配置导致激光器关闭。例如单板 APSD 功能启用。

b）单板故障。如单板发端功率异常、单板功率检测异常。

c）尾纤、衰减器问题导致单板输入功率过低。

4. 光功率故障定位流程

光功率故障定位流程如图 4-87 所示。

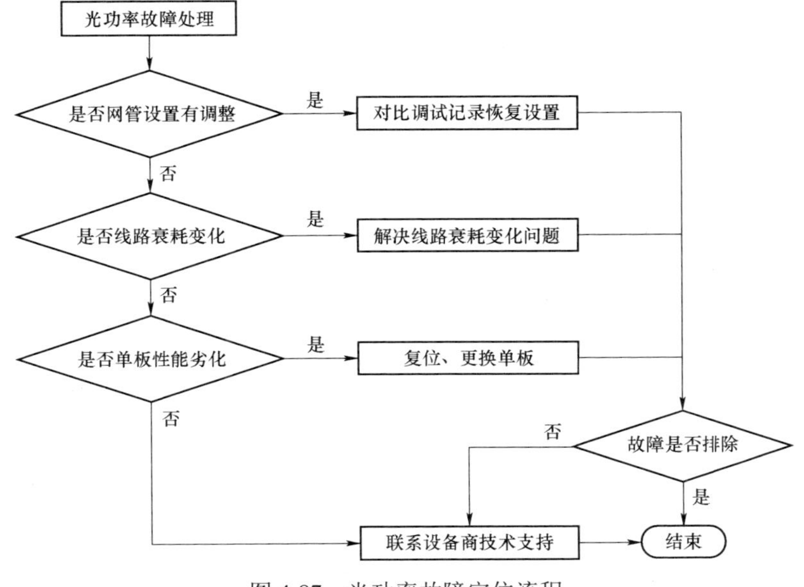

图 4-87　光功率故障定位流程

5. 故障分析和处理

DWDM 设备主要由光器件组成，光功率的不正常可能使设备产生误码，甚至造成业务中断。记录各站点的相关点功率值和原始数据，比较二者的差值并找出差值较大的站点。

a）询问是否进行过光纤割接操作，排除操作后线路衰减明显变化，而系统未做适当调整。

b）询问近期是否进行扩容操作，未对功率进行适当控制。

c）首先核查历史输入/输出功率与当前值是否有差异，从上游 OA 往下游找，找到功率变化的源头。如果遇到 OA 性能无法查询监控异常，则可能单板硬件故障需要现场处理，准备备件更换。

d）如 OMU\VMUX 至 OA 间 OMU/VMUX 输出功率和历史输出功率差异大，则可能是 OMU 故障（AWG 温度越限或者硬件损坏），或者 OTU 单板频率偏移（需要多波长计测试、如果配置 OPM 则会上报频率偏移告警）。

e）检查是否有人对 SEOA 板的增益进行调整，可通过网管操作 log 判断。

f）检查 OA 是否有复位或者关闭激光器的事件。查看激光器关闭时间点为正常关闭还是异常关闭，如果异常关闭可能为 OA 硬件故障。

g）OA1 至 OA2 间，如发现 OA2 输入功率变化而 OA1 输出无变化，则是尾纤或者线路光纤衰减变化，需要修复。

h）如果 OA 单板输入无变化，但是输出功率降低，在确认增益未做过修改的基础上可判断为 OA 单板故障，通常这种变化同时伴有单板偏执电流性能的较大变化。

i）如果输入光功率过强（大于最大输出值-当前增益），OA 板饱和输出，长期运行可能损坏单板。深度饱和可能使单板损坏更快，出现输出功率波动。

（六）OSNR 不达标

1. 故障现象

各通道 OSNR 差异比较大，部分通道不达标，或者全部通道不达标。

2. 故障处理与分析

OSNR 测试不达标常见有几类情况：

a）系统设计达标，仪表或测试方法、测试参数使用不当导致测试结果不达标。10 G 使用 RZ 调制、40GP-DPSK、RZ-DQPSK、和 100GPM-DQPSK 调制方式，通道间频谱交叠支持传统带外 ONSR 测试仪表已经不能准确测试 OSNR，测试偏差比较大。传统的带外 OSNR 测试仪表也不能支持 ROADM 穿通通道 OSNR 测试。因此需要选用采用关断积分法来测试，尤其是 40 G 以上业务。

b）系统本身设计的 OSNR 临界或者调测时由于线路光纤衰减比设计值大，导致 ONSR 降低。需要核查设计文件，对线路衰减设计值大于实际测试值 OTS 进行清洁、

检查 ODF、OTDR 测试尾纤并修复、更换尾纤等手段来改善。确认 OA 按照功率控制是否最优。

上述两种手段仍无法改善系统使其达标，就需要考虑通过更改配置来优化系统性能。

c）OA 单板故障导致噪声增加 OSNR 下降。

维护期间发现 OPM 检测到多通道 OSNR 下降或多通道业务出现误码或中断，则从业务流方向从上有至下游查看 OA 单板的“栗浦偏执电流”，如果出现历史和当前值有很大的突变则说明 OA 可能存在故障。(支持 OA 单板偏执电流异常告警的会上报告警)

d）系统通道功率与 OSNR 与密切关系，功率高的通道 ONSR 高，功率低的通道 OSNR 低。核查通道功率平坦度和 OSNR 平坦度，对 ONSR 第的通道适当提高光功率。不同业务单板对系统最低 OSNR 要求不同，系统测试 OSNR 必须满足最低要求。如果遇到 PMD 偏大、色散补偿不均等导致信号质量劣化则提高 OSNR 进行补偿。

（七）保护倒换故障处理

1. 故障现象

系统在发生故障或者收到网管外部命令后，不能正常倒换。

当线路发生故障时，相应跨段发生保换倒换。当故障消失后，系统无法在等待恢复时间（WTR）后返回正常状态。

系统在倒换恢复的同时，其他跨段发生新故障，导致系统无法恢复。

2. 故障原因

1）外部原因

a）供电电源故障。

b）光纤故障，如光纤性能劣化、损耗过高等。

2）操作不当配置有误

a）网管 IP 及路由、网元 IP 地址规划错误。

b）ECC 配置有误。

3）设备对接问题

光纤连接错误、光纤接口插错。

4）设备原因

a）单板故障。

b）监控通道阻塞。

3. 保护倒换故障定位流程如图 4-88 所示

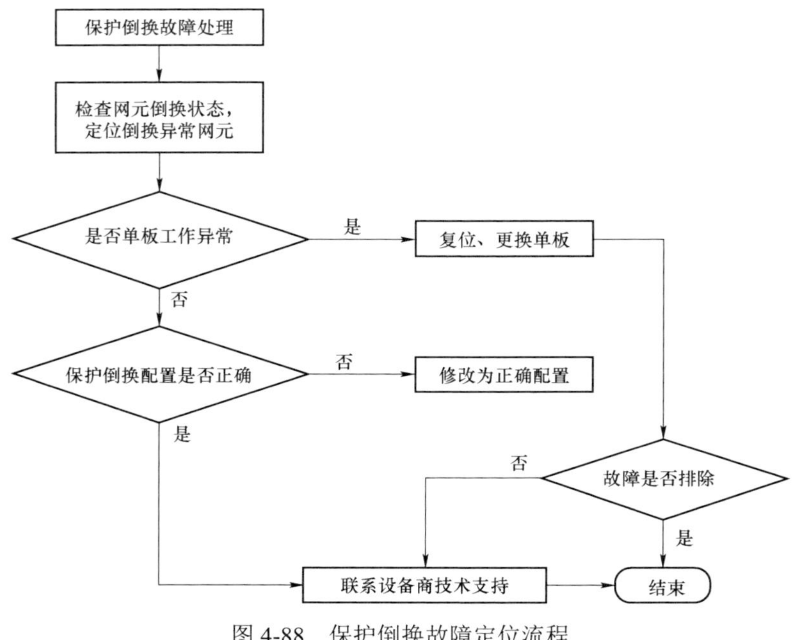

图 4-88　保护倒换故障定位流程

4. 故障处理与分析

为尽量减少对所有工作业务的影响，建议以跨段为单位检测故障，并在适当的网管命令下配合完成。

1）排除外部原因

a）检查设备供电电源，如设备掉电，则该网元在网管上变灰，不可管理。需要重新对该设备进行上电。

b）检查光纤性能是否劣化，如果输入光功率不正常则调整衰耗器或清洁尾纤接头。

2）检查网元配置数据

a）检查网管配置数据是否正确，如不正确，需要重新设定。

b）检查光纤连接是否正确，如光接口是否插错。

3）检查设备硬件

a）检查网管上各个相关节点的光监控通道板输入/输出光功率，判断是否为监控系统的通信问题。

b）检查网管上各个相关节点的检测板（前置光放大板，如光放大板）输入/输出光功率，判断是否为检测板问题。

c）查询网管上各个相关节点的 APS 协议执行单板（如 SOPCS 板）工作是否正常。利用网管的通信测试功能，测试网管与 APS 控制单板（如 SNP）的通信是否正常。

d）检查系统是否在执行恢复动作的瞬间又收到新的故障。如果是，在确保线路完全恢复正常的情况下，通过网管分别向该跨段两端的节点下发清除命令。

e）在确保线路完全恢复正常的情况下，通过网管分别向倒换跨段两端的节点下发清除命令。

（八）网管监控故障处理

1. 故障现象

a）网管无法 ping 通网元。

b）网管能够 ping 通网元，但无法监控。

c）网管只可正常管理网络中的部分网元。

d）网管无法对单板进行配置。

2. 故障原因

1）外部原因

a）供电电源故障，如设备掉电、供电电压过低等。

b）光纤故障，如光纤性能劣化、损耗过高等。

2）操作不当

a）网管 IP 及路由、网元 IP 地址规划错误。

b）ECC 配置有误。

c）设备对接问题

d）网线问题。

e）内部监控光纤连接错误。

3）设备故障

a）网管计算机网卡故障。

b）单板故障。

c）ECC 通道阻塞。

4）网管监控故障处理流程

网管监控故障处理流程如图 4-89 所示。

3. 网管监控故障处理和分析

1）排除外部原因

a）检查设备供电电源，如设备掉电，则该网元在网管上变灰，不可管理。需要重新对该设备进行上电。

b）检查光纤性能是否劣化，如果输入光功率不正常则调整衰耗器或清洁尾纤接头。

2）检查配置数据

a）检查计算机网络设置是否正确。ping 通自己说明网卡已经正确安装并且网络配置生效，ping 不通网元可能是由于网管计算机与 SOSC 电口 3 的 IP 地址在一个网段，且网关是 SOSC 电口 3 的 IP 地址。

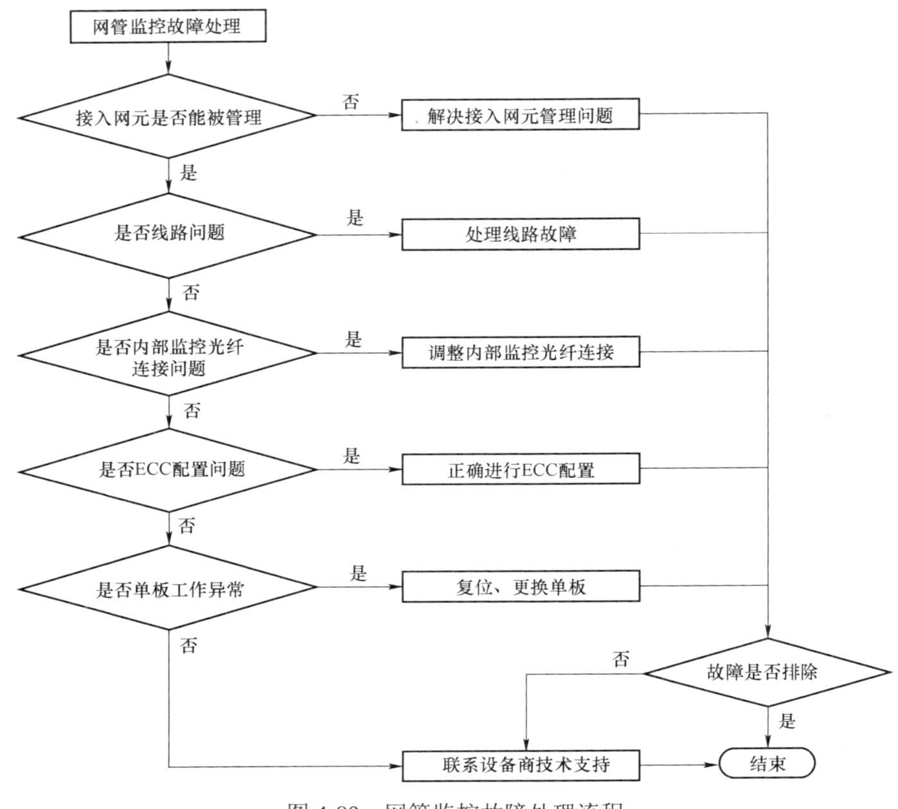

图 4-89 网管监控故障处理流程

b）上载网元数据库，检查网元和服务器 IP 地址与网管数据配置是否一致。

c）检查 ECC 配置是否正确。

3）检查设备对接情况

a）检查网线连接是否正常，网线类型（交叉网线或直通网线）是否正确。

b）检查内部监控光纤连接是否正确。

4）检查设备硬件

a）检查单板是否有故障告警，若单板损坏需更换。

b）接入网元是否能被管理

（八）光传输网络业务割接

1. 割接的定义

（1）本网割接

本网割接是指传输、交换、数据、动力、管线、外线等专业对已承载业务的网络系统中的线路、电源、电路/链路、端口、板卡、设备、地址等网络资源进行有计划的维护操作，如更改、更换、搬迁、调整、升级和维修等。

（2）转网割接

转网割接是指 A 地区其他电信运营商的话音用户由于改变服务提供商转网至 A 地区电信本地网，用户改变局向号码导致的网络设备割接工作。

（3）割接原则

坚持以用户正常通信为先的原则，在保障公司通信网络设备正常运行的前提下进行割接工作。

割接方案不确切不割接，割接所需资料不准确不割接，国家重大活动和重要通信期间不割接，未通知用户前不割接，准备工作不充分不割接，设备验收不通过不割接。

割接时间若无特殊原因应尽量安排在凌晨 00:00—06:00 时段内进行，或根据业务特点安排在对业务网络影响最小的时间段内。割接应尽量以少中断为原则，若必须中断，应于割接时段中止前恢复业务。

2. 传输网络重大故障应急预案

（1）传输网络重大故障的定义

不同运营商对传输网络重大故障的定义有所不同，下面以某运营商为例说明。155 Mb/s 及其以上速率系统阻断 30 min 以上。

城域网中的交换机、基站控制器、路由器或汇接层的汇接点等重要节点因传输障碍导致这些节点全部局向（路由）的通信都阻断。

至其他任一已经直联的电信公司的互联互通电路全阻。

3. 传输故障分类和故障处理时限

不同运营商的传输故障分类和故障上报制度有所不同，下面以某运营商为例说明。

（1）传输故障分类

1）一类故障

a）接入环系统中断、同时引起 15 个或以上 GSM900 小区中断的故障。

b）干线、骨干层和汇聚层 SDH 传输设备 622 M 或以上速率的端口告警。

c）干线、骨干层和汇聚层 SDH 传输设备带业务的 155 M 端口告警。

d）国际局配套的传输设备影响业务的故障。

e）国际电路故障。

f）重要基站或重要业务（如专线）的电路故障。

g）干线、骨干或主干光缆超过 6 纤以上（含 6 纤）纤芯中断的故障。

h）导致网管监控功能失效的网管故障。

i）引起精品小区中断的传输故障。

2）二类故障

a）同时引起 9～14 个 GSM900 小区中断的故障。

b）国际局配套传输设备不影响业务的故障。

c）网元与网管连接失效告警。

d）导致 10 个以上 2 M 局间电路同时中断的故障。

e）干线、骨干或主干光缆 6 芯以下纤芯同时中断的故障。

f）48 芯接入光缆全阻。

g）汇聚机房的环境告警。

3）三类故障

a）干线、骨干层和汇聚层 SDH 传输设备不带业务的 155 M 端口告警。

b）12 芯接入光缆全阻。

c）带业务的接入点故障。

4）四类故障

a）其他传输故障

（2）传输故障的处理时限

a）一类传输故障设备故障必须在 3 h 内处理完毕，线路故障在 5 h 内处理完毕。

b）二类传输设备故障必须在 6 h 修复，线路故障 8 h 修复。

c）三类传输故障必须在 24 h 修复。

d）四类传输故障必须在 48 h 修复。

第五章 水下可见光通信技术

据不完全统计，截至 1995 年，世界上现役潜艇大约 950 艘。众多的潜艇中，装备有战略核导弹的核潜艇是一种机动能力极强、隐蔽能力极强、抗首次打击能力极强的战略核力量，得到了包括我国在内的多个有核国家的重视。核潜艇的这些优良特性主要得益于其超强的水下续航能力——由核反应堆提供长期水下续航的动力和艇员必需的氧气，为保证其生存性和打击突然性，值班核潜艇通常需要在远离大陆的大洋水下 200 m 左右潜航。

在水中传播的各种波中，以纵波（声波）的衰减最小，因而声纳技术和水声信息传输技术被广泛采用和关注。对电磁波这种横波而言，由于海水是良导体，趋肤效应将严重影响电磁波在海水中的传输，以致在陆地上广为应用的无线电波在水下几乎无法应用。电磁波在有电阻的导体中的穿透深度与其波长直接相关，短波穿透深度小，而长波的穿透深度要大一些，因此，长期以来，超大功率的长波通信成为了对潜通信的主要形式。不过，即使是超长波通信系统，穿透海水的深度也极有限（最深仅达 80 m），而且超低频系统耗资大，数据率极低，易遭受敌方直接攻击或核爆炸电磁脉冲的破坏，难以得到好的效果。在 20 世纪 70 年代初，随着激光技术的曰益成熟，对潜水下光通信技术逐渐得到了人们的重视。1977 年，美国海军发表了一份研究报告，评估了卫星对潜激光通信的可行性，提出了初步方案和主要的技术要求，1978 年，开始正式实施激光对潜通信的研究发展计划。前苏联也几乎在同一时期开始研究激光对潜通信。

研究表明，在 400～580 nm 波段，海水对光波传播损耗较低，水质较好时损耗可低于 0.05 dB/m，这被称为海水的“蓝绿窗口”，利用海水的低损耗“窗口”即可实现对潜水下光通信。按大洋海水衰减系数为 0.1 dB/m 考虑，如果考虑潜艇处于 200 m 深的海水中，则海水损耗约 20～30 dB，如果接收机灵敏度设计在 –45 dBm（通常对潜通信速率都比较低，因此高灵敏度是较易实现的，这与高速光通信系统不同），接收天线只能收集到 1%的光束能量，则只需要激光束进入海水后拥有 –5 dBm 的功率即可。

美国对激光对潜通信的研究与发展很重视，美国海军从 1977 年提出卫星一潜艇通信的可行性后，就与美国国防研究远景规划局开始执行联合战略激光通信计划。1981

年，美军在位于加利福尼亚海岸不远的地方进行了一次飞机对潜艇的激光通信实验，一架在 12 000 m 高空飞行的飞机与水下 300 m 深处的潜艇实现了激光通信。实验表明，无论是在白天还是黑夜，系统均能很好地工作，每秒可传输几千比特的信息，这一实验的成功推动了美国对潜激光通信的研究。此后，美国海军以几乎每两年一次的频率，进行了 6 次以上海上大型蓝绿激光对潜通信试验，包括在更高的天空、长续航时间的模拟无人驾驶飞机与以正常下潜深度和航速航行的潜艇间的双工激光通信可行性试验，证实了蓝绿激光通信能在天气不正常、大暴雨、海水浑浊等恶劣条件下正常进行，在激光器、激光接收机和系统试验与方案方面都取得了较大的发展。

1983 年底，前苏联在黑海舰队的主要基地塞瓦斯托波尔附近也进行了把蓝色激光束发送到空间轨道反射镜后再转发到水下弹道潜艇的激光通信试验。

我国国内也有多家单位相继开展了水下激光通信研究。他们在系统、有源光器件、光学滤波器、海水信道特性等方面都取得了很有价值的阶段性研究成果，某些器件综合性能指标达到了国际先进水平。

第一节　海水信道

一、海水的透射光谱特性

海水对电磁波的衰减特性如图 5-1 所示。由图可知，在可见光波段，海水有较好的透射特性。

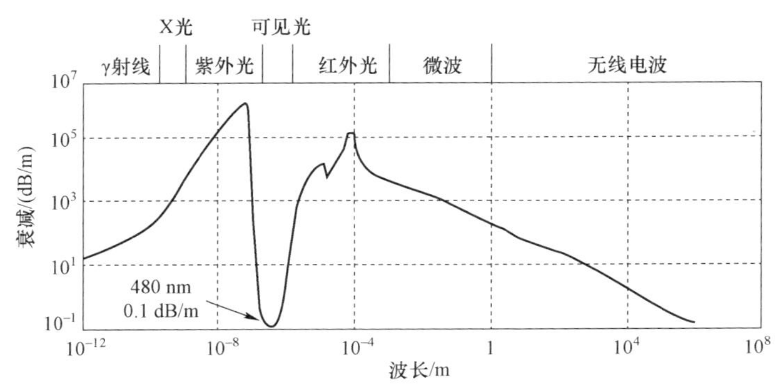

图 5-1　海水的衰减特性

与大气一样，海水对光波的衰减主要是由海水吸收和悬浮微粒散射引起，因此其衰减系数与光波波长、海水的浊度、生物含量、温度及深度有关，一般大洋水的光衰减系数约为 0.1 dB/m。温度与盐度对衰减系数的影响不大，海水衰减系数与纯水的差异主要来自海中悬浮的粒子与溶解的其他物质。悬浮粒子与溶解物质对光的衰减随波长的减小

而增强。由实测知：含有浮游生物的海水，衰减系数比纯海水大；对于纯海水，波长为400～580 nm 的光波衰减系数较小，当波长大于 580 nm 时，衰减系数显著增大；含有浮游生物的海水、绿光部分衰减系数最小，而红、紫光衰减系数最大。一般地说，大洋水的衰减系数最小波段是 480～500 nm，近岸水衰减系数最小的波段是 530～580 nm。

二、海水对激光束传播的影响

由于海水密度比大气高，内溶物远比大气的内溶物丰富，因此光束在海水中的传播远比在大气中的传播复杂，不过，光束在海水中传播遭受损伤的机理与在大气中传播时基本相同，也有所谓吸收、散射、扰动、热晕等。此外，对潜通信时光束往往需要从空气进入海水，因此还有光束在水空界面处受到的损伤。

（一）海水吸收

海水的吸收特性与海水中所含物质的成分密切相关。海水是一种十分复杂的物理、化学和生物系统，海水中不仅含有水分子和无机溶解质，还包含大量的悬浮体和包括“黄色物质”的各种有机物。而且黄色物质在可见光范围对海水光吸收的贡献远大于水分子。黄色物质大多存在于河口和近海区，因此这些水域的水对光的吸收较强，外海和大洋水中有机物和悬浮物含量低，对光的吸收较弱。海水的吸收特性还表现出较大的易变性。同一水域不同深度，同一水域不同时间及不同水域，海水的吸收特性都表现出它随时间和空间的变化。海水的吸收系数随深度的变化而改变，通常，吸收系数随海水的深度增加而减少。

（二）海水散射

海水的散射比大气的散射复杂得多，海水的散射包括水本身的瑞利散射和海水中悬浮粒子引起的米氏散射及透明物质折射所引起的散射。纯水的散射被当作是一种分子散射，水分子的直径比可见光波长小几百倍。而分子半径远小于入射光波长的分子散射，可以用瑞利散射定律来描述。海水中悬浮粒子引起的散射属于米氏散射问题，悬浮粒子大小的分布和海水中粒子的浓度决定了米氏散射的大小。不同海区、不同水型的散射函数有很大差别。清洁大洋水，主要是水分子散射，沿岸混浊水，大粒子散射占很大比重。海水散射的一个重要效应是对光能量的衰减，然而作为光的水下通信还存在另一个重要的效应是由海水微粒对光的多次散射引起的多通道效应。这种效应使光信号在时间上和空间上展宽，光的前向和后向散射对通信能力和机制产生重大的影响。同样道理，由于多次散射，也使光信号功率大量衰减。

（三）水空界面反射与散射

由于海水与空气折射率不同，因此水空界面存在反射，这将使光束部分能量遭受反射损耗；同时，由于海水平面是一个非常复杂的随机波动面，海面上不可避免地还会存在泡沫等漂浮物，这对光束的传播还会有强烈的散射作用；一次通信过程中，海面时刻变化，对光束的散射损耗也时刻变化，这相当于在光强上叠加了一个低频随机噪声。

（四）海水扰动

同大气揣流非常类似，海水也会因为温度、盐度的不同而拥有不同的折射率。在海流、生物体扰动、温度差的作用下，光束传播路径上的海水折射率处于时刻变化之中，这与大气湍流效应非常类似。因此可以预计，激光束在海水中传播时也将存在光强起伏问题，不过，对潜通信中，光束在海水中传播距离一般在 10～300 m，与海面扰动相比，海水水体扰动造成的光强起伏要小得多，故目前很少有人研究海水扰动问题。

（五）热晕效应

由于海水对光能量的吸收比空气要大得多，因此，如果潜艇发射大功率激光束，光束在海水中的热晕效应将远大于在空气中的情况。同时，海水受热生成高密度蒸汽气泡，对光束将出现强烈的散射，造成非常大的损耗，对光束的传播有致命的影响。为此，如果需要潜对空方向的通信，在保证总发射光功率不变的情况下，水下光学天线口径应尽量大一些，以避免单位面积内的光功率达到或超过产生高密度蒸汽气泡的程度。

三、海水信道特性

光束在海水中传播时将受到损耗、光束扩散、多径色散、光强起伏等损伤，目前的研究中主要考虑的是前三点。

（一）损耗特性

光束在海水中传输，如果传输距离较短，与在大气中传输一样，衰减规律也服从指数规律

$$\mathrm{A}(L)=\exp(-\sigma L)$$

式中 σ 为海水的衰减系数，L 为光束传播距离。同大气一样，海水的衰减由多个部分组成，可写成：

$$\sigma=\alpha_{\mathrm{m}}+\alpha_{\mathrm{a}}+\beta_{\mathrm{m}}+\beta_{\mathrm{a}}$$

式中：α_{m} 为海水分子吸收系数，α_{a} 为海水中悬浮微粒的吸收系数，β_{m} 为海水分子散射系数或瑞利散射系数，β_{a} 为海水中悬浮微粒的散射系数或米氏散射系数。

由于海水的衰减系数与水中的浮游生物浓度、水中的悬浮粒子、盐分及温度有关，因此，不同海域、不同气候特征，衰减系数值就有可能不同。

事实上，海水的水质是随深度而变化的，即海水存在浑浊度不同的水层，而且，不少时候这种变化还相当明显。海水的浑浊度随深度的增加而增大，在 10～20 m 处到达最大值，随后水质又逐渐变清，并趋于稳定。处理实际问题时，常需要对海水深度进行分层处理。

（二）光束扩散

激光束在海水中传播时除了沿传播方向的衰减外，还有在垂直于传播方向上的横向扩展。光束受到海水强散射作用，其向上的辐射能量将分布在一个越来越大的圆形(或椭圆形)光斑内。扩散的程度与水质、激光发射器在水中的深度和水下发射角等因素密切相关。设辐射率分布 $f(\theta_R,\varphi_0,\delta)$ 是接收视场角、方位角和发射器深度的函数，可用数值积分法求出：

$$f(\theta_R,\varphi_0,\delta)=\frac{\int_0^{2\pi}d\theta\int_0^{\theta_R}N(\theta_R,\varphi_0,\delta)\sin\varphi\,\mathrm{d}\varphi}{\int_0^{2\pi}d\theta\int_0^{\pi}N(\theta_R,\varphi_0,\delta)\sin\varphi\,\mathrm{d}\varphi}$$

式中 θ_R 为接收视场角，φ_0 为信号辐照度到达零时的角度，δ 为接收器光轴和入射光轴之间的偏斜角。如果假设接收器光轴和入射光轴之间的偏斜角 $\delta\to 0$，并考虑到海水中光束入射角和海水深度的影响，上式可简化为一个线性结构，即

$$f(\theta_R,\varphi_0)=\frac{1-\cos\theta_R-\dfrac{1}{3\sin^2\varphi_0}[\cos\theta_R\sin^2\theta_R+2\cos\theta_R-2]}{1-\cos\varphi_0-\dfrac{1}{3\sin^2\varphi_0}[\cos\varphi_0\sin^2\varphi_0+2\cos\varphi_0-2]}$$

（三）接收信号的总能量

综上所述，激光信号经过海水传输后，受到了的衰减 $A(L)$、辐射率分布引起的衰减 $f(\theta_R,\varphi_0)$、激光发射器和接收器孔径面积比引起的衰减，因此得到激光接收机探测器接收到的单脉冲能量为：

$$E_R=E_\mathrm{P}\frac{A}{S}f(\theta_R,\varphi_0)$$

式中 E_P 为发射器光学系统输出的单脉冲能量（单位为 J），S 为接收处光斑面积，A 为接收器孔径面积。

（四）多径色散

对于窄光学脉冲，海水散射可以引起与光纤中模式色散相似的多径色散。散射脉冲场可以被反射到接收机，并合成为畸变的光学脉冲形状。图 5-2 给出了一个直接的平面波辐射线和几个散射光路。

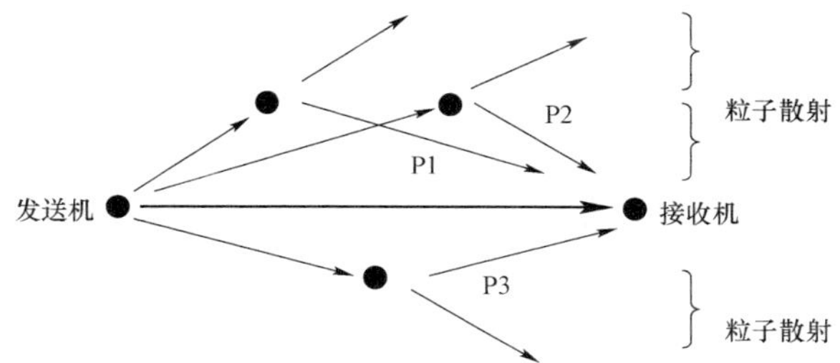

图 5-2 复合散射介质中的直接路径和散射路径

散射光被粒子散射而重新定向，但其中部分路径 P1、P2、P3 最终被散射到接收机。如果从光源发射光学脉冲，散射路径上的光脉冲相对于直接路径上的光脉冲延时到达，并合并成一个比发射的光脉冲更加宽的光学脉冲，这一效应可视为多径色散。

光束在穿过海水的过程中，粒子对光束的影响作用与粒子大小（相对于波长的断面尺寸）和粒子密度（粒子的体积浓度）关系很大。低密度大尺寸粒子趋于服从一次散射理论，它主要产生衰减作用，高密度小粒子服从多次散射理论，除衰减作用外，还产生光束散射和光波传播过程中波前的随机相位漂移作用。

由海水散射引起的激光脉冲传输延时差为：

$$\Delta T = T_s - T_0 = \frac{zn}{c}\left\{\frac{8}{27\omega_0\tau\int_0^{\pi}\gamma_0^2 P(\gamma_0)d\gamma_0}\left[\left(1+\frac{9}{4}\omega_0\tau\int_0^{\pi}\gamma_0^2 P(\gamma_0)d\gamma_0\right)^{\frac{3}{2}}-1\right]-1\right\}$$

式中 c 为光速为海水深度，γ_0 为海水折射率，$\omega_0 = b/C$ 为海水单程散射反照率，C 为海水体积衰减系数，b 为海水体积散射系数，$1/b$ 即为海水的标准散射长度，$\tau = b\times z$ 是海水中深度 z 范围内所包含的标准散射长度的个数，也就是光子与海水中粒子相互作用的次数，进而可以用 $\omega_0\tau$ 描述在深度 z 范围内光子被粒子散射的次数。γ_0 是光子与粒子单次碰撞时的散射角，$P(\gamma_0)$ 为粒子标量散射位相函数，它随水质的不同而具有不同的形式，实际应用中，一般都是通过实验测定各个散射方向上的散射光强度，然后拟合成经验公式，对于大粒子的散射情况，有如下经验公式：

$$P(\gamma_0) = \frac{2b\eta}{\gamma_0}\exp(-\eta\gamma_0), \eta \approx 10$$

从上式中可以看出，脉冲传输距离 z，海水反照率 ω_0，海水衰减系数 C，以及光子散射角 γ_0 直接影响着脉冲传输延时差 ΔT。图 5-3 中的曲线族描述了不同的海水状况对激光脉冲延时差的影响。

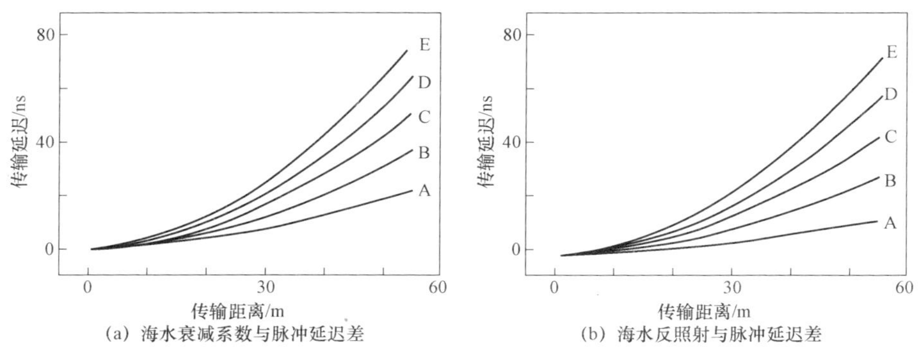

(a) 海水衰减系数与脉冲延迟差

(b) 海水反照射与脉冲延迟差

图 5-3 海水状况与激光脉冲延迟的关系

图 5-3（a）中，海水反照率 ω_0 和光子散射角 γ_0 的均值一定，$\omega_0 = 0.75$，

$\langle \cos(\gamma_0) \rangle = 0.995$，曲线 A、B、C、D、E 分别对应衰减系数 $C = 0.3\ \text{m}^{-1}$、$0.5\ \text{m}^{-1}$、$0.7\ \text{m}^{-1}$、$0.9\ \text{m}^{-1}$、$1.1\ \text{m}^{-1}$、$1.3\ \text{m}^{-1}$。当衰减系数增大时，意味着水质变差，脉冲传输延时差显著增加。

图 5-3（b）中，海水衰减系数 C 和光子散射角 γ_0 的均值一定，$C = 0.3\ \text{m}^{-1}$，$\langle \cos(\gamma_0) \rangle = 0.995$，曲线 A、B、C、D、E 分别对应于海水反照率 $\omega_0 = 0.60$、0.70、0.80、0.90、1.0。当海水反照率增大时，同样意味着散射系数增大，水质变差，类似于图 5-3（a）中的情况，脉冲传输延时差显著增大。

第二节　光源技术

一、对光源的基本要求

水下光通信系统对光源的总体要求包括：

（1）工作波长。光源波长应处于海水的“低损耗窗口”（400～580 nm），很多系统选择在 480 nm 附近。

（2）功率。光源工作于连续波或脉冲状态，峰值功率必须足够大以保证接收、光功率足够大，因水下光通信系统工作于可见光波段，此时背景光功率较大，因此与红外光通信相比，信号光功率也相应地需要更大一些。

（3）脉冲宽度。由于海水散射作用形成的多径色散，光束脉冲将被展宽，在 AT 固定的情况下，展宽后的脉冲峰值幅度的下降量与原脉冲宽度有很大关系，原脉冲越窄，脉冲峰值幅度下降越大，因此如果光源为脉冲光源，脉冲应有足够的宽度以保证在存在较大的脉冲展宽的情况下，接收光信号脉冲峰值功率还能维持一个较大的值。不过，脉冲宽度对信息速率有较大影响，因此需要在二者之间平衡考虑。

（4）重复频率。如果光源为脉冲光源，其重复频率应满足信息速率方面的要求。

显然，激光器仍是水下光通信的最佳选择。与光纤通信和大气激光通信不同的是，水下激光通信光源应为适应海水低损耗窗口的蓝绿激光器。

在目前的研究工作中，对潜水下激光通信仍多采用 PPM 调制方式。

（一）固体蓝光激光器

海水透射窗口落在蓝光波段内，波长合适的蓝光激光将成为海底探测和对潜通信的有效手段，国外许多著名大公司及研究机构致力于蓝光激光器的研究工作，至今已经有二十多年的历史，目前已经推出了多种较为实用的蓝光激光器产品。

早期人们把实现蓝光激光的重点放在气体激光器和染料激光器上面，但这些激光器都存在诸如设备庞大、效率低、寿命短和稳定性差而影响实际应用的严重问题。20 世

纪 80 年代中期以来，随着固体激光器技术和非线性光学技术的飞速发展，人们开始在固体激光器领域探寻实现蓝光激光输出的有效方法。

获得高效蓝光激光输出的基本方法有：

半导体激光器直接产生；

半导体激光器泵浦固体激光器腔内倍频；

由上转换激光器产生；

近红外激光直接进行波长转换；

半导体激光器与用它泵浦的固体激光器输出光和频。

半导体激光器直接产生

半导体激光器，由于体积小、寿命长、电压低、可直接调制等优点，在通信、复印、打印、检测、分析、医疗诊断和光盘存储等许多方面已得到广泛应用。一方面要求半导体激光器必须进一步提高输出功率与激光光束质量，另一方面要求缩短激光波长。半导体蓝光激光器能取得进展，主要应归结到 20 世纪 90 年代末，Ⅱ～Ⅳ族多层结构的出现。由于高带隙势垒的量子阱交替层可形成多量子阱，交替层厚

度防止量子隧道作用，通过调节各层厚度和成分可对波长作一定程度的控制。且多量子阱激光器比单量子阱型的增益高，阈值电流低，因此激光器大多采用多量子阱结构。多量子阱激光器的制作，典型的有采用在 GaAs 缓冲层的 GaAs 衬底（也有采用 ZnSe 等材料作衬底）上，用分子束外延法生长Ⅱ～Ⅳ族化合物，其结构包括四元诸如 ZnMgSSe 光学包层、ZnSSe 波导区以及一般为 1～3 层产生光学增益的 ZnCdSe 量子讲，如图 5-4 所。

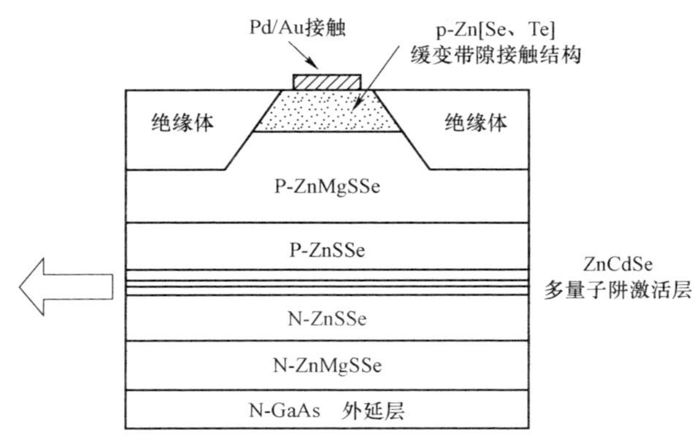

图 5-4 Ⅱ～Ⅳ族蓝光发射器波导形结构

由于接触电阻大，需提高二极管电压，而电压则是制约器件寿命的重要因素之一。如何降低接触电阻，也是半导体蓝光激光器件正在致力解决的一个技术问题。目前室温下运行的连续波激光器件阈值电流已降到 250 A/cm^2，阈值电压为 5 V 数

量级。激光器的泵浦方式有电泵浦与光学泵浦两种。法国 D.Herve 等人用微电子枪泵浦 Znl-XCdXSe/ZnSe 异质结构激光器，工作温度在 83～225 K，获得 478 nm 波长蓝光激光，寿命超过几个小时。光泵浦的研究工作也开展得很活跃，也获得蓝光激光输出。

激光器谐振腔结构除了通常的平行激活层方向的平行平面谐振腔发射激光外，还有一种垂直腔表面发射激光器，即 VC-SEL 型激光器，如图 5-5 所示。这种激光器有源层上下方均有反射表面，这两个反射表面可做成分布布拉格反射器，形成与激活层平面垂直的甚短激光谐振腔。每一激光器的截面宽度仅为几微米到 20 μm，可做成密集型阵列激光器，用于产生高功率输出的半导体蓝光激光器。496 nm 波长蓝光激光输出，其转换效率为 22%。

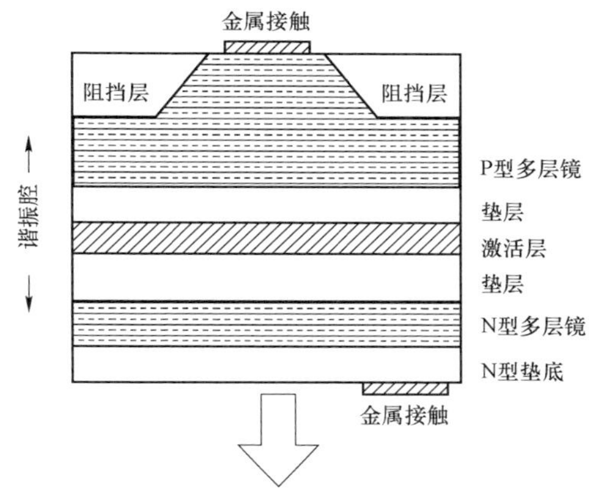

图 5-5　垂直腔表面激光发射器

目前半导体蓝光激光器需要解决的主要问题是如何提高器件寿命与输出功率，以及缩短工作波长。大多数半导体蓝光激光器仅能在低温状态下脉冲运行，若在室温条件下连续运行时，其寿命很短，输出功率也尚未达到实用化。使器件产生这种退化的主要原因是晶体的缺陷，这种缺陷主要来自堆叠缺陷、丝状位错和点缺陷等。这些缺陷会在激光器增益区产生非辐射复合。该效应使激活区增益下降，甚至使受激发射中止。这种缺陷并非仅为生长和制作过程所固有，与材料本身也有关。因此，目前研究的重点是改进生长工艺与选择新材料等。此外，由于器件掺杂剂激活能和电阻率随带隙增大而增大，这就必然会增大激光作用的阈值电压与工作电压。高电压也是限制器件寿命的关键问题之一。由于器件激活层内形成暗线缺陷区，若用简单的蒸发金属接触，会产生发热。因此，降低电压，实现内部小的欧姆接触值，是必须要解决的问题。总之，要实现能在室温下连续波运转的半导体蓝光激光器件的实用化，显然要对材料科学、器件物理和工艺作进一步研究，还需搞清和控制宽带隙Ⅱ～Ⅳ族多层结构的电特性。但采用半导体激光器件来实现微小型蓝光激光器，是一种有意义的技术路线，在不久的将来，半导体蓝光激光器件必将实用化。

（二）半导体激光器泵浦固体激光器的腔内倍频

采用二极管尾端泵浦 Nd：YAG 激光器产生了 946 nm 波长振荡。在谐振腔内放入 $KNbO_3$ 晶体，室温条件下得到了稳定的蓝色连续波激光，输出功率达 1 mW。采用光学薄膜技术抑制 Nd：YAG 激光器 1.064 μm 波长振荡，激光器谐振腔是平凹球面腔，Nd：YAG 加工成 1.5 mm 厚的平行平面晶片，在靠近 LD 的一个端面镀有 946 nm 波长的高反射介质膜（反射率＞99.9%），而对 808 nm 波长透射，透射率约为 60%。这个面构成谐振腔的平面镜，谐振腔凹面镜曲率半径为 $R=52$ mm，由 K9 玻璃镀制成对 946 nm 波长的高反射（反射率＞99.8%）和对 1.064 μm、473 nm 增透的介质膜构成。

从图 5-6 可看出激光工作物质基态 $^4I_{9/2}$ 是一个多重态，946 nm 激光下能级是基态能级在基质晶体场影响下由斯塔克分裂而形成的一个子能级，该能级粒子的热集居满足玻尔兹曼分布。若 Nd：YAG 受热引起温升，则激光下能级热集居粒子更多，为实现激光振荡，需要更大的泵浦功率才能形成粒子数反转。氙灯泵浦 Nd：YAG 效率低，晶体受热升温，不能用于产生 946 nm 激光，二极管激光谱线能做到与 Nd：YAG 的吸收峰一致，泵浦效率高，工作物质发热少，对 946 nm 激光系统是一种有效的泵浦方式。946 nm 激光经倍频可以获得 473 nm 蓝色激光。倍频晶体材料选用 $KNbO_3$，它有高的透明度，和 $Ba_2Nb_5O_{15}$、$LiNbO_3$ 等非线性晶体材料相比有更高的非线性系数和更大的光损伤阈值。$KNbO_3$ 晶体在 220° ±41 ℃温度下属正交晶系 mm^2 点群，晶体的主轴 X、Y、Z 各自平行于结晶轴 *c*、*a*、*b*。对 946 nm 基波在 185 ℃温度时可以实现Ⅰ类非临界相位匹配，而在室温下只能获得角度相位匹配 k 当基波沿晶体的 *ab* 面传播，二次谐波偏振面的振动方向沿 *c* 轴时，$KNbO_3$ 晶体可以对 857～982 nm 范围内基波实现第Ⅰ类角度相位匹配，其走离角不会超过 1°。目前设计的实验系统重点放在提高输出光功率和改善光束质量上。

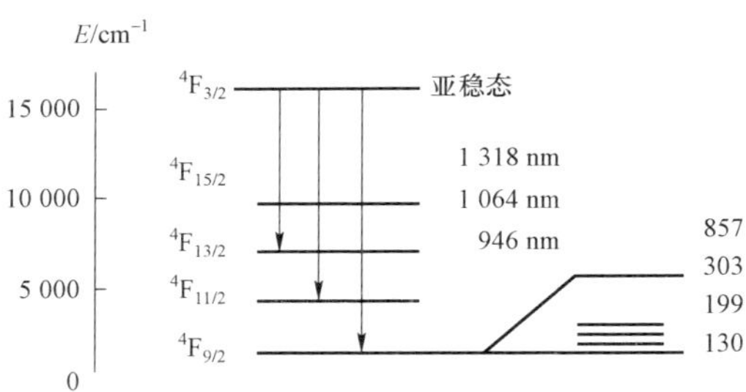

图 5-6　Nd^{3+}在 YAG 中的能级和三条荧光线

图 5-7 为蓝光激光器，它由半导体激光器、泵浦光耦合光学系统、含有倍频器件的端面栗浦 Nd：YAG 946 nm 激光振荡器等组成。倍频器件相位匹配角为 30° 的铌酸钾晶体。可以得到高于 30 mW 蓝光激光输出，由于铌酸钾的位相匹配温度很窄，只有 3.5 ℃，因而要维持稳定，必须要对铌酸钾晶体稳定性做控制。如果采用 BBO 做倍频器件，蓝光激光已经超过了 20 mW 输出，相位匹配温度容许范围为 50 ℃，但它存在蓝光激光横模成椭圆的缺点。表 5-1 和表 5-2 分别列出了上述两种类型晶体倍频蓝光激光输出特性。市场上现已经有用铌酸钾晶体作倍频器件的 473 nm 蓝光激光器，开拓了蓝光激光器的应用领域。今后单横模、单纵模的低噪声蓝光激光器会迅速商品化。

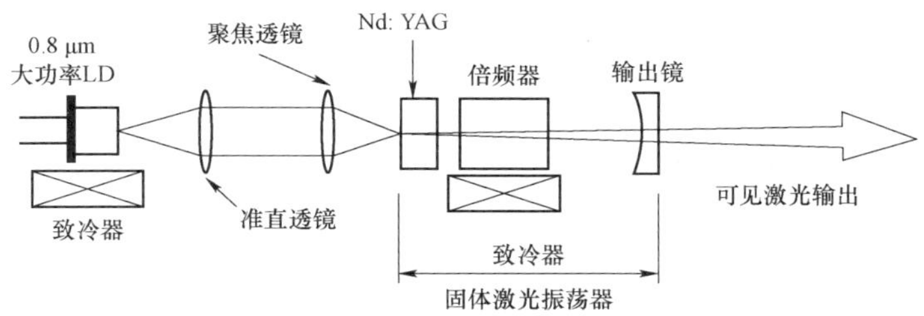

图 5-7　全固化蓝光激光器结构图

表 5-1　由 KNbQj 倍频的 473 mn 蓝光激光输出特性

输出横模模式	TEM_{00}
最高输出功率	32.3 mW（输入功率 974 mW）
泵浦光转换成 473 nm 的效率	3.30%
电能转换成 473 nm 的效率	1.10%
工作温度	室温（25 ℃）

表 5-2　BBO 作倍频器时 473 nm 蓝光激光输出特性

输出横模模式	纵模比为 1:4 的椭圆高斯形
最高输出功率	24.1 mW（输入功率 974 mW）
泵浦光转换成 473 nm 的效率	2.60%
电能转换成 473 nm 的效率	0.90%
工作温度	室温（25 ℃）

（三）由上转换激光器产生

频率上转换蓝光激光器有两种类型：一种是和频频率上转换蓝光激光器；另一种是光泵掺杂稀土元素的激光晶体或光纤上转换蓝光激光器。由于光纤结构具有严格的光学约束和较长的相互作用距离，导致了高浓度激发和有效泵浦吸收，可获得更高的转换效率和输出功率。

基本原理如下：上转换激光器，是一种振荡频率高于泵浦光频率的光栗激光器。当光场三个频率 ω_1、ω_2、ω_3 之间满足 $\omega_3 = \omega_1 + \omega_2$ 时，便产生和频。此时应满足能量守恒关系：

$$\hbar\omega_3 = \hbar\omega_1 + \hbar\omega_2$$

同时也满足动量守恒关系：

$$hk_3 = hk_1 + hk_2$$

式中 $\hbar = h/2\pi/$，h 为普朗克常量，k 为波矢。当一个频率为 ω_1 的光子与一个频率为 ω_2 的光子相互作用后湮没，同时产生一个频率为 ω_3 的新光子发射和频激光。若落在蓝光波段，便产生和频蓝光激光。对于光泵光纤上转换激光器，为使一个激光离子激发，可直接经过从基态到高能态的双光子吸收跃迁而产生。但由于双光子吸收截面非常小，以致无法进行有效的激光泵浦。因此一般利用激光材料掺稀土离子的基态和激光上能级之间的长寿命中间能级（亚稳态），使集居的粒子数可以接近或超过基态，使非线性激发与中间态同步进行，提高激光效率。因此通常频率上转换激发机制有三种类型，如图 5-8 所示。

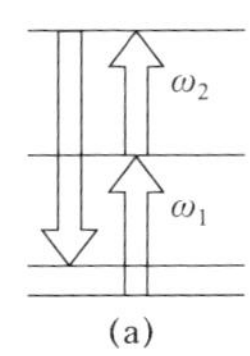

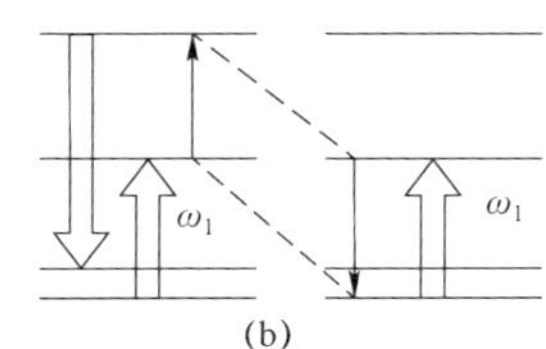

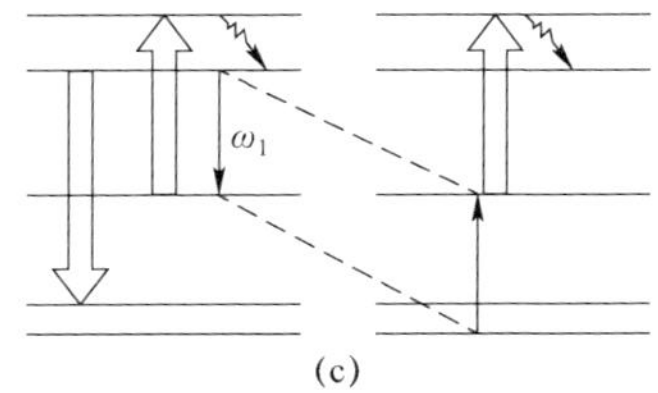

图 5-8　上转换激发机制示意图

图 5-8（a）是双光子吸收而导致上转换激发的机制，其中第一个光子即频率为 on 的光子使中间态集居，第二个光子即频率为 ω_2 的光子通过激发吸收而使上激光能级激发。这两个光子的能量一般是不同的。图 5-8（b）是交叉弛豫能量转移的激发机制，其原理是：当足够多数量的离子激发到中间态时，激发离子间的能量转移也能导致有效上转换。其过程是：两个物理上相当接近的离子通过非辐射过程耦合，其中一个离子返回基态，另一个离子被激发到上能态，在多数情况下，这种交叉弛豫过程均以电偶极子-电偶极子的相互作用为基础，为补偿施主离子和受主离子之间的能量不匹配，光子参与这种能量转移过程。图 5-8（c）是雪崩吸收上转换机制，这种有效上转换激发是以雪崩或“光子雪崩”过程为基础。该过程涉及泵浦光的激发态吸收，而中间态则通过交叉弛豫和能量转移而集居，这种雪崩过程可用单谱线激光实现有效上转换泵浦，故雪崩吸收上转换激发机制是目前最有效的频率上转换激发机制。用于上转换的光纤激光器的光纤，一般采用掺杂稀土元素离子的氟化物基质材料制成，常选用的掺杂激活离子有 Pr^{3+}，Nd^{3+}，Ho^{3+}，Er^{3+}及 Tm^{3+}，掺杂浓度一般在 1%～2%。因为这些激活离子具有低声子频率，其非辐射弛豫缓慢，因此产生许多长寿命能级，亦即存在大量的中间亚稳态能级，适用于频率上转换。

1. 和频激光器

和频激光器的腔体结构主要有两种：一种是驻波型谐振腔，另一种行波环状腔。图 5-9 所示的实验装置图是一种典型的驻波型谐振腔。

产生和频激光的过程为：由 GaAlAs 半导体激光器发射的 809 nm 激光与由半导体激光器泵浦 Nd：YAG 激光晶体产生的 1 064 nm 的激光，由各自的光学耦合系统耦合，在棱镜上重合，并由聚焦透镜同时耦合进入由 M_1 与 M_2 组成的光学谐振腔内的 KTP 非线性晶体内进行和频，结果发射 459 nm 的蓝光激光输出。在本实验装置中，30 mW 的

55%的 809 nm 光与 33 mW 的 45%的 1 064 nm 的光子同时耦合进入长为 5 mm 的 KTP 晶体时，获得 4 mW 的 459 nm 蓝光激光输出。

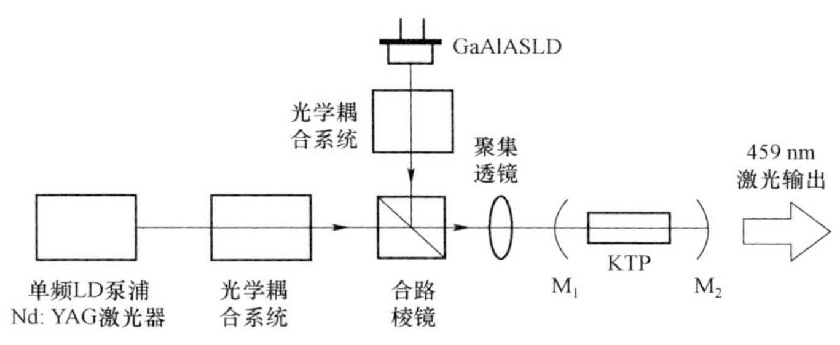

图 5-9　驻波腔和频激光器结构示意图

这类和频激光器在技术上必须满足三个基本条件：① 两个入射光的波长，在空间和光谱上与激光谐振腔相匹配，即要求单横模与单纵模；② 阻抗匹配，即耦合反射镜 M_1 的透射率必须与腔内往返一次所有的损耗匹配；③ 两入射光的频率必须分别锁定，使它们波长变化量处于 1～10 nm 容限之内。由于热噪声的干扰，为保持半导体激光器波长与激光谐振腔匹配，除了对入射光频率锁定外，还必须使激光谐振腔长度稳定。目前解决这个问题的一种简便方法是，把谐振腔中的一块反射镜安装在压电换能器上，用约为 20 kHz 的频率调制腔长，取样光信号加到锁相放大器上，产生误差信号，一方面反馈返回压电换能器上，追踪控制腔长变化，另一方面把这误差信号加在半导体激光器电源上，调节二极管工作电流。目前，采用 Nd：YLF 激光器发射的 1 047 nm 与量子阱半导体激光器发射的 845 nm 的两种激光波长的光，在 KTP 腔内混合，获得 120 mW，467 nm 的蓝光激光输出。

2. 频率上转换光纤蓝光激光器

频率上转换光纤蓝光激光器结构原理。在该装置中，用单谱线泵浦光泵浦共掺 Pr3+与 Yb^{3+}的 ZBLAN 氟化物光纤。实现频率上转换的机理是离子间的能量转移，即 Yb^{3+}作为吸收体或施主作用，对泵浦光子进行有效的吸收，使其激发，然后再把能量转移给 Pr^{3+}使之发生粒子数反转，同时发射 491 nm 蓝光激光。当用 860 nm 波长的激光泵浦长为 78 cm 掺 Pr^{3+}和 Yb^{3+}的 ZBLAN 光纤，输出耦合为 30%时，可获得22 mW 的 491 nm 蓝光激光输出，总的转换效率为 7.5%，泵浦阈值约 80 mW。据最近报道，美国加州 SDL 公司的 Steve Sanders 与他的同事用 890 mW 的 1 130 nm 的半导体激光器，泵浦掺 Tm^{3+}1%的 25 m 的 ZBLAN 氟化物光纤，产生 106 mW 的 482 nm 波长的蓝光激光输出，总的光-光转换效率达 12%，阈值功率 80 mW。

目前光纤上转换激光器受温度影响较大，因为在较高温度下，有几个因素可使激光性能退化。上转换激发的非线性泵浦机制对温度效应特别敏感，随着温度的升高，光谱变宽，同时泵浦吸收效率降低。此外，热感生交叉弛豫可使亚稳态寿命大为缩短。采用提高掺杂浓度并不能补偿吸收的下降。很多可见光上转换激光跃迁都终止在基态斯塔克分量到稀土离子的长寿命中间态。激光下能级的这种热感应集居可产生很大的再吸收损耗。使用共掺剂，如在掺杂 Tm^{3+}、Pr^{3+}等的同时，掺入 Yb^{3+}敏化剂，一方面能提高泵浦效率，另一方面能减少激光下能级的有害集居。

在半导体蓝光激光器实现实用化之前，频率上转换激光器将是实现全固化蓝光激光器最有效方案之一，并且由于十分诱人的市场需要量，该器件在实用化方面，将很快取得突破性进展。

第三节　对浅蓝绿激光通信系统

一、几种对潜激光通信方案

对潜蓝绿激光通信是指利用在海水低损耗窗口波长上的蓝绿激光，通过卫星或飞机与深水中潜行潜艇的通信，也包括水面舰只与潜艇之间的通信。一般来讲，蓝绿激光对潜通信系统可分为陆基、天基和空基三种方案，如图 5-10 所示。

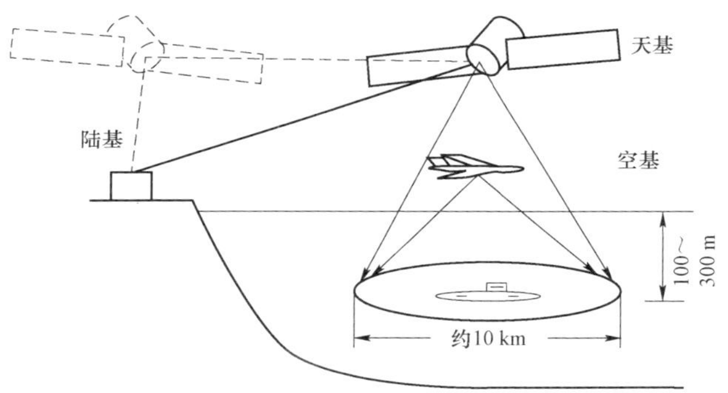

图 5-10　对潜激光通信的几种方案

二、陆基系统

陆基系统由陆上基地台发出强脉冲激光束，由空间轨道上的卫星担任反射任务，将激光束反射至所需照射的海域，实现与水下潜艇的通信，这种通信也称作“反射镜卫星”方式。

陆基系统工作时，可通过星载反射镜将激光束扩束成宽光束，实现一个大范围内的通信；也可以压缩成窄光束，以扫描方式通信。陆基系统工作灵活，通信距离远，可用于全球范围内光束所能照射到的海域，通信速率也高，不容易被敌人截获，安全、隐蔽

性好。此外，由于激光器置于地面，更换与修理也很方便，电源限制也小，因而对激光器的寿命和效率要求较低。

但陆基系统也存在实现难度大的问题。在陆基系统中，激光束需要两次穿越大气层传输，受大气影响较大，主要表现为：

（1）受天气影响较大，上行光束须在晴朗天气下发射，或者设置多个发射基地以避开天气影响。

（2）遭受大气衰减和大气湍流影响严重，要求激光器有很高的发射功率。

（3）传输距离远，光束发散损耗大，如采用大口径发射光学天线压缩光束发散角，则增加了对准和跟踪的难度，对反射镜阵列的精度要求也很高。

有的系统为缩短激光束在大气中的传输路程、降低大气传输衰减和湍流的影响，将陆基激光器发射的上行光束首先近似垂直地传至陆基台上方轨道的中继反射镜上，再由后者将激光反射到潜艇所在海域上空的空间轨道扫描反射镜，该镜将激光束近似垂直的射向水下潜艇，如图 5-11 中虚线所示。这种方案可简化大气补偿问题，但增加了一面空间反射镜，也增加了系统复杂度，因此可靠性受到影响。

三、天基系统

天基系统将大功率激光器置于卫星上完成上述通信功能，也称作“激光卫星”方式。地面通过电通信系统对星上设备实施控制和联络，还可以借助一颗卫星与另一颗卫星的星际之间的通信，让位置最佳的一颗卫星实现与指定海域的潜艇通信。天基方案的优点是结构简单、隐蔽性好、跟踪扫描较容易。但由于大功率激光器需要置于卫星上，其体积、重量、功耗、寿命都受到更严格的限制和要求，实现难度更大一些，且不易升级。

四、空基系统

将大功率激光器置于飞机上，飞机飞越预定海域时，激光束以一定形状的波束（如长 15 km、宽 1 km 的矩形）扫过目标海域，完成对水下潜艇的广播式通信。如果飞机高度为 10 km，以 300 m/s 速度飞过潜艇上空时，激光束将在海面上扫过一条 15 km 宽的照射带。在飞机一次飞过潜艇上空的约 3 s 的时间内，可完成 40～80 个汉字符号的信息量的通信。这种方法实现起来较为容易，在条件成熟时，这种办法很容易升级至天基系统之中。其缺点是飞机的飞行易受敌方监视，因此潜艇隐蔽性降低，有可能危及战略核潜艇的生存性。

第六章　卫星相干光通信原理与技术

第一节　卫星相干光通信原理

一、相干光通信技术发展概述

1980—1995 年，相干光通信是国际光通信领域的研究热点。1995 年前后，随着掺铒光纤放大器（Erbium Doped Fiber Amplifier，EDFA）和密集波分复用（Dense Wavelength Division Multiplexing，DWDM）技术的成熟，在光纤通信的商用领域，IM/DD 体制已足以保证通信性能；而在无法使用 EDFA 做链路中继或在线放大的星间光通信领域，针对卫星光通信系统的高灵敏度、高码速率指标要求，相干体制则是功率受限条件下的必然选择，国外对此进行了大量的研究。国外的星间相干光通信链路已经处于工程应用的前夕。特别是对于不能采用中继放大的空间光通信系统，相干光通信技术具有重要的应用价值。

（一）美国

美国 NASA 于 1970 年开始 C02 激光器的卫星光通信项目，但由于激光器的原因未能完成试验。加州理工学院的 JPL 实验室和麻省理工学院的林肯实验室是 NASA 研究空间光通信技术的两个重要机构。JPL 早在 1991 年就完成了码速率 100 Mbps 的相移键控（Phase Shift Keying，PSK）星间相干光通信演示系统，此后，JPL 主要从事 IM/DD 体制的工程化研究。1999 年左右，JPL 再次转向相干光通信，重点研究幅移键控（Amplitude Shift Keying，ASK）和 PSK 调制信号，扩展星间光通信链路的信道容量。与此同时，林肯实验室研究了各种相干通信方案及在 LE0 星间平台振动条件下的信噪比、误码率等通信性能，并提出了发射功率自适应技术方案，其试验装置通信距离为 3 000 km，误码率为 1.0×10^{-6}，码速率为 2 Gbps。林肯实验室建设的高速星间激光通信试验装置（Laser Inter-satellite Transmission Experiment，LITE），其主要光源是用商用输

出功率为 30 mW 的 GaAlAs 半导体激光器，频率调制（Frequency-Shift keying，FSK）采用外差法，成功地实现了终端-终端高码速率卫星通信的演示试验，并且演示了空间捕获和跟踪定位功能。

近 5 年来，美国还有许多机构从事星间相干光通信体制研究，包括国家物理实验室（National Physical Laboratory，NPL）、佛罗里达大学等。以色列与美国的研究机构也有该领域的合作项目。在美国国防高级研究计划局（Defense Advanced Research Projects Agency，DARPA）的支持下，劳伦斯利弗莫尔国家实验室（Lawrence Livermore National Laboratory，LLNL）启动了实现通信、图像及目标追踪等远距离相干光传输项目，目标是实现海陆空平台在卫星间环境恶劣的条件下高速、可靠的通信及图像传输。2003 年，该项目第一阶段的试验系统采用光纤激光器的主振功率放大系统、高速 MEMS 空间光调制器、数字的光束控制、全息的相位补偿接收，将自适应光学的相干接收技术应用于常规自适应光学难以适用的强湍流大气。

（二）欧洲太空局

欧洲太空局（ESA）的星间光通信项目于 1986 年之前的首选方案为 10.6 μm 的 CO_2 激光零差系统，后改用 1.06 μm 的 Nd：YAG 激光器，由于相干体制所必需的窄线宽、高稳频激光器技术尚未成熟，因此最后选择了当时器件较成熟的 830 nm 半导体激光作为通信波长，体制采用 IM/DD，这就是著名的 SILEX 系统。

1990 年年初，ESA 启动了星间相干光通信的专门研究项目 SR0IL（Short-Range Optical Inter satellite Link），目的是利用先进的激光器件与技术实现高码速率和小型化的星载相干光通信终端机，应用于 Teledesic 系统的 LEO 星座如图 6-1 所示。Teledesic 为铱星系统的升级版本，由 840 颗 LEO 卫星组成，每颗卫星上设计配置 8 个 SR0IL 端机。SR0IL 采用零差 BPSK 调制，通信波长为 1.06 μm，设计指标为：链路距离 1 200～4 000 km，码速率达到 1.5 Gbps，误码率达到 1.0×10^{-9}，发射光功率约 1 W，天线口径宽度仅为 35 mm，链路裕量大于 6.2 dB，端机重量小于 10 kg，功耗小于 40 W。图 6-2 所示为 SROIL 终端的装配外形。

ESA 与德国 DLR 合作进行卫星光通信研究项目，计划实现星-地激光通信中地面站对同步卫星光外差探测。以窄带、高稳定性 Nd：YAG 激光器为光源，实现了卫星相干光通信的理论和试验验证；评估了大气效应导致的波前偏差对外差接收机性能的影响；采用零差接收机降低系统的复杂性。2000 年 DLR 发表文章称，采用新技术的零差 BPSK 接收机，与传统 Costas 环技术相比，可大大降低系统复杂性，其试验系统的码速率为 622 Mbps，误码率为 1.0×10^{-9}，接收灵敏度可达 18 光子/bit，接近 13 光子/bit 的理论极限。在基础元器件方面，20 多年来，相干光通信的工程实现一直受制于窄线宽、高稳频激光器技术。但近几年来，该项激光器技术已经获得突破。德国 TESAT 公司是

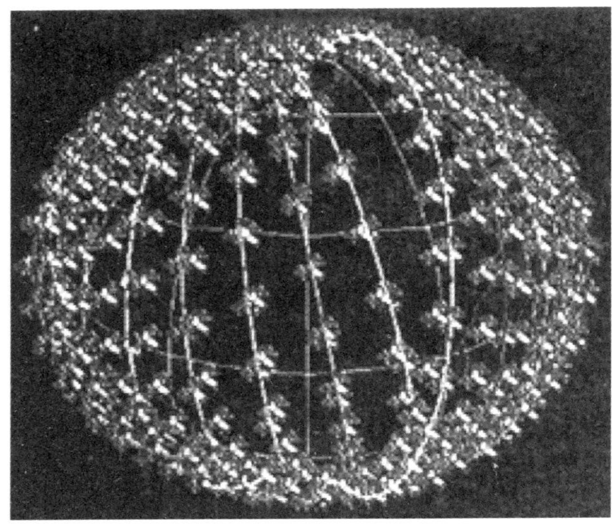

图 6-1　Teledesic 系统的 LEO 星座网络示意图

图 6-2　SROIL 终端的装配外形

Teledesic 项目的激光通信端机（Laser Communication Terminal，LCT）供应商，它生产的 1 064 nm Nd：YAG 激光器的线宽可达 5 kHz；绝对频率稳定度优于 50 MHz/天，即 0.17 ppm；并具有极低的强度噪声。

（三）日本

日本自 1998 年以来进行了大量星间相干光通信的研究。对各种相干光通信方案集，包括外差/零差 ASK、FSK、PSK、DPSK，进行了星间光通信的对比研究。发射激光器为 1 550 nm DFB，线宽小于 50 kHz，采用 EDFA 作为功放和前放，本振激光器频率可调谐，光纤混频，用窄带滤波器（0.1～1 nm）抑制 EDFA 的放大自发辐射（Amplified

Spontaneous Emission，ASE）噪声，中频部分采用电锁相环补偿多普勒频移，最高码速率为 2.5 Gbps，误码率为 1.0×10^{-9}。在发射功率 500 mW 条件下，GEO-GEO 链路的模拟试验结果显示，外差 PSK 的探测灵敏度优于 20 光子/bit。

（四）国内

北京邮电大学、电子科技大学、中国空间技术研究院西安分院等单位开展了相干光通信方面的研究工作。其中电子科技大学成功完成了 60 路、960 路宽带数字大气激光相干通信系统和激光频率跟踪系统的研制。20 世纪 90 年代，电子科技大学就研制了采用相干体制的激光通信样机，该相干光通信样机采用了波长为 10.6 μm 的 CO_2 激光器，其大气通信链路距离优于 5 km，并通过了跨河抢通、光纤通信系统联网等试验验证，其长期稳定度和短期稳定度分别达到约 1.0×10^{-10} 和 1.0×10^{-9}，采用 Allan 方差计算方法实时测量该系统的稳频性能。该系统无被动稳频的结构与装置，适于工程使用，并在光外差通信机中得到实用。中国科学院上海光学精密机械研究所研制的高速相干激光通信终端随“墨子”号于 2016 年升空，成功实现了星-地 5 Gbps 的高速数据传输。

二、TerraSAR-X 相干光通信

（一）德国激光通信技术发展概述

德国 TESAT 公司在自由空间光通信领域的星间链路光通信终端方面具有 20 多年的研究与积累，构筑了商用空间光通信产品的基本平台。早在 20 世纪 90 年代早期，他们已经认识到 IM/DD 通信体制的局限，而后选择了以 BPSK 调制为代表的相干光通信体制的研究路线。1998 年，Motorola 公司为其 Celestri 系统以及稍后的 t 士项目选择了零差 BPSK 激光通信终端，TESAT 是这两个项目的供应商。1999 年，风险评估与降低阶段成功结束，TESAT 对天基 BPSK 调制技术的所有细节进行了广泛深入的测试与评估。1999 年，Tdedesic 项目由于商业原因终止。“空间固体激光通信试验”（Solid State Laser Communications in Space，SOLACOS）项目是一个高码速率卫星间激光通信计划。该项目建立了完整的计算机仿真设计系统，同时制造了一套用于测试的试验模拟系统。虽然实验室级的研究结果令人鼓舞，但由于缺乏资金支持，下一步的空间验证工作未能进行。

在 SOLACOS 项目构思的延续下，由德国 DLR 资助的 DLR-LCT 项目又开始进行了 SOLACOS 的后续研究，即开发空间应用所必需的器件，并完成 LEO 光通信终端的系统集成。该项目首次成功验证了适用于空间应用的零差 BPSK 调制技术方案，并且在空间环境测试平台上首次成功验证了激光通信终端的全部工作模式，由初始扫描开始，递交给外差跟踪（空间跟踪），然后进入本振频率调谐工作模式，对信号光进行相位锁定，最后结束于基于零差 BPSK 调制的零差跟踪与通信工作模式。

使用适于空间应用的光发射机与光接收机，已经完全验证了零差 BPSK 调制/解调

方案的可靠性。即使在轨运行，包括太阳辐照和金星辐照、卫星平台振动等条件下，已经达到探测灵敏度的理论极限。

在 LEO 大型网络的商业应用失败之后，高码速率星间链路的市场转向了较小型的中地球轨道（Medium Earth Orbit，MEO）和 GEO 星座网络。德国 DLR 洞察到了这个趋势，资助了 MEDIS 项目的 A 阶段和 B 阶段。其研究目标是考察“国际空间站”与两个 MEO 中继星之间双向光链路的可行性，每颗 MEO 都用 RF 链路与地面站连接，由于 RF 瓶颈，其射频（Radio Frequency，RF）链路的码速率为 300 Mbps。在这个项目中，针对 MEO 应用，将激光通信终端进行了技术升级，链路距离达到 20 000 km，跟踪范围为半球面。

德国 TESAT 公司激光通信终端可很好地适用于 LEO-LEO、LEO-MEO 和 MEO-MEO 链路的多种应用。其核心性能指标可概括如下：

- 天线口径：125 mm 口径望远镜
- 发射光功率 0.7 W
- 半球面跟踪
- 双向通信
- 误码率 1.0×10^{-9}
- 重量小于 30 kg
- 功耗小于 130 W

TESAT 标准激光通信终端还可用于 GEO 链路，如 GEO-GEO 和 GEO-LEO 链路，性能可达到：

- 天线口径：125 mm 口径望远镜
- 发射光功率 0.7 W
- 误码率 1.0×10^{-9}（500 Mbps 通信距离 72 000 km）

TESAT 公司的 1 064 nm 激光器线宽可达 5 kHz，绝对频率稳定度优于 50 MHz/天（0.17 ppm），并具有极低的强度噪声。该公司还研发出相干光通信端机，对光接收端机的空间适应性测试表明，数据信号探测最大速率为 8 Gbps，在外差和零差模式中，能够产生所有空间、频率和相位捕获所必需的信号，以及所有相位和空间跟踪所必需的信号。

TESAT 公司于 2002 年罗列了欧空局在卫星光通信领域进行终端研制的发展过程及今后的发展趋势，如图 6-3 所示。

在德国 DLR 资助的 LCTSX（LCT on the Terra SAR-X satellite）项目中，TESAT 将进行零差 BPSK 激光通信终端的在轨验证。2005 年 TESAT 完成了 LCT 飞行样机的研制，并于 2005 年 10 月在拉帕尔玛（La Palma）与欧空局光学地面站之间进行了 142 km 的通信传输试验（图 6-4、图 6-5）。试验证实 TESAT 的 BPSIK 相干光通信系统在最恶劣

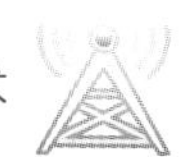

的大气环境中能很好地通信，证明即使在大气信道中，BPSIK 相干光通信方案也是一个稳健的方案。当大气损耗达到 20 dB 时，Fried 参数在一个均值 10 cm 左右变化，光锁相环无中断地即时锁定，比特误码率达到 10^{-4}～10^{-6}。虽然相位锁定一直无中断，但由于大气环境剧烈的影响，链路有时会出现中断。

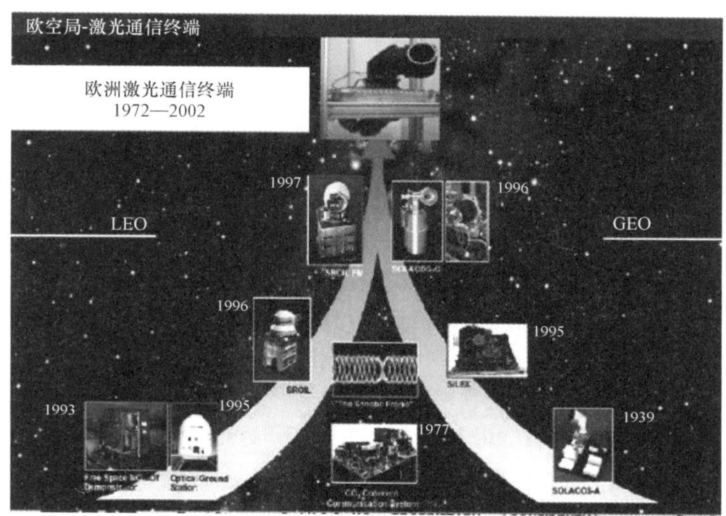

图 6-3　欧空局激光通信终端研制的发展过程

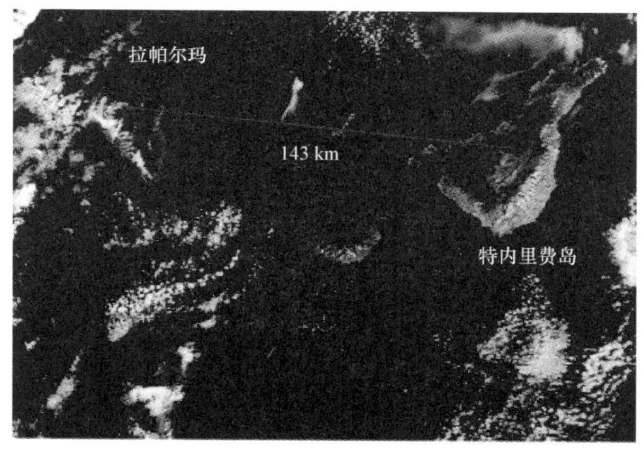

图 6-4　TerraSAR-LCTSX 地面链路试验

LCTSX 激光通信终端在 SAR 性能评估之后的一段时间内，进行星-地和星间通信试验，其目的是验证大气信道对相干光通信链路的影响，同时也验证指向与跟踪性能。星-地光通信是在 ESA 的光学地面站，或是使用在西班牙 Palar Alt。附近建立的一个移动光学地面站进行。

星-地链路主要参数如下：

- 码速率：5.625 Gbps

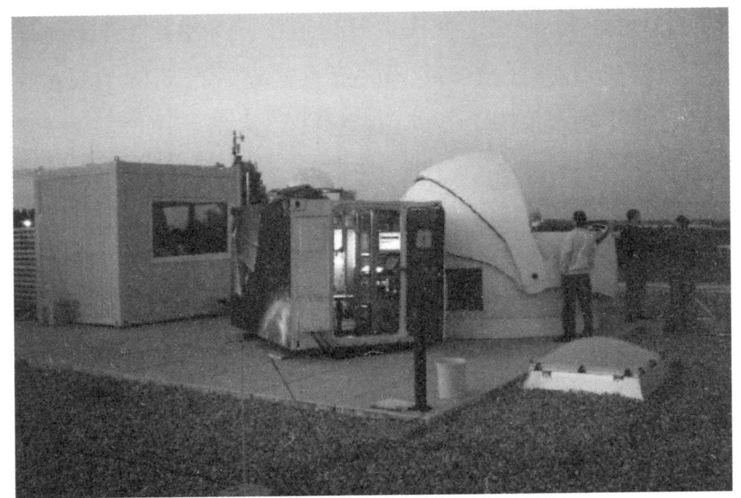

图 6-5　相干激光通信星-地链路试验中的光学地面站

- 链路距离：520～950 km
- 平均接触时间：2.5 min，最大接触时间：3.5 min
- 平均接触次数：0.75/天，最大接触次数：2/天

下一阶段，将建立 TerraSAR-X 卫星与第二颗 LEO 之间的链路。

星间链路主要参数如下：

- 双向码速率：5.625 Gbps
- 最大链路距离：8 000 km

（二）Terra SAR-X 卫星简介

2005 年，德国和美国启动了一项星间光通信合作项目，该项目将进行星间、星-地双向激光通信试验，主要目的在于演示 LEO-LEO 卫星间高速（5.625 Gbps）激光通信，并验证大气信道对相干光通信链路的影响。

Terra SAR-X 卫星是德国新一代高分辨率雷达卫星，名字来源于卫星的主要载荷——X 波段合成孔径雷达。2007 年 6 月 15 日，TerraSAR-X 卫星搭乘俄罗斯“第聂伯”火箭从拜科努尔发射场发射。卫星轨道为太阳同步轨道，高度为 514 km，倾角为 97.44，周期为 11 天，其在轨工作如图 6-6 所示。

Terra SAR-X 卫星重约 1 230 kg，有效载荷约 400 kg，功耗为 800 W（EOL），设计寿命为 5 年，卫星外形呈六角形，长 4.88 m，直径约 2.4 m。TerraSAR-X 卫星将利用其携带的一台 LCT 来验证星间高速光通信，LCT 在卫星上的安装位置如图 6-7 所示。

2007 年 4 月 24 日，美国弹道导弹防御局近场红外试验卫星（Near-Field InfraRed Experiment，NFIRE）搭乘轨道科学公司的“米诺陶” 火箭从弗吉尼亚州瓦勒普斯岛成功发射进入 495 km 预定轨道，轨道倾角为 49.0。其在轨工作如图 6-8 所示。卫星发射

重量为 494 kg，设计寿命为 2 年。NFIRE 卫星的一个任务是进行卫星光通信试验，评估光通信系统用于导弹防御的可行性。

图 6-6　TerraSAR 卫星在轨示意图

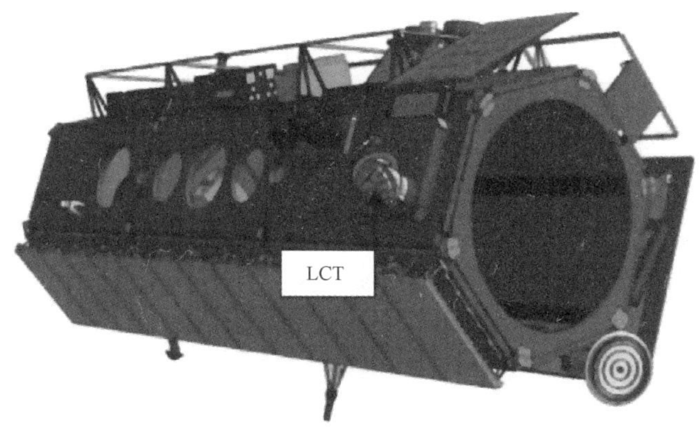

图 6-7　LCT 在 TerraSAR-X 卫星上的安装位置

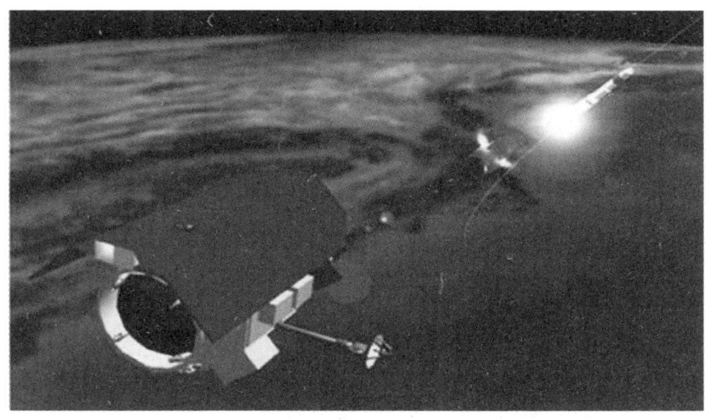

图 6-8　NFIRE 卫星在轨示意图

（三）高速相干光通信终端

参与该项试验的三台光通信终端均由德国 TESAT 公司研制，其中两台终端直接搭载于 TerraSAR-X 卫星和 NFIRE 卫星上，第三台终端稍加修改，将接收天线口径减半，用作 LEO-地光通信的移动光学地面站。图 6-9 和图 6-10 分别为安装在 TerraSAR-X 卫星侧板和 NFIRE 卫星顶部的光通信终端照片，图 6-11 为 TESAT 公司移动光学地面站的照片。

LCT 光通信终端主要有以下几方面技术突破：采用了标准的机电接口与搭载平台对接、采用了相位调制/零差检测方案以及直接使用信号光进行捕获（不单独使用信标光）等。LCT 终端采用 1 064 nm Nd：YAG 激光器作为光源，并采用 BPSK 零差检测方式。LCT 光通信终端的设计目标是高可靠性、轻量、小型、低功耗、易操作和高集成。整个终端仅包含一台独立设备，包括光学单元和框架单元。其中，光学单元包括粗瞄机构、望远镜、精瞄机构和接收机，框架单元包括电子学部件和激光器。

图 6-9　TerraSAR-X 卫星 LCT 光通信终端

图 6-10　NFIRE 卫星 LCT 光通信终端

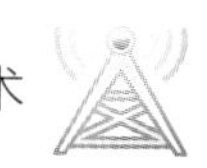

图 6-11　TESAT 公司移动光学地面站

（四）星间、星–地高速相干光通信试验

1. TerraSAR-X 卫星与 NFIRE 卫星星间相干光通信试验

2008 年 2 月 21 日，TerraSAR-X 卫星和 NFIRE 卫星成功实现了世界上首次卫星间相干光通信。2008 年 3 月 12 日，TerraSAR-X 卫星与 NFIRE 卫星实现了距离为 4 900 km、码速率为 5.625 Gbps 的 LEO-LEO 双向卫星间光通信，误码率优于 10^{-9}。图 6-12 所示为 TermSAR-X 卫星和 NFIRE 卫星首次星间通信链路示意图。

图 6-12　TerraSAR-X 卫星和 NFIRE 卫星首次星间通信链路示意图

2. NFIRE 星-地光通信试验

NFIRE 卫星分别和位于夏威夷毛伊岛和西班牙特内里费岛移动光学地面站进行了 LEO-地光通信试验。当光束穿过大气湍流时，闪烁等效应会降低光链路质量。本次试验并未采用自适应光学装置或其他削弱大气闪烁影响的手段，反而还减小了光学地面站接收口径，当 LEO-地数据码速率为 5.625 Gbps 时，大多数时候下行零错误，上行误码率优于 10^{-5}。本次星-地光通信试验演示并验证了 BPSK 零差相干系统在大气传输中的优良性能。TESAT 公司准备在未来的光学地面站中采用自适应光学技术，这样即使在

低纬度地区也能获得良好的大气传输性能。

在 LCT 光通信终端研发过程中，为了验证分析相干激光在大气中的传播特性以及光发射机和光接收机的通信性能，2006 年，TESAT 公司和德国 DLR 利用岛间链路对 LCT 进行了性能测试——在拉帕尔玛（La Palma）和特内里费两岛之间进行了通信距离为 150 km、码速率为 5.625 Gbps 的地面光通信试验。试验结果表明，零差 BPSK 光通信技术在大气信道中具有很好的性能，在恶劣的天气中，即使大气闪烁效应很强时，系统仍能工作。

（五）TerraSAR-X 激光通信里程碑意义

美国 NFIRE 卫星和德国 TerraSAR-X 卫星使用德国 TESAT 公司研发的光通信终端进行了链路距离为 1 000～5 000 km、码速率为 5.625 Gbps 的 LEO-LEO 卫星间相干光通信试验，误码率优于 10^{-9}。这是世界上首次卫星间相干光通信试验，并且 5.625 GbpS 的数据传输速率也是公开报道的空间光通信中码速率最高的，这是空间光通信首次超越微波体现出其高速率优势。本次 LEO-LEO 星间试验难度非常大，如跟踪角度大、通信链路距离变化、有超前瞄准角、通信双方多普勒频移变化，试验的成功体现了光通信终端良好的捕获跟踪性能。此外，本次试验所用星载光通信终端仅包含一台独立设备，重约 35 kg，功耗为 120 W，体积为 0.5 m × 0.5 m × 0.5 m，真正实现了轻量、小型、低功耗和高集成度的设计目标。

NFIRE 卫星进行了 LEO-地相干光通信试验，这是世界上首次星-地相干光通信试验，码速率为 5.625 GbpS。试验中 LEO-地高速激光链路的成功建立，为星载相干激光技术在高分辨率对地数据传输系统中的应用提供了充分的理论与实践依据。

对于 TESAT 公司，其所获得的成功远远超越了这次试验本身，TESAT 公司的光通信终端技术得到了广泛的认可，并成为名噪一时的 CELESTRI、Teledesic、EDRS 等多个卫星系统的采购对象。TESAT 公司还研制了可满足匕五。

LEO、LEO-MEO、MEO-MEO 等不同轨道通信需求的一系列相干光通信终端，当误码率为 10^{-9} 时，终端码速率可达 10 Gbps（距离 6 000 km）、5 Gbps（距离 20 000 km）、2 Gbps（距离 45 000 km）、1 Gbps（距离 72 000 km）。

三、卫星相干光通信技术发展需求

相干光通信体制与 IM/DD 体制相比，接收灵敏度可提高 10～20 dB，从而具有一系列的巨大优势，20 多年来一直是卫星光通信极具潜力的前沿技术之一。近年来，由于星间相干光通信所需的窄线宽、高稳频激光器等基础元器件的发展，光学锁相环（Optical Phase-Locked Loop，OPLL）技术得以突破，而且由于卫星平台技术和捕获对准跟踪（Acquisition，Pointing and Tracking，APT）技术的发展，星间（特别是 LEO-LEO）相

干光通信的实际应用即将开始。

（一）星–地高速数据传输发展需求

卫星通信是我国军事和民用通信网络的重要组成部分。随着各种军事需求的发展，各种新技术不断被提出并被采用，卫星的种类越来越多，功能越来越强大，与其强大功能相对应的是其需要处理、传输的信息量急剧增加，对带宽的需求越来越宽，剧增的信息量已经对大容量信息的中继、转发和传输能力提出了很高的要求。高分辨率对地观测系统被列为《国家中长期科学与技术发展规划纲要（2006—2020）》的重大专项。由于高分辨率的天基系统具有全球观测的高空间分辨率、高光谱分辨率、高辐射分辨率、高时间分辨率的特性，星载传感器获取的观测数据量大，实时性要求高，需要的数据传输速率达到 10 Gbps。目前广泛采用的微波通信带宽难以满足高数据传输速率的需求。

（二）星间宽带链路发展需求

星间宽带光通信链路包括高轨静止卫星之间的链路（GEO-GEO，距离约 80 000 km）、低轨卫星和高轨卫星之间的链路（LEO-GEO，距离最长为 45 000 km）、高轨卫星与光学地面站之间的链路（GEO-OGS，距离约为 42 000 km）、低轨卫星之间的链路。随着信息化时代的快速发展，以信息的传输与交换为基础，以处理与应用为核心，以支持未来全空间军事与民用使命为目的的天地一体化信息网络，作为大型网络信息基础设施，将成为空间活动、经济建设和国防安全的发展趋势和必然要求。由于星间宽带激光链路具有宽带特性，可以基于星间激光宽带链路构建空间宽带骨干网络和移动星座。数据中继卫星系统是航天装备的重要组成部分之一。该系统利用静止轨道或高轨道卫星，通过对中低轨航天器（卫星、载人飞船等）和其他用户平台实施跟踪而完成高速数据转发和测控任务。它具有高轨道覆盖率、高实时性、高速率数据传输、多目标同时服务等能力，被视为信息获取类卫星的效能倍增器、空间信息共享的枢纽和高效的天基测控设施。

（三）深空探测发展的需求

深空探测是我国航天活动继发射人造卫星、载人航天之后的第三大领域。2004 年我国启动了月球探测工程，该工程是新时期启动的国家重大科技专项之一。随着深空探测技术的不断发展，我国还将陆续发展火星探测计划、“夸父”计划。与美国等国外发达国家相比，我国的深空探测起步较晚，但为了推动我国深空探测技术的发展，必须坚持高起点，瞄准当今国际深空探测技术前沿，充分利用国内外技术，攻克深空探测关键技术，争取早日达到国际先进水平。

随着人类开发外太空的范围越来越大，如何将深空探测遥感器获得的数据信息传送到地面成为国内外研究热点和重点之一。根据目前通信技术的发展状况，由于激光通信技术具有宽带宽、体积小、重量轻和功耗低的特点，在深空探测中具有重要的应用价值。美国在即将发射的火星探测器中，采用激光通信技术，将深空探测的数据信息传送到地面。

（四）未来发展技术储备的需要

随着美国、日本和欧洲等国家和地区在空间激光通信技术领域的飞速发展，我国对空间激光通信技术比较重视，并组织实施了一系列的空间激光通信技术研究项目。经过近 10 年的发展，我国在激光通信技术的单元关键技术、系统方案设计以及通信系统原理样机研制等方面具有很好的研究基础。

目前我国研究的空间激光通信系统主要是基于强度调制/直接探测通信体制的通信技术。对于该通信系统，国内完成了一类工程样机的研制，后续的工作是开展激光通信系统演示验证试验和立项工作。与强度调制/直接探测激光通信系统相比，相干探测激光通信系统在接收灵敏度、体积、重量和功耗等方面更具有优势，2008 年 3 月，德国成功建立了星间高码速率（5.6 Gbps）BPSK 零差激光通信链路，在空间激光通信技术发展史上具有里程碑式的重要意义。

（五）卫星光通信发展趋势

经过 30 多年的发展，卫星光通信系统的高精度捕获跟踪技术、高灵敏度相干接收、大功率发射等诸多关键技术已被攻克并得到在轨验证，相关光电元器件及模块的可靠性等性能也不断提高，这些都为卫星光通信技术的发展和应用奠定了坚实的基础。目前卫星光通信技术正走向工程应用。根据国内外空间通信技术发展需求，考虑卫星光通信技术特点，卫星光通信技术将向以下几个方面发展。

1. 数据传输速率从低速向高速发展

随着空间科学探测、高分辨率对地观测和宽带通信等技术的快速发展，未来的遥感卫星、通信卫星、中继卫星、天基信息系统、深空探测器以及载人飞船和空间站等对空间高速数据传输的需求日益迫切，这是空间光通信发展的重要驱动力。在空间光通信发展初期，主要以解决制约激光通信的快速捕获和高精度跟踪技术研究为主，所以早期建立的空间光通信链路最高数据传输速率仅 50 Mbps，并未充分体现出光通信的高速率优势。随着星间捕获跟踪控制技术的突破，空间光通信的研究内容转向了提高系统的通信性能，尤其是提高数据传输速率。

2008 年，德国 TerraSAR-X 卫星与美国 NFIRE 卫星成功开展了数据传输速率高达 5.625 Gbps 的双向光通信试验，这是至今为止数据传输速率最高的一次空间光通信试验，该试验充分体现了光通信的高速率优势。随后美国开展了最高数据传输速率达 2.88 Gbps 的 GEO-OGS 高速双向光通信试验，欧洲开展了 1.8 Gbps 数据传输速率的星间（LEO-GEO）光通信试验，日本正在为其下一代数据中继卫星系统研制具有 2.5 Gbps 通信能力的光通信终端，我国也正在研发数据传输速率在 Gbps 量级的光通信终端。由此可以看出，将空间光通信数据传输速率提高到 Gbps 级以上已成为各国下一代卫星光

通信发展目标之一。

2. 通信体制从IM/DD体制向相干体制转变

随着卫星光通信的发展，远距离、高速率通信需求增加，但目前卫星平台的承载能力有限，卫星光通信终端的体积、重量和功耗（Size Weight and Power，SWaP）严格受限，如何有效地解决传输距离、数据传输速率和终端的SWaP之间的矛盾，成为空间光通信技术能否真正实用化的关键因素。在相同码速率和误码率条件下，采用相干体制较经典的IM/DD体制能给通信系统带来更高的探测灵敏度，可有效降低整个系统的体积、重量和功耗，这也成为解决上述矛盾的一个有效途径。不仅如此，相干光通信系统具有极强的波长选择性，具有能以频分复用方式实现更高数据传输速率的潜在优势；波长选择性还大大增强了相干光通信系统对背景光干扰的抑制能力，使其能在（近）太阳视场工作。正因为卫星光通信具有以上诸多优点，相干体制成为远距离、大容量、高数据传输速率通信的首选方案。可以预见，相干体制将成为未来近地空间远距离、高数据传输速率光通信实现的重要体制。

3. 卫星光通信终端向小型化、轻量化和低功耗方向发展

由于空间任务的发射成本很高，要求卫星光通信终端不仅寿命长，而且对其体积、重量和功耗要求苛刻。卫星光通信终端的小型化、轻量化和低功耗将成为空间光通信发展必须重视和解决的问题。欧洲和日本对卫星光通信终端的小型化、轻量化和低功耗非常重视，专门制定了多项计划对此加以研究。ESA 通过 SOUT、ARTES-4 等计划，在其第一代卫星光通信终端 SILEX 的基础上，通过采用新型元器件、新的通信体制以及微系统的设计理念，研发了 SOUT、VSOUT、SROIL 等第二代卫星光通信终端。ESA 的第二代卫星光通信终端无论在天线口径，还是在终端体积和重量方面都有明显改善，朝小型化、轻量化方向迈出了一大步。瑞士 Oerlikon-Contraves 公司也在积极从事该方面研究，其研发的 OPTEL 光通信终端系列也达到了小型化、轻量化和低功耗要求。日本针对 50 kg 量级的微卫星专门开发了小型激光通信终端，终端仅重 5.3 kg，功耗仅22.8 W。随着光通信相关元器件技术进步、新的通信体制以及新的系统设计理念的采用，卫星光通信终端的体积、重量和功耗将会进一步减小。

4. 卫星光通信从单链路向网络化发展

随着卫星光通信链路的工程应用，将卫星光通信技术应用于空间宽带网络成为卫星光通信技术发展的必然趋势。目前国外正在构建基于卫星激光链路的空间宽带网络，以满足人们不断增长的大容量信息的需求。与卫星微波通信网络相比，卫星光通信网络具有保密性、宽带性、抗干扰性，具有重要的应用前景。激光通信链路波束窄，主要用于星间骨干链路，可以和卫星微波通信网络相结合，最终构建空天地一体化立体网络。

四、相干光探测基本原理

（一）相干光探测

1. 相干光接收机系统

相干光接收机系统的作用是实现接收光场和本地光场的空间相干，获得相干信号，实现相干光探测。相干光接收机系统的基本组成如图 6-13 所示，用反射镜进行空间光场调准。接收光场通过接收机透镜入射到光电探测器表面，本地光场产生的本振光场通过接收机反射镜反射，与接收光场在光电探测器表面上形成合成场。合成场经光电探测器探测后，获得相干光信号（零差或外差信号）。

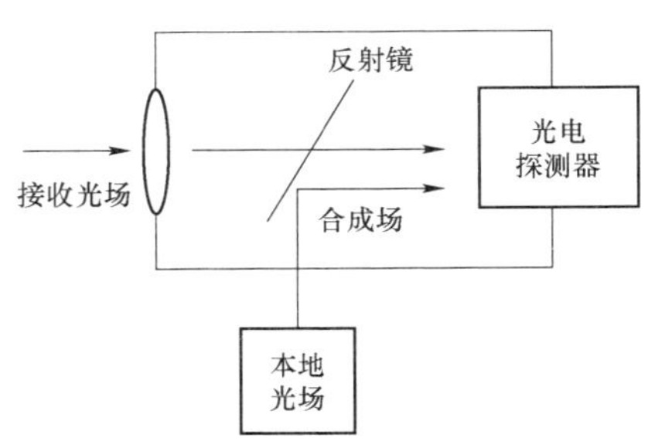

图 6-13 相干光接收机系统的基本组成

接收光场 $a_R(t)$ 和本振光场 $a_L(t)$ 实现空间相干要求：

（1） $a_R(t)$ 和 $a_L(t)$ 是空间相干光源；

（2） 系统将 $a_R(t)$ 和 $a_L(t)$ 进行空间调准、匹配，以使在光敏面上的衍射图形重合；

（3） 在探测器光敏面上产生差 $\omega_1-\omega_2=\omega_{12}=\omega_{IF}$ 的中频信号，其中 ω_1、ω_2 分别是接收光场和本振光场的频率；

（4） 探测器响应于合成场的光强，频率为叫 ω_{IF} 或 ω_{12}。

探测器输出的光电流与入射光强 I 或光功率 P 成正比，作为一种特殊情况，不难证明由光电场：

$$a(t)=a_R\cos(\omega_1 t+\varphi_1)+a_L\cos(\omega_2 t+\varphi_2)$$

所引起的光电探测器输出光电流为：

$$I_D\propto a_R^2+a_L^2+2a_Ra_L\cos[(\omega_2-\omega_1)t+(\varphi_2-\varphi_1)]$$

即光电流中包含有直流项和差频（拍频）项，差频项包含了 $a_R(t)$ 和 $a_L(t)$ 的全部信息，这就是实现相干光探测的依据。

2. 空间相干光合成场

（1） 接收光场

设接收光场为单色平面波，垂直入射到探测器表面，并进行单模接收。我们把接收场写为：

$$f_R(t)=Re[a_R(t)e^{i\omega_1 t}],r\in A_r$$

式中，$a_R(t)$ 为复数接收光场包络；ω_1 为接收光频；A_r 为接收天线的面积。

总的接收场是在同一空间模内，由发射信号场和背景噪声场之和组成。因此，接收

光场的包络可展开为

$$a_R(t)=S(t)+b(t)$$

式中，$S(t)$ 为信号包络；$b(t)$ 为噪声包络。

调制信号 $d(t)$ 按需要调制在光场 $a_R(t)$ 上。

（2）本振光场

设本振光场为单色平面波，垂直入射到探测器表面，与接收光场具有同一偏振状态，且仍为单模接收。我们把该平面波写为：

$$f_L(t)=Re[a_L(t)e^{i\omega_2 t}],r\in A_r$$

式中，$a_L(t)$ 为复数本振光场包络；w2 为本振光频；A，.为接收天线的面积。

（3）合成光场

$f_R(t)$ 和 $f_L(t)$ 经过透镜系统，进行空间调整，在探测器表面（光敏面）A 进行光场空间相干（衍射图重合），得到合成光场 $f(t)$ 为：

$$f(t)=f_R(t)+f_L(t)=Re\{[|a_R(t)|\exp(i\omega_1 t+i\theta_R(t))]+[|a_L(t)|\exp(i\omega_2 t+i\theta_L(t))]\}$$

式中，$\theta_R(t)$ 为信号光场的初相；$\theta_L(t)$ 为本振光场的初相（不是时间函数），也可写成 θ_L；$a_L(t)$ 为本振光场振幅，是恒定的，也可写 a_L。

（4）合成光场强度的探测

合成光场强度的探测过程是一个强度响应过程，其合成光场强度为

$$I(t)=|f(t)|^2=|a_R(t)|^2+|a_L(t)|^2+2|a_R(t)||a_L|\bullet\cos[(\omega_2-\omega_1)t+\theta_R(t)-\theta_L]$$

式中，$|a_R(t)|^2$ 为接收光场强度，对应的计数强度为 $n_R(t)$；$|a_L(t)|^2$ 为本振光场强度，对应的计数强度为 $n_L(t)$；$|a_R(t)||a_L|$ 为交叉作用场强度，对应的计数强度为 $n_{RL}(t)$。

则合成光场计数强度为：

$$n(t)=n_R(t)+n_L(t)+n_{RL}(t)$$

根据泊松散粒噪声计算规则：

$$n_R(t)=\alpha\int A_r|a_R(t)|^2\,\mathrm{d}s=\alpha A_r|a_R(t)|^2$$

$$n_L(t)=\alpha\int A_r|a_L|^2\,\mathrm{d}s=\alpha A_r|a_L|^2$$

$$n_{RL}(t)=\alpha\int A_r 2|a_L||a_R(t)|\cos(\omega_{12}t+\theta_R(t))\mathrm{d}s=2\alpha A_r|a_L||a_R(t)|\cos(\omega_{12}t+\theta_R(t)-\theta_L)$$

式中：$\omega_{12}=\omega_1-\omega_2$

从上述公式可以看出，$n_R(t)\propto|a_R(t)|^2$，$n_L(t)\propto|a_L(t)|^2$，$n_{RL}(t)$ 正比于接收光场与本振光场交叉作用（差拍效应）场的计数强度，即

$$n_{RL}(t)\propto|a_L||a_R(t)|\cos(\omega_{12}t+\theta_R(t)-\theta_L)$$

可见，$n_{RL}(t)$ 的振幅正比于 $a_R(t)$，其相位与 $\theta_R(t)$ 呈线性关系，它直接保存了接收

光场信息。所以采用信号光场的 AM、FM 或 PM 调制方式，对于强度响应过程的光电探测器，只有采用相干光探测，才能保证光电转换过程是一个线性化过程。

在远距离通信系统中，通常 $|a_R(t)|^2 \ll |a_L(t)|^2$，故：

$$n(t) \approx n_L(t) + n_{RL}(t)$$

$$I(t) = |a_L|^2 + 2|a_L||a_R(t)|\cos(\omega_{12}t + \theta_R(t) - \theta_L)$$

在相干光探测中要求本振光场振幅 $|a_L(t)|$ 恒定，相位 θ_L 恒定。a_L 不稳定所带来的随机变化，将直接影响 $n(t)$ 随机变化，对相干光接收引入噪声。θ_L 不稳定使交叉项中 $\theta_R(t) - \theta_L$ 产生无规则变化，影响采用 FM 和 PM 调制方式的相干光接收系统的信号，同时也会使系统产生附加噪声。因此，相干光接收必须要对本振光场采用“稳频”措施。另外，差拍频率 $\omega_{12} = \omega_1 - \omega_2$ 也必须要求稳定，可以采取 ω_1 稳定或本振光场光频 ω_2 对 ω_1 的跟踪技术。

通常 ω_{12}（又称中频，或用表示）大约为几十兆，而 ω_1、ω_2 则在光频范围 $10^{13} \sim 10^{16}$ Hz，ω_1 和 ω_2 任何小的漂移都导致 ω_{12} 的很大变化，致使系统不能正常工作。必须注意的是，相干光探测能大大提高灵敏度，它主要是依据本振光场、对交叉项的计数强度贡献，特别当 $a_R(t)$ 很弱时更为明显。但相干光系统的实现却比直接探测复杂得多。

（二）功率谱密度

探测器对合成光场的响应仍是一个散粒噪声过程，其相应的功率谱密度为：

$$S_X(\omega) = |H(\omega)|^2 [\overline{E[n]} + S_n(\omega)]$$

下面就强本振光场情况进行讨论。此时，计数强度 $n(t)$ 为

$$n(t) = n_L(t) + n_{RL}(t)$$

则：

$$S_n(\omega) = S_L(\omega) + S_{RL}(\omega)$$

式中，$S_L(\omega)$ 和 $S_{RL}(\omega)$ 分别为本振光场频谱和接收光场与本振光场交叉作用场频谱。

因为 $|a_L| \gg |a_R(t)|$，则 $n(t) \approx \alpha A_r |a_L|^2 = \alpha P_L$，因此，

$$\overline{E[n]} = \alpha P_L$$

式中，$P_L = A_r |a_L|^2$，为本振光场功率。那么，$S_L(\omega)$ 为

$$S_L(\omega) = \alpha^2 P_L^2 2\pi\delta(\omega)$$

下面着重计算 $S_{RL}(\omega)$。$S_{RL}(\omega)$ 为相关函数 $R_{RL}(\tau)$ 的傅里叶变换式，而 $R_{RL}(\tau)$ 为

$$\begin{aligned} R_{RL}(\tau) &= E[n_{RL}(t)n_{RL}(t+\tau)] \\ &= E[2\alpha A_r |a_L||a_R(t)|\cos(\omega_{12}t + \theta_R(t) - \theta_L)] \bullet \\ &\quad [2\alpha A_r |a_L||a_R(t+\tau)|\cos(\omega_{12}(t+\tau) + \theta_R(t+\tau) - \theta_L)] \\ &= 4\alpha^2 A_r^2 |a_L|^2 E[a_R(t)a_R(t+\tau) \bullet \cos(\omega_{12}t + \theta_R(t) - \theta_L) \bullet \\ &\quad \cos(\omega_{12}(t+\tau) + \theta_R(t+\tau) - \theta_L)] = 4\alpha^2 P_L A_r R_m(\tau) \end{aligned}$$

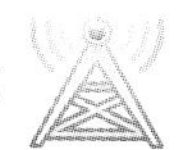

式中，$R_m(\tau)$ 为信号 $m(t)$ 的相关函数。

设 $m(t)$ 为

$$m(t)=|a_R(t)|\cos(\omega_{12}t+\theta_R(t)-\theta_L)$$

则

$$S_{RL}(\omega)=4\alpha^2 P_L A_r S_m(\omega)$$

式中，$S_m(\omega)$ 为信号 $m(t)$ 的功率谱密度。

根据 $a_R(t)=S(t)+b(t)$，则有 $S_R(\omega)=S_s(\omega)+S_b(\omega)$，其中 $S_s(\omega)$ 和 $S_b(\omega)$ 分别为信号场 $S(t)$ 和噪声场 $b(t)$ 的频谱密度，因为 $a_R(t)=|a_R(t)|cos\omega_1 t$，可以看到，$m(t)$ 相当于 $a_R(t)$ 作了一次频率搬迁，即从 ω_1 到 ω_{12}，则根据频率搬迁原理，若知 $a_R(t)$ 的功率谱密度为 $S_R(\omega)$，则 $m(t)$ 的功率谱密度为：

$$S_m(\omega)=\frac{1}{4}[S_s(\omega-\omega_{12})+S_s(-\omega-\omega_{12})]$$

考虑到 $a_R(t)$ 为信号场和噪声场之和，则上式可以改写为：

$$S_m(\omega)=\frac{1}{4}[S_s(\omega-\omega_{12})+S_s(-\omega-\omega_{12})]+\frac{1}{4}[S_b(\omega-\omega_{12})+S_b(-\omega-\omega_{12})]$$

式中，右边第一项表示信号与本振光场相干的功率谱密度，第二项表示噪声与本振光场外的功率谱密度。

最终得到 $S_X(\omega)$ 为：

$$S_X(\omega)=|H(\omega)|^2\left\{\alpha P_L+(\alpha P_L)^2 2\pi\delta(\omega)+4\alpha^2 A_r P_L\bullet\frac{1}{4}[S_s(\omega-\omega_{12})+S_s(-\omega-\omega_{12})]\right.$$
$$\left.+\frac{1}{4}[S_b(\omega-\omega_{12})+S_b(-\omega-\omega_{12})]\right\}$$

在 ω_{12} 附近的频谱分别由三部分组成：① 电平为 aPL 的散粒噪声；② 频谱为 $(\alpha^2 A_r P_L)\,S_b(\omega-\omega_{12})$ 的背景噪声；③ 频谱为 $(\alpha^2 A_r P_L)\,S_s(\omega-\omega_{12})$ 的信号。

（三）相干光探测的信噪比

设探测器后加上一个变换函数为 $F(\omega)$ 的线性滤波器，其 $F(\omega)$ 可写作：

$$F(\omega)=\begin{cases}1,|B|\leqslant B_S\\0,\text{其他}\end{cases}$$

由前面的讨论可知，输出响应功率谱密度为

$$S_y(\omega)=|F(\omega)|^2[S_X(\omega)+N_{OC}]$$

由 $S_X(\omega)$ 频谱可知 $S_y(\omega)$ 包含：① 信号频谱项 $e^2\alpha^2 A_r P_L S_b(\omega-\omega_{12})$；② 噪声频谱，包括背景噪声项 $e^2\alpha^2 A_r P_L S_b(\omega-\omega_{12})$、线路热噪声项 N_{OC}、散粒噪声项 $e^2\alpha P_L$。则信号功率为：

$$P_{SO}=\frac{1}{2\pi}\int_{-\infty}^{\infty}S_y(\omega)\,\mathrm{d}\omega=\frac{1}{2\pi}\int_{-\infty}^{\infty}\left|F(\omega)\right|^2e^2\alpha^2A_rP_L[S_s(\omega-\omega_{12})+S_s(-\omega-\omega_{12})]\,\mathrm{d}\omega$$

$$=\frac{e^2\alpha^2A_rP_LS_b}{2\pi}\int_{-2\pi B_S}^{2\pi B_S}[S_s(\omega-\omega_{12})+S_s(-\omega-\omega_{12})]\,\mathrm{d}\omega=2e^2\alpha^2P_LP_S'$$

式中，$P_S=I_SA_r$；I_S为光强。

噪声功率由三部分组成，即

$$P_{no}=P_{nb}+P_{nc}+P_{nL}$$

$$P_{nb}=\frac{1}{2\pi}\int_{-\infty}^{\infty}\left|F(\omega)\right|^2e^2\alpha^2A_rP_L\left[S_s(\omega-\omega_{12})+S_s(-\omega-\omega_{12})\right]d\omega$$

$$=\frac{e^2\alpha^2A_rP_LS_b}{2\pi}\int_{-2\pi B_S}^{2\pi B_S}\left[S_s(\omega-\omega_{12})+S_s(-\omega-\omega_{12})\right]d\omega$$

若背景噪声频谱对所有ω有：$S_b(\omega)=S_b$为恒定的白色频谱，$N_{ob}=S_bA_r$，则：

$$P_{nb}=e^2\alpha^2A_rP_L(2S_b)2B_S=2e^2\alpha^2P_LN_{ob}2B_S$$

$$P_{nc}=\frac{1}{2\pi}\int_{-\infty}^{\infty}\left|F(\omega)\right|^2N_{oc}d\omega=\frac{1}{2\pi}\int_{-2\pi B_S}^{2\pi B_S}N_{oc}\mathrm{d}\omega=N_{oc}2B_S$$

$$P_{nL}=\frac{1}{2\pi}\int_{-\infty}^{\infty}\left|F(\omega)\right|^2e^2\alpha^2P_Ld\omega=\frac{1}{2\pi}\int_{-2\pi B_S}^{2\pi B_S}e^2\alpha P_L\mathrm{d}\omega=e^2\alpha P_L2B_S$$

那么，噪声功率和信噪比分别为：

$$P_{no}=(2e^2\alpha^2P_LN_{ob}+N_{oc}+e^2\alpha P_L)\,2B_S$$

$$SNR_p=\frac{P_{so}}{P_{no}}=\frac{2e^2\alpha^2P_LP_S}{(2e^2\alpha^2P_LN_{ob}+N_{oc}+e^2\alpha P_L)\,2B_S}=\frac{2\alpha P_S/2B_S}{1+2\alpha N_{ob}+N_{oc}/e^2\alpha P_L}$$

上式表示工作于单模、带宽为B_S的一个理想相干光接收机的信噪比。

（四）噪声等效功率

根据前面对SNR_p的讨论，可以得到散粒噪声极限、量子极限和热噪声极限条件下相干光探测接收机的噪声等效功率分别为：

$$\begin{cases}(NEP)_s=\dfrac{(1+2\alpha N_{ob})}{\alpha}\\[2mm](NEP)_Q=\dfrac{hv}{\eta}\\[2mm](NEP)_T=2N_{ob}\end{cases}$$

五、相干光探测空间条件和频率条件

（一）调准及场匹配问题

在前面章节里所考虑的是理想化的相干工作情况，在此情况下，接收光场和本振光

场都被完善调准，而在焦平面内每种光场产生相同的衍射图形。实际上是不容易达到这种理想情况的，会产生空间相干不完全，使相干效率降低。

如何有效提高空间相干效率，将成为系统设计、调测和使用中的重要问题。

1. 两平面波失调效应

设信号光场和本振光场为平面波，二者在探测器光敏面（焦平面）上衍射图形不重合。设信号光场 $a_R(t)$ 垂直入射到探测器光敏面上，而本振光场 $a_L(t)$ 不是垂直入射，其波阵面与探测器光敏面有一空间夹角 φ，即信号光与本振光波前存在一个失配角 φ。此时有：

$$\begin{cases} S(t)=|a_R(t)|\cos(\omega_1 t+\theta_R(t)) \\ L(t)=|a_L(t)|\cos(\omega_2 t+\theta_L-\varphi) \end{cases}$$

式中，θ_L 和 $\theta_R(t)$ 分别为本振光场和信号光场的初相；φ 为由于 $a_L(t)$ 不垂直入射探测器表面而产生空间不同步的相差：

$$\varphi=\frac{\omega_2}{C}y\sin\theta$$

则：

$$\begin{cases} L(t)=|a_L(t)|\cos(\omega_2 t+\theta_L-\varphi) \\ n_{RL}(t)=2\alpha|a_L||a_R(t)|\int_A\left[\cos(\omega_{12}t+\theta_R(t)-\theta_L)+\frac{\omega_2}{C}y\sin\theta\right]\mathrm{d}x\mathrm{d}y \end{cases}$$

为了讨论方便，假设：① 接收天线系统透镜为方形，其空间相干面积 $A_r=dxdy$；② 相干场在 dx 方向分布均匀不变，只在 dy 方向分布变化，则

$$n_{RL}(t)=2\alpha|a_L||a_R(t)|\Delta x\int_0^{\Delta x}[\cos(\omega_{12}t+\theta_R(t)-\theta_L+\varphi)]\,\mathrm{d}y$$

当 $\varphi\to 0$ 时，$\sin\varphi\to 0$，则上式又变成

$$\begin{aligned} n_{RL}(t)&=2\alpha|a_L||a_R(t)|\Delta x\int_0^{\Delta x}\left[\cos\left(\omega_{12}t+\theta_R(t)-\theta_L\right)\right]\cos\varphi\mathrm{d}y \\ &=2\alpha|a_L||a_R(t)|\Delta x\frac{\sin\left(\frac{\omega_2}{\mathrm{C}}\Delta x\sin\theta\Delta x\right)}{\frac{\omega_2}{\mathrm{C}}\sin\theta}\int_0^{\Delta x}\left[\cos\left(\omega_{12}t+\theta_R(t)-\theta_L\right)\right]\cos\varphi\mathrm{d}y \\ &=2\alpha|a_L||a_R(t)|\Delta x\left[\frac{\sin\left(\frac{\omega_2}{\mathrm{C}}\Delta x\sin\theta\Delta x\right)}{\frac{\omega_2}{\mathrm{C}}\sin\theta}\frac{\Delta x}{\Delta x}\right]\int_0^{\Delta x}\left[\cos\left(\omega_{12}t+\theta_R(t)-\theta_L\right)\right]\cos\varphi\mathrm{d}y \\ &=2\alpha|a_L||a_R(t)|\Delta x\Delta y\cos(\omega_{12}t+\theta_R(t)-\theta_L)\cdot\frac{\sin Z}{Z} \end{aligned}$$

式中：

$$Z=\frac{\omega_2}{C}\sin\theta \bullet \Delta x$$

$\frac{\sin Z}{Z}=\frac{\sin\left(\frac{\omega_2}{C}\sin\theta \bullet \Delta x\right)}{\frac{\omega_2}{C}\sin\theta \mathrm{d}\Delta x}$是由于本振光场有一倾角而引入的修正系数。当$\theta=0$时，$\lim\limits_{\theta\to 0}\frac{\sin Z}{Z}=1$，则合成场计数强度为：

$$n_{RL}(t)=2\alpha|a_L||a_R(t)|\Delta x\Delta y\cos(\omega_{12}t+\theta_R(t)-\theta_L)$$

这就是调准后的相干光探测计数强度。当θ增大时，$\frac{\sin Z}{Z}$变小，使得$n_{RL}(t)$减小，从而降低信噪比SNR_p，甚至可以完全不满足空间相干条件，没有相干信号$SNR_p\to 0$，令$\frac{\sin Z}{Z}=0.9$，即合成场计数强度下降了10%，此时对应的Z =0.8 rad。根据上式，有

$$\sin\theta=\frac{ZC}{\Delta x\omega_2}=\frac{0.8}{2\pi}=\frac{\lambda}{\Delta x}$$

从上式可以看出，对于同一修正值，波长A增加，$\sin\theta$也增加，相应θ值也变大，即长波达到同样相干效率较短波容易。例如，λ= 10.6 μm和1.06 μm波长相差一个量级，所对应θ角相差较大，即10.6 μm波长更易实现相干。另外，Δx变大，θ值减小，即探测器尺寸越大，则越不易调准。

2. 调准问题的衍射图形讨论

本节从衍射图形出发，讨论相干场的调准问题。前面所考虑的是理想化的相干工作情况。在这种情况下，信号光场和本振光场均假定为平面波，相同偏振，垂直入射到探测器光敏面，且以单模接收，即两个光场完全调准，在焦平面内每种光场产生相同的衍射图形。此时，可达到最大相干效率。然而，实际相干系统达到这种理想情况是极其困难的，这种失调使相干效率降低（引起本振光场畸变），必须予以考虑，并在系统设计中使其尽量减小。接下来从衍射图形出发，来讨论场调准问题。

（1）本振光场不垂直入射探测器光敏面

设信号光场轴垂直于探测器光敏面入射，本振光场不垂直入射，并假定接收机孔径为圆形，其直径为d，信号光场经光学系统后在探测器表面上的光场$f_{dR}(t,u,v)$为

$$f_{dR}(t,u,v)=\frac{\exp\left[j\frac{\pi}{\lambda f_c}(u^2+v^2)\right]}{j\lambda f_c}\bullet\int_{A_r}f_r(t,x,y)\exp\left[-\mathrm{j}\frac{2\pi}{\lambda f_c}(xu+yv)\right]\mathrm{d}x\mathrm{d}y$$

式中，$f_r(t,x,y)=a_R(t)\,e^{\mathrm{j}\omega_1 t}$；$x,y$为接收孔径处坐标；$u,v$为探测器处的坐标；$f_c$为透镜系统焦距。表示本振光场衍射图偏离中心的位置。

$$|f_{dR}(t,u,v)|=|a_R(t)|\frac{d^2}{\lambda f_c}\left|\frac{\sin\frac{\pi u}{\lambda f_c}}{\frac{\pi u}{\lambda f_c}d}\right|\cdot\left|\frac{\sin\frac{\pi v}{\lambda f_c}d}{\frac{\pi v}{\lambda f_c}d}\right|=|a_R(t)|\varphi_{oR}(u,v)$$

式中，$\varphi_{oR}(u,v)$ 为表征空间效应的“模态函数”。信号光场在探测器表面位置形成衍射光斑。

设本振光场在接收孔径处有一偏角，分别与光轴有夹角 θ_x、θ_y，则探测器表面本振光场 $f_{dL}(t,u,v)$ 为

$$f_{dL}(t,u,v)=a_L e^{\mathrm{j}\omega_2 t}\bullet e^{-\mathrm{j}Zr}=a_L e^{\mathrm{j}\omega_2 t}\bullet\exp\left[-\mathrm{j}\frac{2\pi}{\lambda_2}(x\sin\theta_x+y\sin\theta_y)\right]$$

$$|f_{dL}(t,u,v)|=\frac{a_L}{\lambda_2 f_c}\left|F_r\left(t,\frac{2\pi}{\lambda_2 f_c}(u-u_x)\frac{2\pi}{\lambda f_c}(v-v_y)\right)\right|$$

式中，$u_x=f_c\sin\theta_x$，$u_y=f_c\sin\theta_y$ 表示本振光场衍射图偏离中心的位置。

应用模态函数 $\varphi_{oL}(u-u_x,u-u_y)$，则

$$|f_{dL}(t,u,v)|=|a_L|\varphi_{oL}(u-u_x,u-u_y)$$

知道了信号光场和本振光场，就可以直接写出合成场计数强度：

$$n_{RL}(t)=2\alpha|a_L|m(t)\mathrm{Re}\left[\int_A\varphi_{oL}(u-u_x,u-u_y)\,\varphi_{oR}(u,v)\,\mathrm{d}u\mathrm{d}v\right]$$

式中，$m(t)=a_R(t)\cos(\omega_{12}t+\theta_R(t)-\theta_L)$，利用傅里叶光学变换得

$$n_{RL}(t)=2\alpha|a_L|m(t)A_r\left(\frac{\sin\varphi_u}{\varphi_u}\right)\left(\frac{\sin\varphi_v}{\varphi_v}\right)$$

式中，

$$\begin{cases}\varphi_u\triangleq u_x=f_c\sin\theta_x=\dfrac{\pi d}{\lambda_2}\sin\theta_x\\[2ex]\varphi_v\triangleq u_y=f_c\sin\theta_y=\dfrac{\pi d}{\lambda_2}\sin\theta_y\end{cases}$$

上式中，$a_R(t)$ 衍射图形中心与探测器光敏面中心重合，a_L 衍射图形中心与探测器光敏面中心有一偏离 (u_x,u_y)，所形成合成场的计数强度为理想相干计数强度加一修正系数，即

$$n_{RL}(t)=[n_{RL}(t)]\left(\frac{\sin\varphi_u}{\varphi_u}\bullet\frac{\sin\varphi_v}{\varphi_v}\right)$$

可以看到，对于长波相干系统，同样偏离情况，所引起的修正系统对相干效率的影响较小。

（2）信号光场与本振光场均不垂直于探测器光敏面

设 $a_R(t)$ 和 $a_L(t)$ 均不垂入射探测器光敏面，根据上述讨论可以写出在探测器表面两场的表达式：

$$\begin{cases}\left|f_{dR}(t,u,v)\right|=\left|a_R(t)\right|\varphi_{oR}(u-u_R,v-v_y)\\ \left|f_{dL}(t,u,v)\right|=\left|a_L\right|\varphi_{oL}(u-u_L,v-v_L)\end{cases}$$

设探测器开口为圆形，直径为 d，则上式中，

$$\begin{cases}u_R=\dfrac{\pi d}{\lambda_1}\sin\varphi_{uR}\\ v_R=\dfrac{\pi d}{\lambda_1}\sin\varphi_{vR}\\ u_L=\dfrac{\pi d}{\lambda_2}\sin\varphi_{uR}\\ v_L=\dfrac{\pi d}{\lambda_2}\sin\varphi_{vR}\end{cases}$$

式中，u_R 和 v_R 表示信号光场衍射图形相对探测器光敏面中心的偏角；u_L 和 v_L 表示本振光场的偏离。

合成场的计数强度为

$$\begin{aligned}n_{RL}(t)&=2\alpha\left|a_L\right|m(t)\mathrm{Re}\left[\mathrm{A_r}\varphi^{*}_{\mathrm{oR}}(u-u_R,v-v_R)\,\varphi_{oL}(u-u_L,v-v_L)\,\mathrm{d}u\mathrm{d}v\right]\\&=2\alpha\left|a_L\right|m(t)A_r\left(\frac{sin\varphi_u}{\varphi_u}\right)\left(\frac{sin\varphi_v}{\varphi_v}\right)\end{aligned}$$

式中，$\varphi_u\triangleq u_R-u_L$，$\varphi_v\triangleq v_R-v_L$。

当有一偏角时，$\dfrac{\sin\varphi}{\varphi}$ 是小于 1 的，因此，此时的计数强度小于理想相干的计数强度。通常 φ 较小，则 $\varphi\approx\sin\varphi=\dfrac{\lambda}{\pi d}$，在同一修正情况下，波长 λ 增大，即长波相干系统允许的偏离角可以大些；如开口直径 d 增大，φ 减小，即表明大的探测器尺寸允许偏离角反而小些。在长波范围并选择小的探测器面积，较容易实现相干。

（3）用聚焦透镜降低空间调准的要求

为降低相干光探测对空间调准条件的要求，一种行之有效的方法是采用聚焦光束相干结构。这种结构在本质上相当于把具有不同传播方向的信号光束集中在一起，理论分析证明，如果用聚焦透镜把信号光束聚焦到衍射限，那么这时的失配角可由系统的视场角 θ_R 来决定。本振光束被发散，以便使本振光束均匀地覆盖光探测器的光敏面。在这种结构中，视场角 θ_R 为

$$\theta_R=\frac{d_p}{f}$$

式中，f 为透镜的焦距；d_p 为光探测器光敏面直径。

这样一来，可通过增大透镜孔径从而增大有效孔径但是，透镜孔径与衍射光斑直径 d_D 有关，因而 d_R 的增大受到限制。对于理想光学系统，衍射限光斑直径 d_D 为

$$d_D = \frac{2.44\lambda f}{d_R}$$

而有效孔径 d_{eff} 为：

$$d_{\text{eff}} = \left(\frac{d_D}{d_p}\right) d_R$$

所以

$$d_{\text{eff}} \cdot \theta_R = \left(\frac{d_D}{d_p}\right) d_R \frac{d_D}{f} = \frac{d_R d_D}{f} 2.44\lambda$$

由此求得

$$\theta_R = \frac{2.44\lambda}{d_{\text{eff}}} = 2.44\lambda \frac{d_p}{d_R d_D}$$

下面用具体数字示例说明聚焦透镜的作用。设 $\lambda = 10^{-4}$cm，$d = 1.0$ mm，可得

$$\theta \leqslant \frac{\lambda_s}{4d} = \frac{10^{-4}}{4 \times 0.1} = 2.4 \times 10^{-4}\ \text{rad}$$

如果采用会聚透镜，其孔径 $d_R = 10$ cm（在相干光探测系统中，作为接收天线的会聚透镜，这个透镜的孔径值具有代表性），并取 $f = 100$ cm，则衍射限光斑直径 2.44×10^{-3} cm。将这些数值代入式，求得 $\theta_R = 10^{-3}$rad。

它比未加聚焦透镜时失配角放宽了约 4 倍。这对相干光探测的实际应用来说是十分重要的，因为这意味着相干光探测系统接收光学天线的瞄准精度可以低得多。

（二）相干光探测的频率条件

相干光探测除了要求信号光和本振光必须保持空间准直以外，还要求两者具有高度的单色性和频率稳定度。从物理光学的观点来看，相干光探测（或相干探测）是两束光波叠加后产生干涉的结果。显然，这种干涉取决于信号光和本振光的单色性。所谓光的单色性是指只包含一种频率或光谱线极窄的光。激光的重要特点之一就是具有高度的单色性。从激光原理知道，由于原子激发态总有一定的能级宽度以及其他的原因，激光谱线总有一定的宽度$\Delta\nu$，即$\Delta\nu$ 不可能为零。

一般来说，$\Delta\nu$ 越窄，光的单色性就越好。为了获得单色性好的激光，激光器必须单纵模（单频）运转。采用短腔或其他选模技术可使激光器工作于单纵模。在半导体激光器中，分布反馈激光器和分布布喇格反射激光器具有稳定的单纵模输出。前者在激光技术相关课程中已有详细讨论，后者又超出了本书的范围，故这里不再讨论。

信号光和本振光的频率漂移如不能限制在一定范围内，则相干光探测系统的性能就会变坏。这是因为，如果信号光频率和本振光频率相对漂移很大，两者频率之差就有可能大大超过中频带宽，因此光探测器之后的前置放大、中频放大电路对中频信号不能正常地加以放大。所以，在相干光探测中，需要采取专门措施稳定信号光和本振光的频率。这也是将相干光探测方法比直接探测方法更为复杂的一个重要原因，在光频波段很难达到这种频率的稳定度要求。

六、卫星相干光通信系统

（一）系统组成

卫星相干光通信系统主要由一对光通信终端组成。卫星相干光通信终端是光、机、电以及卫星平台技术的综合体。从功能上划分，卫星相干光通信终端主要包括通信子系统（含调制/解调分机和激光光源模块）、捕获跟踪控制子系统（含跟瞄机构和跟瞄控制单元）、光学天线子系统和接口子系统等部分（图 6-14）。

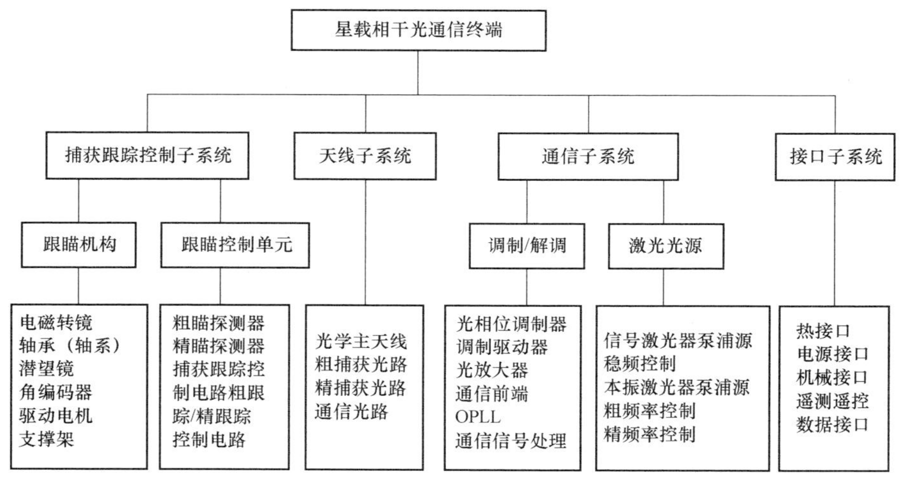

图 6-14　星载相干光通信终端组成

通信子系统主要由光相位调制器、调制驱动器、光放大器、通信前端（90° 光混频移相器、探测器）、光锁相环和通信信号处理等部分组成，主要完成高码率的电信号调制与驱动、光信号发射、高灵敏度的微弱光信号检测、接收与基带信号的再生等功能。光学天线子系统主要包括光学主天线、粗捕获光路、精捕获光路和通信光路，主要完成光信号的准直、发射、接收、相干混频等功能。跟瞄机构主要包括电磁转镜、轴承（轴系）、潜望镜、角编码器、驱动电机、支撑架。捕获跟踪控制子系统主要包括粗瞄探测器、精瞄探测器、捕获跟踪控制电路和粗跟踪/精跟踪控制电路。跟瞄机构和跟瞄控制单元实现两个光通信终端之间光通信链路的建立。

图 6-15 为光学天线子系统的组成结构示意图。光学天线子系统主要包括光学主天线、收/发隔离器和光学前端（粗捕获支路、精捕获支路、信号光接收支路和信号光发射支路）。光学天线的主要功能是接收和发射光信号，收/发隔离器将接收信号光和发射信号光分离开来，粗捕获支路输出的光信号送入粗捕获位置传感器，精捕获支路输出的光信号送入精捕获位置传感器。信号光接收支路将光学主天线接收的信号光送入光电探测器。信号光发射支路将激光器发出的信号光送入光学主天线，由光学主天线将信号光发射出去。

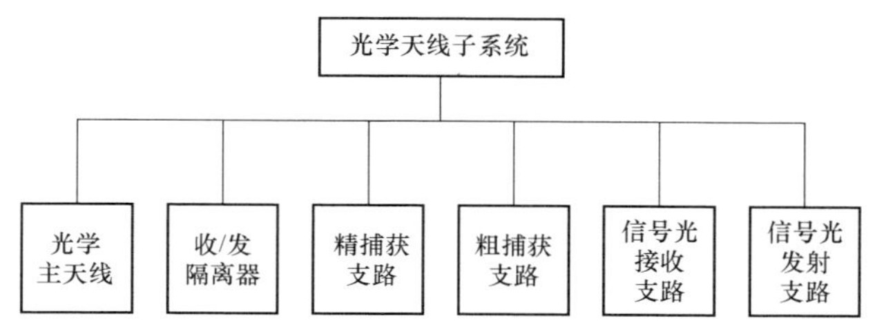

图 6-15　光学天线子系统组成结构示意图

以 LEO-GEO 卫星相干光通信系统为例，图 6-16 给出了卫星相干光通信终端和卫星平台的关系。卫星相干光通信终端通过遥控遥测分系统接收建立激光链路的指令和相关参数，如卫星的轨道预报数据、建立的起始时间，并通过遥控遥测分系统输出遥测参数。光通信终端从电源分系统获得电源，依靠热控分系统保证工作环境温度。信源为光通信终端提供数据传输电信号。

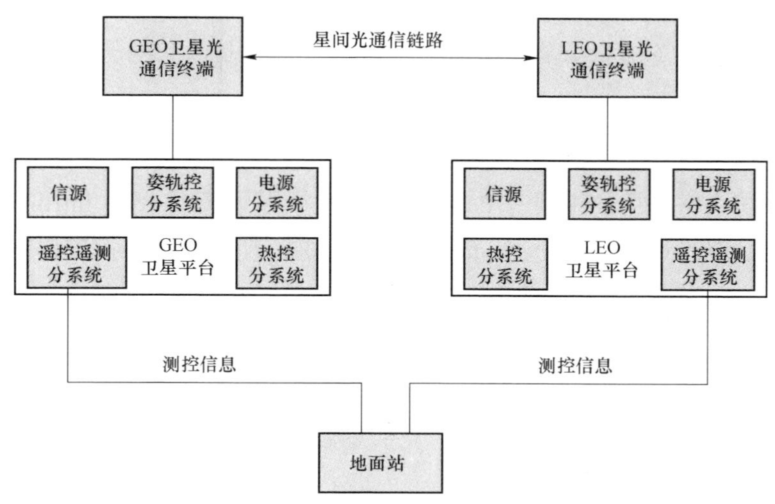

图 6-16　相干光通信终端和卫星平台的关系图

（二）通信子系统相关技术

通信子系统完成光电信号的调制、光信号发射、光信号接收、光电解调以及数据恢

复等功能。通信子系统主要由调制发射分机和相干解调分机组成。在发射端，数字信号送入调制发射分机，转换为适合空间光学信道传输的光信号。在接收端，相干解调分机接收到的光学信号经相干光探测后会输出数字信号。通信子系统设计目标为完成两个节点间光信号的传输。图 6-17 给出了相干光通信子系统原理框图。电光调制主要是实现基带信号到光载波的调制。相干解调完成信号光和本振光的相干和光电探测。

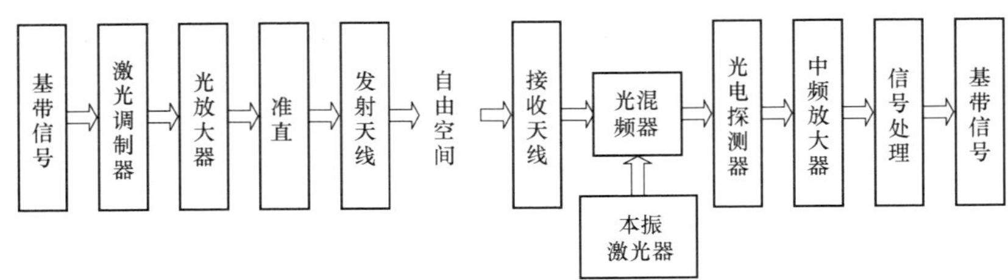

图 6-17　相干光通信子系统原理框图

1. 调制方式

星间光电信号的调制是将需要传输的数字信号调制到激光载波上，通过光发射和接收实现信息传递。在通信子系统中，调制器将模拟或数字信号叠加到光源上，通常有两种类型，即内调制器和外调制器。内调制器是信号对光源本身进行直接调制，通过偏置电流的变化，对光源进行幅度或强度调制，产生调制的光场输出。脉冲调制只要使驱动电流的变化大于或小于阈值电流就可实现二极管激光源的脉冲输出。直接调制方式实现起来比较容易，结构也比较简单。外调制器是将光源输出的光信号送入光电调制器，光电调制器将数字信号调制到光载波上。这种调制方式的优点是可以利用光源的全部功率，通过调制器的电光或声光效应实现对传输光波的调制。

2. 光电探测技术

光电探测技术由光电探测器实现。光电探测器将接收到的光信号转变成电信号。在星间光通信系统中常采用的主要有 P 型-杂质-N 型半导体（Positive Intrinsic Negative，PIN）和雪崩二极管（Avalanche Photo Diode，APD）两种类型的探测器。APD 探测器的量子效率、内部增益和灵敏度都较高，但缺点是由于雪崩效应会产生附加噪声（过剩噪声），并且驱动电压较高。PIN 的优点是响应速度较快，但灵敏度较低。在热噪声限下，APD 探测器比 PIN 探测器具有更高的接收性能；而在散粒噪声限下，PIN 比 APD 更具有优势。在卫星相干光通信系统中，接收端接收信号光很弱，由于光电探测器的量子噪声与入射光功率成正比，热噪声占支配地位，系统为热噪声限系统。APD 探测器具有高增益、高灵敏度和宽探测带宽等特点，更适用于微弱光信号检测，因此卫星光通信系统一般都选用 APD 探测器。

在卫星光通信系统中，光电探测有直接探测（非相干探测）和相干探测（外差或零

差）两种方式。直接探测方式较为简单，成本低，比较容易实现。直接探测以到达探测器光子数来区分逻辑“1”和“0”，频带利用率低。在相干光探测方式中，数字信号通过载波信号的移频或移相进行调制，接收的信号光首先与本振光进行相干混频，再通过鉴相或鉴频实现解调，把光信号转换成基带信号。

在基于相干探测的卫星相干光通信系统中，发射激光终端需要有一个相干性很好的信号光激光器，经过基带信号调制（幅度、相位、频率）后作为信号光由发射天线发射。接收天线接收到的光信号与本振激光器产生的本振光经过混频后，由光电探测器探测得到中频信号。该中频信号经由后续的中频放大、滤波、解调等信号处理，还原为基带信号。

3. 编码/解码

卫星相干光通信系统是功率受限系统，最大激光发射功率将受到激光器体积、重量等的限制，同时光接收机灵敏度受限于量子极限，再加上各种干扰的影响，误码率较难达到系统要求。采用差错控制技术可提高通信系统误码性能。卫星信道可近似为高斯信道，主要表现为随机差错，但由于许多其他因素的影响，也会发生突发性差错，所以在差错控制中，两类差错都要考虑。差错控制方式主要有 3 种：前向纠错（Forward Error Correction，FEC）、自动请求重发（Automatic Repeat-reQuest，ARQ）及结合两者优点的混合纠错（Hybrid Error Correction，HEC）。FEC 方式是在发射端发送纠错码，接收端在接收到的信码中不仅能发现错误，还能纠正一定的错误，其优点是不需反馈信道，解码实时性较好，但解码设备比较复杂。常用的 FEC 技术主要有两大类：分组码和卷积码。在卫星通信中，分组码中用得较多的是 BCH 码，其中 Reed-Solomn（RS）码（BCH 码的一种）具有很强的纠突发错误的能力。卷积码性能优良，适应性广，在卫星通信和微波通信中应用都非常广泛，在编码器复杂性相同的情况下，其性能优于分组码。卷积码的译码方式主要有 3 种：Viterbi 译码、序列译码和门限译码。Viterbi 译码具有较好的译码性能，是目前应用最广泛的译码方法。门限译码性能最差，但硬件简单，数据传输速度快。序列译码在性能和速度方面介于 Viterbi 译码和门限译码之间。ARQ 方式是在发射端发出能检错的信码，接收端若发现错误，则请求发射端重发。该方式编/译码设备简单，适应性强，但需反馈信道，控制电路比较复杂，实时性较差。在 HEC 方式中，接收端接收到的信码中若错误较少，在纠错能力之内，则接收端自行纠错；如错误较多，超出了纠错能力，但能检测出来，接收端就通过反馈信道请求重发。

（三）光相位调制技术

1. PSK 调制技术基本原理

对于以微波为载波的卫星通信系统，目前 PSK 调制一般采用四相或多相制。早期卫星通信的质量比较差，主要采用二相 PSK 调制，近年来由于通信容量和通信质量有了很大提高，大多采用四相 PSK 或其他多相制。对于信号的相移键控又分为绝对相移和相对相移两种。所谓绝对相移是以未调制载波的相位作为参考基准，利用载波相位的绝对变化传递数字信息。相对相移是利用前后相邻码元载波相位的相对变化传递数字信息，每个码元的载波相位不是以固定的未调制载波相位作为基准，而是以相邻的前一个码元的载波相位为基准确定的取值，即利用载波相位的相对变化传递信息，也称为差分相移键控调制（DPSK）。考虑到接收抑制载波的双边带信号不能用包络法解调，只能用相干检波，又由于接收机集中恢复的相干载波的相位存在不确定性，即相位模糊以及信号传输过程中引起的相位抖动，常使得接收机无法正确判断接收码元的极性。为了解决这一问题，在实际的现代数字卫星通信系统中，主要采用 DPSK 调制方式。

四相相移键控（Quadrature Phase Shift Keying，QPSK）是一种四进制的相位键控，每个码元包含两个二进制信息。在 QPSK 调制器输入端，通常要对输入的二进制码序列进行分组，两个码元分成一组，这样可能有 00、01、10、11 四种组合，每种组合代表一个二进制符号，然后用四种不同的载波相位去表征它们。通常把两个二进制码组成的码元称为双比特码元。因此在调制器的输入端要有将二进制码变成双比特码元的串/并行变换器。对于 QPSK，在相干解调中为了克服载波相位的不确定性，在发送端几乎都采用相对相移，在相干解调中还应含有四进制码的差分编码器。

在调制和解调过程中，通常在双比特码元与相位矢量之间建立一一对应的逻辑关系，称为四相数字调相的相位逻辑。一个四相调相信号的载波相位可以取 φ_0、$\varphi_0+\pi/2$、$\varphi_0+\pi$、$\varphi_0+3\pi/2$ 四个数值，其中 φ_0 是一个固定的初始相位。为了方便说明问题，载波相位也可以用四进制码，按顺序表示为 0、1、2、3。这样，相位逻辑可以认为是双比特码元与四进制码元之间的逻辑关系。

四相调相的相位逻辑共有 4！=24 种，原则上可以任意选取，但在实际应用中只使用自然码和循环码两种，如图 6-18 所示。

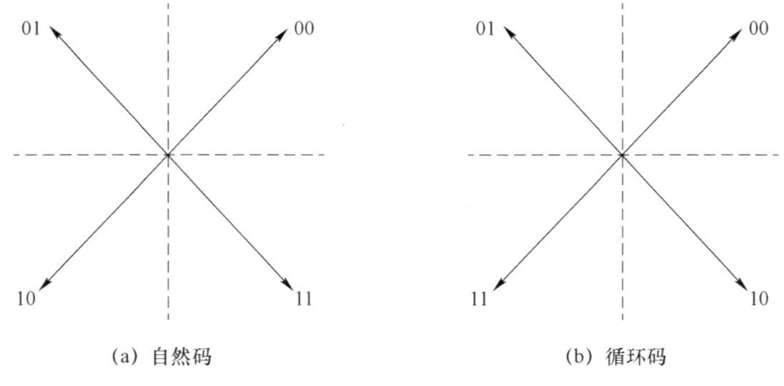

(a) 自然码　　(b) 循环码

图 6-18　四相调相的相位逻辑

图 6-18（a）为自然码，其相位逻辑符合一般四进制与二进制的转换关系。

四相差分调相器中的四相调相是用相对码进行绝对调相。实现四相调相最常用的方法是双路二相信号合成，如图 6-19 中虚线框所示。对于 DQPSK，可以把解调过程视为由两个相干解调器独立进行的。输入信号分为两路：同相支路（I）和正交支路（Q），每一路和本地产生的正交相干载波相乘，解调出 I 支路和 Q 支路的基带信号，再经并/串行变换和差分译码后（如果输入信号是 DQPSK）输出信号。本地相干载波通常是从输入信号通过调制和载波提纯等步骤来恢复。定时信号用于同步恢复电路，可以直接从输入信号或解调器输出的基带信号中提取。

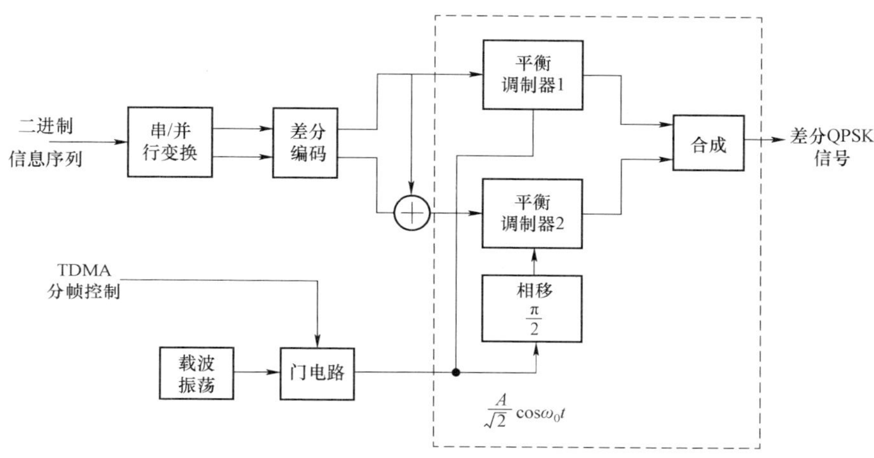

图 6-19 双路二相信号合成的差分四相调相器

对于 DQPSK 信号的解调，还有一种延时相干正交解调法，它是由两路正交的差分相干解调器独立进行的，如图 6-20 所示。从解调过程可以看出，采用这种方法解调后的结果就是原来的绝对码，不需要再进行"差分译码"变换和额外的相干载波恢复电路，因而电路结构比较简单。

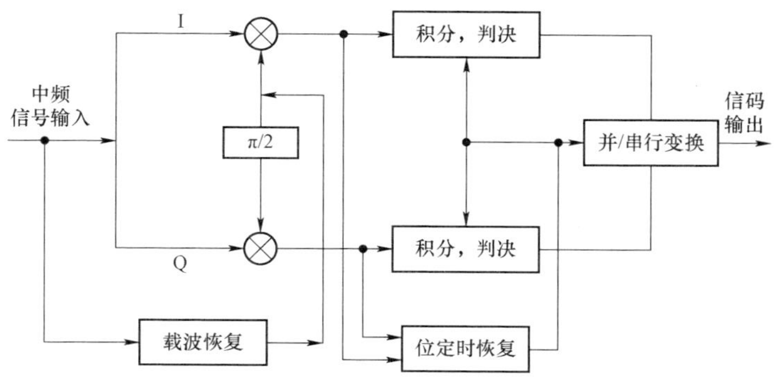

图 6-20 相干正交解调器原理框图

得到的中频 DQPSK 信号，需要采用上变频技术变换为微波段的射频信号，这一变换设备称为上变频器。通常上变频有一次变频和二次变频两种方式，其原理框图如图

6-21 所示。一次变频，即从中频（如 70 MHz）直接变频到微波射频（如 6 GHz）。其突出优点是设备简单，组合频率干扰小，其输入/输出特性是线性的。二次变频，即从中频信号（如 70 MHz）先变到高中频（如 700 MHz 或 1 000 MHz），然后再由此高中频变到微波射频（6 GHz）。其特点是中频增益高，转发器增益为 80～100 dBm，电路工作稳定。变频时，利用中频信号与本振信号（单一正弦）通过变频器的非线性混频，取其合频或差频，前者称为上边带上变频，后者称为下边带上变频。在使用中，通常采用上变频，以保证电路的稳定。

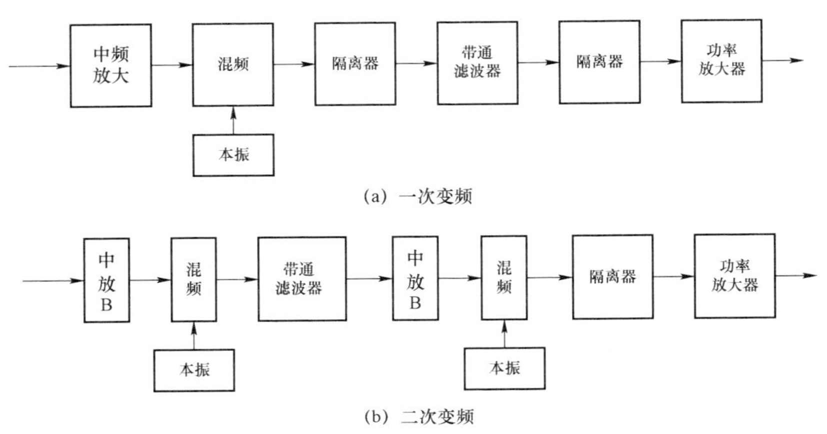

(a) 一次变频

(b) 二次变频

图 6-21　两种上变频方案

图 6-22 给出了混合环构成的单边带上变频器电路。

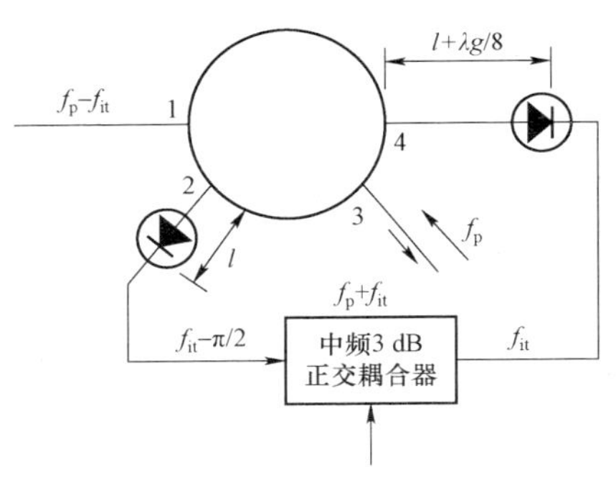

图 6-22　单边带上变频器电路

2. 光相位调制方式

目前，卫星光通信系统采用的调制方式主要有开关键控（On-Off Keying，OOK）、差分相移键控（Differential Phase Shift Keying，DPSK）、二进制相移键控（Binary Phase Shift Keying，BPSK）和脉冲脉位调制（Pulse Position Modulation，PPM）等。对于卫星相干光通信系统，常采用 DPSK 和 BPSK 两种相位调制方式，后续再采用 QPSK 等更高阶的调制方式。

（1） 相位调制方式

光相位调制方式在很多教材中都有详细介绍，本节简要介绍通信、测量一体化的调制方式。

① DPSK 调制。

归零-差分相移键控（Return Zero-Differential Phase Shift Keying，RZ-DPSK）调制

方式的接收灵敏度较OOK调制方式高，并且发送码速率也与伪码片速率相同。RZ-DPSK调制方式的基本原理为：二电平的基带数据对光脉冲进行调相，产生0/π相位，由于采用脉冲方式，在平均功率受限的情况下，其峰值功率仍可以得到10倍的提升（采用10%的占空比）。图6-23给出了通信、测量一体化调制的实现方式。首先进行通信数据和测量数的处理，然后进行光RZ-DPSK调制。

RZ-DPSK调制基本原理如图6-24所示。DPSK对激光器的稳定性要求极高。以码速率100 Mbps为例，为了保证接收信号的信噪比，需要接收光信号的载频频漂小于4 MHz。为了适应该码速率，需要使用高稳定性激光器和相应的驱动，系统复杂度高。另外，星间光通信时存在大范围的多普勒频移，需要在DPSK解调端实时补偿。而为了提取该误差，需要在延时干涉仪端增加额外的激光器用于频率和相位的补偿，系统复杂度进一步增加。

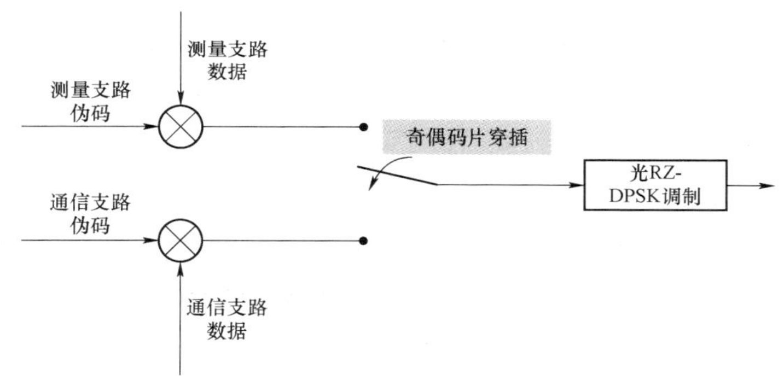

图6-23 RZ-DPSK调制原理框图

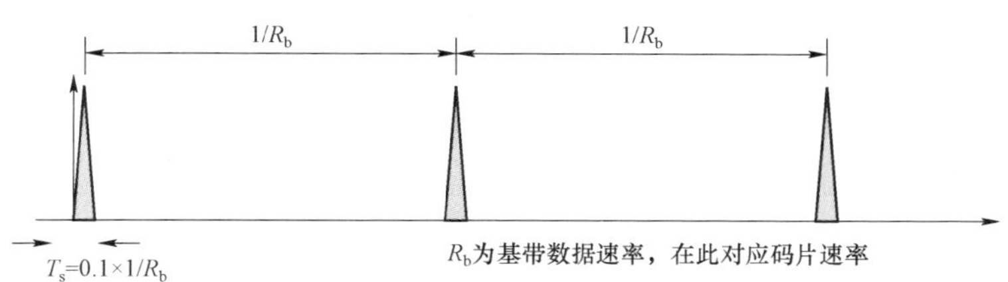

图6-24 RZ-DPSK调制方式基本原理

② BPSK调制

BPSK调制方式具有较高的接收灵敏度，调制方式简单，并且可以灵活使用NRZ码调制，完全兼容测量方式。BPSK调制的基本思想是将经过直接序列扩频后的测量支路信号和通信支路信号进行合路，然后将合路信号进行BPSK调制。其原理框图如图6-25所示。

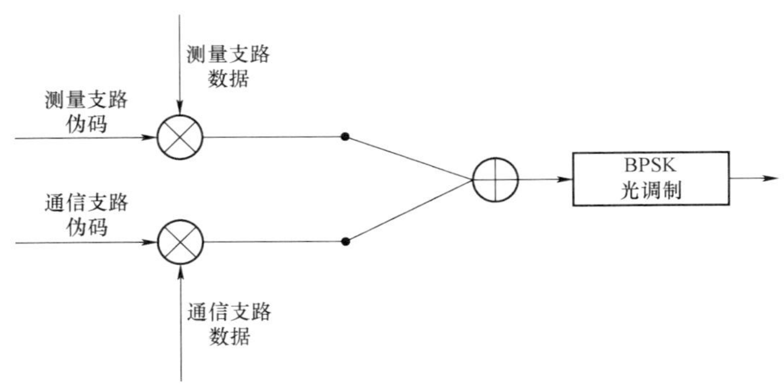

图 6-25　BPSK 调制方式原理框图

BPSK 调制方式将两路扩频后的信号进行组帧，该调制方式同样需要激光器线宽窄和频率稳定，对器件能力要求高。在多普勒频移补偿方面，由于该种方式在本地有参考光源，混频后有确定的误差信号输出，可以用于实时补偿。从调制格式与测量方式兼容性上来说，该种方式由于符号速率与伪码片速率相同，光电探测后可以直接用于伪码测量接收机的后续处理。此外，由于存在多普勒频移，会引入额外的解调损失。为了降低 EDFA 滤波器带宽带来的额外损失，可以采用高占空比的 RZ-OOK 调制方式，通过提高信号谱宽来优化接收灵敏度，减轻滤波器带宽较大的影响。

（2） 强度调制方式

强度调制方式主要包括 OOK、PPM、脉冲宽度调制（Pulse Width Modulation，PWM）、脉冲位置与脉冲宽度调制（Pulse Position and Pulse Width Modulation，PPM-PWM）等。图 6-26 给出了多种调制方式的调制信号结构。

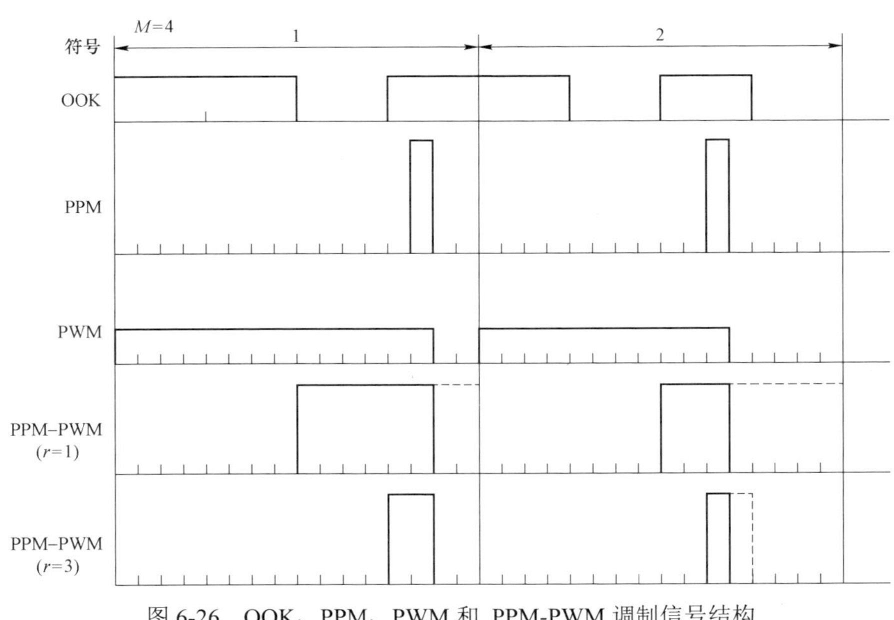

图 6-26　OOK、PPM、PWM 和 PPM-PWM 调制信号结构

OOK 调制方式将二进制数据“1”映射为该时间段（该时间段长度与单个比特的时间段长度相等）上的功率幅值为 2P 的脉冲信号，“0”映射为功率幅值为零的脉冲信号。图 3.14 中最上部，两组 4 bit 二进制符号的 OOK 调制结果分别是 1101、1010。设其比特率为、，则 4 个比特所持续时间 $T = 4 / R_b$。

L 级脉冲位置调制技术（PPM）将一组 M 比特的二进制数据映射为 L（$L = 2^M$）个时隙组成的时间段（该时间段长度与 M 比特数据的时间段长度相等）上某一个时隙处的单个脉冲信号，时隙宽度为 $T_p = T / L$，r 为 m 个比特所持续的时间。该时隙从左至右编号为 0，1，2，…，L－1。脉冲所在时隙的编号即表示具体的十进制数字。图 6-26 中第二行是两组 4 bit 二进制符号的 PPM 调制结果，其脉冲所在位置分别为 13、10。

L 级脉冲宽度调制技术（PWM）将一组 M 比特的二进制数据映射为 L（$L = 2^M$）个时隙组成的时间段（该时间段长度与 M 比特数据的时间段长度相等）上宽度为某几个时隙的连续脉冲信号，时隙宽度为 $T_W = T / L$，T 为 M 比特所持续的时间。该连续脉冲信号所含的可能时隙数为 1，2，3，…，L，其表示的十进制数分别为 0，1，2，…，L－1，即用脉冲的宽度表示十进制数。图 6-27 中第三行是两组 4 bit 二进制符号的 PWM 调制结果，其所含的时隙数分别为 14、11，所表示数字为 13 和 10。

L（$L = 2^M$）级脉冲位置宽度调制技术（PPM-PWM），先将一组二进制 M 比特的数据映射为 L_P（$L_P = 2^r$，r 为 M 比特数据的前 r 个比特）个时隙组成的时间段（该时间段长度与 M 比特数据的时间段长度相等）上某一个时隙处的单个脉冲信号（即根据 M 比特数据的前 r 个比特进行 Lp 级 PPM 调制），该时隙宽度为 $T_p = T / L_p$，r 为 m 比特所持续的时间，然后继续将这个单脉冲信号映射为 L_w（$L_w = 2^{M-r}$）个时隙（时隙宽度为 $T_W = T_P / L_W$）组成的时间段（该时间段长度与上面单脉冲信号时间段长度相等）上的起始位置与上面单脉冲信号相同，宽度为某几个时隙的连续脉冲信号（即根据 M 比特数据中的后 M-r 个比特对上述 L_p 级 PPM 调制信号进行二次 L_w 级 PWM 调制），该连续脉冲信号所含的可能时隙数为 1，2，3，…，Lw，其中 r 的取值范围为 0，1，2，…，M。当 r＝0 时，$L_P = 2^0 = 1$，$L_W = 2^{M-2} = L$，即为 PWM 调制；当 r＝M 时，$L_P = 2^M = L$，$L_W = 2^{M-M} = 1$，即为 PPM 调制。因此可以将 PPM、PWM 触调制看作 PPM-PWM 调制的两种特例。

图 6-26 中第四行是两组 4 bit 二进制符号 r＝1 时（即 $I_p = 2$，$L_W = 2^{M-1} = 8$）PPM-PWM 的调制结果。它是先将 r 分为两个时隙（$L_p = 2^r = 2$），由于第一组二进制数（1101）的第一位为 1，所以 PPM 调制的结果是在编号为 1 的位置有一个脉冲，再将该脉冲划分为 8 个时隙（L，＝2M-1＝8），取其中 6 个（二进制数 101 的十进制为 5）为 PWM 调制的结果，也是 PPM-PWM 调制的最终结果。第二组数据 1010 以同样的方式调制。两组二进制数据调制的最终结果是：脉冲起始位置均从总编号为 8 的时隙（此处的时隙宽

度为 $T_{PW}=T/L$，$L=L_pL_w$）开始，所含的时隙数分别为 6 和 3。同法可得出第五行 r＝M-1 的（即 $L_p=2^{M-1}$，$L_w=2$）PPM-PWM 调制结果，两组数据的起始位置分别为 12 和 10，所含的时隙数分别为 2 和 1。

（四）相干光源及要求

与强度调制/直接探测的光通信系统相比，相干光通信系统采用本振光源和光锁相技术，不仅系统结构复杂，而且对系统中采用的光源等诸多元器件提出了非常高的要求，要求激光器输出功率足够大、线宽窄、相干性好，而且具有易于调制且调制速率高、寿命长的特性。在发射端采用功率放大器对调制器输出信号光进行放大，以便满足远距离传输需要。而功率放大器的使用将导致线宽的增加。综合考虑放大器对线宽的影响，激光器的线宽设计要求为 kHz 量级。

1. 半导体激光器

半导体激光器体积小，具有较高的转换效率，结构简单，线宽窄，可采用内调制，因此成为光源的首选。GaAlAs 半导体激光器工作波长为 780～890 nm，处于硅光电探测器的工作峰值波长范围，量子效率高，噪声低。此外，在星间光通信中还可选用主振荡功率放大（Master-Oscillator Power-Amplifier，MOPA）结构的大功率半导体激光器。半导体激光器的输出功率和调制速率之间通常是矛盾的，为此，可采用 1 550 nm 工作波长的半导体激光器加光纤放大器（EDFA）或半导体光放大器（Semiconductor Optical Amplifier，SOA）的方法，对已调制的信号进行放大，从而获得高速率大功率激光输出。

2. Nd：YAG 固体激光器

Nd：YAG 固体激光器的工作波长为 1 064 nm，属四能级系统，具有量子效率高、受激辐射截面大的优点，而且钇铝石榴石（YAG）晶体具有较高的热导率，易于散热，因此 Nd：YAG 激光器不仅可以单次脉冲运转，还可用于高重复频率或连续运转。目前，Nd：YAG 连续激光器的最大输出功率已达 kW 级，每秒 5 000 次重复频率激光器的输出峰值功率已达 10^3 W 以上。Nd：YAG 激光器的输出功率比较高，因此它要求高功率的调制器和保证波形质量，这是未来空间光通信的发展方向之一。

零差 BPSK 体制是以相干探测为前提的。本振光应当工作在与信号载频相同的频率上。本振光与信号光的相位需要由控制环路技术（例如 Costas 环、反馈判决环等）进行锁定。锁相功能的实现对激光器的频率稳定性要求很高，因为锁相时激光器的相噪必须足够低。针对这个要求，基于 Ligt wave Electronics 公司 miser 概念，TESAT 公司开发了适于空间可靠应用的 1 064 nm 连续波 Nd：YAG 激光器，

激光器的可靠性主要由泵浦激光二极管的可靠性决定。采用带内置制冷和热冗余的泵浦模块，可确保激光器工作的可靠性在 0.999 8 以上。每个独立的激光二极管发射的激光由光束形成光学系统合束成为同一路光束，然后汇聚进入一根连接泵浦模块和 Nd:

YAG 谐振腔的多模光纤。

在光发射机中，激光器的出射光由保偏光纤引导进入相位调制器。相位调制器拾取由 RF 输入的信息对经过其波导元件的激光进行调相。调制器的码速率设计值为 10 GbpS。相位调制器的输出经单模保偏光纤耦合进入光放大器，将输出光功率放大到所要求的水平。光放大器的输出还要耦合进入单模保偏光纤中，将光信号引导进入望远镜光学平台上的光准直器。

半导体泵浦的 YAG 固体激光器（Diode Pump Solid State Laser，DPSSL）被认为是固体激光器的一次革命，原因在于它综合了半导体激光器与固体激光器的优点。半导体激光器体积小、重量轻、直接电注入使其有高的量子效率，输出波长可以与常用的固体激光材料泵浦带相匹配；但它的光束质量较差，横模特性也不尽理想，很难直接用于对光束质量要求高的应用场景。而固体激光器输出的光束质量较高，光谱线宽与光束发散角均比半导体激光器小几个数量级，有很好的时间与空间相干性。此外，半导体激光器可用来泵浦含有不同增益介质的固体激光材料，丰富了相干光源的谱线。对于低轨道同步轨道卫星间的卫星光通信系统以及 500 Mbps 的数据传输速率，要求输出功率大于 1 W 并有±5%的稳定性，光谱线宽在 100 kHz 左右，光束发散角达到衍射极限。DPSSL 器型小、紧凑、牢固、寿命长，又不需要通常的水冷系统，因此 DPSSL 用作空间光通信光源是一种理想的选择。

3. CO_2 激光器

CO_2 激光器是一种气体激光器，其工作波长分别为 10.6 μm 和 9.6 μm。这种激光器工作于单模模式，具有很高的光频稳定度（10^{-12}）。其发出的光束不仅具有很好的大气透过性，实现远距离的大气传输，而且具有很好的相干性。CO_2 激光器因其能量转换效率高、光束质量好、功率范围大、能连续输出又能脉冲输出、运行费用低等众多优点而成为气体激光器中重要的、用途广泛的激光器。随着光电子技术的不断发展，新技术和新结构的不断出现，体积更小、功率更高、光束质量更好、成本更低的各种类型 CO_2 激光器正在开发之中。CO_2 激光器在星-地相干光通信系统中具有重要的应用价值。

4. 光纤激光器

由于光纤激光器具有散热效果好、结构紧凑、调谐范围宽等特点，目前已在光通信、光传感及很多其他领域得到了广泛应用。如果在激光腔中增加一些选频器件，仅仅只让一个纵模起振，就可以实现单频激光输出。单频光纤激光器光谱线宽很窄，具有很好的时间相干性，特别适用于相干型的通信或传感系统。光纤激光器按照谐振腔结构总体可分为线形腔、环形腔和复合腔。复合腔结构基本上是由线形腔、环形腔和其他一些结构复合而成。法布里-珀罗腔是线形腔结构的典型代表。

掺杂光纤两端是一对反射镜，泵浦光通过输入端反射镜进入光纤谐振腔，泵浦光将掺入光纤中稀土杂质离子的电子由基态激发到高能态，这种高能态电子的寿命较短，很快就通过非辐射形式（放出声子）驰豫到寿命较长的亚稳态上，然后以辐射（光子）的形式放出能量回到基态。通过在反射镜内端面增镀相应波段的高反射膜，这种自发辐射的光子被光学谐振腔反馈回增益介质（光纤）中诱发出新的辐射跃迁，从而产生和诱发出与这一过程的光子性质（包括频率、方向、偏振态、相位等）完全相同的光子，这也就是通常所说的受激辐射。尽管最初的光子来自自发辐射，但通过反馈谐振，受激辐射光子越来越多，即光子在这种谐振过程中获得了增益。一旦光子在谐振腔内所获得的增益大于其在腔内所受到的损耗（如散射、吸收等），就会在谐振腔的输出端得到激光输出。在这种基本结构的基础上，可以利用光纤布喇格光栅（Fiber Bragg Grating，FBG）实现全光纤结构的分布反馈（Distributed Feedback Laser，DFB）和分布布喇格反射（Distributeel Bragg Reflection，DBR）光纤激光器，用来提高激光器的稳定性，缩小激光器体积，实现单频窄线宽激光输出。虽然线形腔激光器制作相对简单，但是由于驻波场存在空间烧孔效应，不利于实现单频运转，而且可调器件相对较少，进行大范围宽带调谐相对困难。

探测器对不同波长的响应是不一样的，响应度越高对系统越有利。目前，通信领域所用的光电探测器主要有硅探测器、InGaAs 探测器等。一般的硅探测器不能覆盖 1 064 nm 和 1 550 nm 两个波段，只有增强型的硅探测器才可覆盖 1 064 nm 波段，响应度为 0.4～0.5 A/W。InGaAs 光电探测器可覆盖 1 064 nm 和 1 550 nm 两个波段，响应度分别为 0.6 A/W 和 0.9 A/W。从探测器响应的角度来看，1 550 nm 波段有优势。目前满足系统要求的激光器和探测器都有相应的产品。

激光器在卫星光通信终端应用时还需要考虑其空间应用适应性问题。1 550 nm 波段的激光器需要使用掺铒光纤。据报道，这种光纤在空间辐射环境中性能会发生变化，影响输出功率。国外研究的卫星光通信中有使用 1 550 nm 波段的方案，并正在研究空间环境的影响及解决措施。研究表明，若采用 10 mm 厚的铝屏蔽层进行防护，其影响小于 0.1 dB。TESAT 相干光通信终端使用的是 1 064 nm 固体激光器，已于 2008 年 3 月初进行了两颗低轨卫星之间 5.5 GbpS 的通信试验，并获得了成功。试验表明，1 064 nm 固体激光器具有很好的空间环境适应性。

各波段在通信方面的优缺点如表 6-1 所示。对于卫星相干光通信系统，通常可选择 0.8 pm、1.06 pm、1.55 pm、10.6 pm 等波段。

表 6-1　不同波段激光器在星间光通信中的优缺点

波长/μm	优点	缺点
0.8	● 已有高功率输出的 MOPA 器件 ● 硅探测器成本低，量子效率较高，接收组件灵敏度较高	● 不利于 Gbps 以上码速率的通信 ● 无单管单纵模、单横模大功率激光器 ● 准直较难

续表

波长/μm	优点	缺点
1.06	● 采用腔外调制，输出功率可以较高 ● 光束质量好，发散角小，整形、准直简单	● 光源体积较大，功耗较大 ● 接收探测器量子效率较低 ● 器件难以获得
1.55	● 采用 DFB 激光器，光束质量好 ● 有对应波段的光放大器 ● 通信系统带宽宽，利于高码速率通信 ● 接收端可采用低噪声前置放大器，可使接收灵敏度提高 ● 可利用成熟的地面光纤通信技术成果	● 光源输出功率低 ● 探测器量子效率较低，接收机组件灵敏度较低 ● 空间光-单模光纤的耦合效率较低
10.6	● 输出功率大 ● 光束质量好，为单纵、横模，相干性好，可用外差技术 ● 发散角小，整形、准直简单	● 光源体积较大，需高压工作 ● 光源和探测器都需制冷 ● 探测器的量子效率及响应频率低 ● 成像探测器件难以获得

（五）光相位调制器

1. 铌酸锂相位调制器

铌酸锂调制器是一种常用的相位调制器，可以实现光域 BPSK 调制。基带数字信号首先送入-电平转换器。电平转换器的功能是将数字信号电平放大到调制器的驱动电平，使相位调制器完成基带数字信号光域 BPSIK 调制。铌酸锂相位调制器是成熟商用器件，可以直接购置。

2. 偏振控制器

根据前面的分析，在相干光通信系统中，要求信号光和本振光的偏振态保持一致。普通的单模光纤实际上传输两个正交的偏振模，在理想条件下这两个偏振模是简并的。但在实际的相干光纤通系统中，由于存在应力、环境温度的变化以及振动等因素的影响，光纤输出偏振态会发生随机变化，导致偏振模色散（Polarization Mode Dispersion，PMD）；在空间相干光通信系统中，大气湍流的存在也会造成接收光信号的偏振模色散。这两个正交的偏振模会以稍不同的传播常数传播（双折射），并产生相移，导致偏振态的不稳定，使系统性能恶化。试验结果表明，当偏振失配角超过 60°，灵敏度损失达 6 dB。

为了使接收信号光和本振光保持相同的偏振态，一种方法是采用偏振分集接收技术；另一种方法是接收端的本振支路中采用偏振控制器，使得本振光的偏振态始终跟踪接收信号光的偏振态。

长距离光缆线路的传输测量结果表明：接收信号光偏振态的漂移具有随时间缓慢变化的统计特性，一个理想的相干光纤通信系统，必须能够自适应地对偏振态的漂移进行补偿。因此，偏振控制器需要采用合适的响应时间，将采集到的偏振误差信号反馈到偏振控制器，修正本振光的偏振态，实现偏振态的匹配控制。由于光场的偏振态只有椭圆度和方位角两个自由度，误差信号必须同时修正这两个参量，以保证接收信号光和本振光具有相同的偏振态。

偏振控制器可以分为手动控制和自动控制两种类型。手动偏振控制器利用光纤的双折射效应来控制偏振态。目前应用最广泛的手动偏振控制器是光纤环控制器，这种手动控制器由$\lambda/4$ 波片或$\lambda/2$ 波片组成，单模光纤分别绕制在 3 个圆盘上，圆盘的直径和光纤圈数确定相位延迟量。$\lambda/4$ 波片可以把任意偏振态转换为线偏振，反之亦可。$\lambda/2$ 波片可以实现任意两个线偏振态之间的转换。通过调节圆盘，可以获得希望的匹配偏振态。这种偏振控制器采用手动调节，便于在实验室使用。但是这种偏振控制器易受温度、应力等环境因素的影响，也很难做到实时跟踪控制，在很多应用场合和系统中需要一种实时反馈控制的自适应偏振控制器——有源偏振控制器。

有源偏振控制器可以采用机械、电光或磁光等多种偏振控制方式。电磁光纤挤压器是利用力学的方法挤压光纤，使得单模光纤因光弹效应产生附加的应力双折射，实现输出光场偏振态的改变。在这种偏振控制器中由电磁线圈产生挤压力，误差信号用来控制挤压力的大小。这种偏振控制器便于与光纤通信系统连接，具有插损小的特点（损耗为 0.2 dB/km）；但这种偏振控制器也有响应时间长、偏振控制能力受限等不足。

集成电光偏振控制器利用晶体的双折射特性或 TE-TM 转换特性，具有响应时间快、机械稳定性好的特点。在这种偏振控制器中，通过晶体的入射光因电光效应产生相位延迟，使得出射光的偏振态发生变化，从而实现偏振控制。

电光晶体在一定电场作用下呈现晶体双折射特性。双折射特性表现为光学上的各向异性，即单色光在晶体表面折射时一般可以产生两束折射：寻常光（o 光）和非常光（e 光）。晶体内有一个特殊的方向为光轴，光沿光轴传播时不会发生双折射现象。常见的现象是光传播方向垂直于晶体光轴，光场矢量方向与光轴可以成某一个夹角，并表现出不同的传播特性。在未加电场时晶体表现各向同性，两束光沿传播方向的折射率是相同的。当有外加电场时，两束光虽然沿同一方向传播，但因为各自的折射率不同而使传播速度不同，产生相位差。两束光在通过电光材料之后的相位差 $\varPhi$ 可以表示为：

$$\varPhi = 2\pi \frac{L}{\lambda}(n_o - n_e)$$

式中，L 为电光晶体的厚度；λ 为光波波长；n_o 和 n_e 分别为 o 光和 e 光在晶体中的折射率常数。

当电光晶体厚度 L 固定时，相位差与折射率差成正比。利用电光效应控制折射率变化，可以将某种入射的偏振态变成另一种偏振态，实现光偏振态的控制。在设计电光偏振控制器时，通常使用多个电光波片，每个波片具有不同的相位延迟，可以实现由任意偏振态输入到任意偏振态输出的转换。

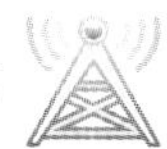

第二节　高精度捕获跟踪控制技术

虽然卫星光通信系统具有宽带、高保密性等优点，但其虽工程实现存在空间环境适应性和长距离条件下通信链路建立等诸多技术难题。由于卫星通信距离从几千千米到8万多千米不等，对于深空探测，通信距离更远。这就需要在远距离、窄光束条件下，建立可靠、稳定的通信链路。为建立稳定的星间光通信链路，需要在卫星光通信中采用捕获、跟踪及对准（ATP）技术。ATP系统用以建立卫星光通信链路，并确保两通信终端能精确对准，实现星间可靠通信。可靠的卫星光通信要求光收/发端之间视轴瞄准精度达到亚微弧度量级，由于卫星平台和空间环境引起的振动及其他干扰，需要 ATP 系统有很强的扰动抑制能力，这就给 ATP 系统提出了苛刻的控制精度和控制带宽要求。另外，由于卫星距离遥远、通信双方位置不确定以及卫星平台的振动，使得捕获成为卫星光通信技术中一个非常困难的任务。因此，ATP技术是实现卫星光通信的一项非常关键的技术，是工程技术上的一个挑战。

一、卫星平台约束条件

（一）卫星轨道

卫星按轨道高度可以分为低轨道卫星（LEO）、中轨道卫星（MEO）和地球同步轨道卫星（GEO）三大类，构成的通信链路种类很多，本节主要介绍低轨卫星到中继卫星的链路。对轨道高为500 km的太阳同步轨道卫星（LEO）与地球同步轨道卫星（GEO）之间通信链路的跟踪角速度、跟踪角加速度、多普勒频移等的分析结果如图6-27、图6-28所示。

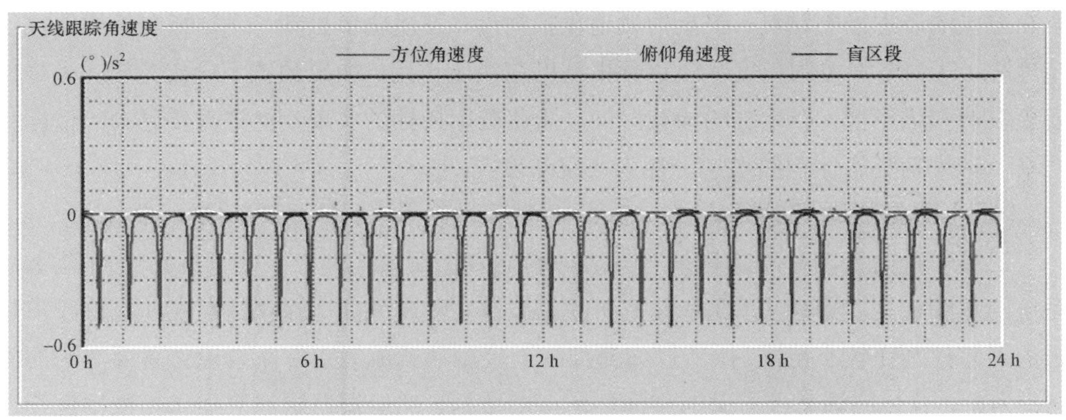

图6-27　LEO终端对 GEO终端天线跟踪角速度

在卫星光通信系统工作中，卫星轨道定位和姿态确定精度对保证系统正常运行关系极大。卫星光通信终端在捕获和高精度跟踪时，要求具有实时性的高精度轨道数据和姿轨控数据。在轨道数据的应用中，采用事先注入轨道数据的方法要求在地面精密定轨时有高精度的地面外推初值，而采用高精度模型进行星上实时计算的方法则对星上的计算能力和方法提出了很高要求。

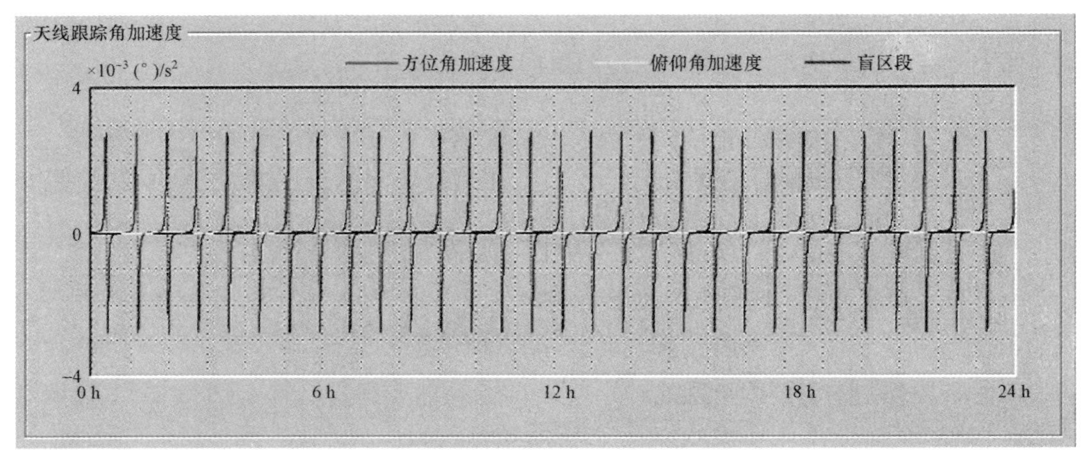

图 6-28　LEO 终端对 GEO 终端天线跟踪角加速度

（二）预置不确定角

在卫星光通信系统中，由于激光通信终端是动态的，建立链路的两个激光通信终端都需要彼此能准确地指向对方。由于各种不确定因素的存在，通信终端指向对方的角度存在误差，对方终端也不可能准确地出现在预定位置，而只能以一定的概率出现在一个区域中。由于两个终端的位置和指向存在误差，为了能彼此建立联系，需要对一个区域进行扫描搜索，即对不确定角进行扫描。影响预置不确定角的因素有很多，主要有终端所在卫星的姿态控制精度、卫星的轨道预报精度、卫星轨道摄动、终端指向机构的执行精度等，其中姿态控制精度和轨道预报精度起决定作用。如果预置不确定角较大，将需要更多的扫描子区，严重制约捕获时间、捕获概率指标的实现，也将需要更大的信标光功率，带来功耗、体积的增加，加大实现难度。

（三）卫星振动问题分析

卫星平台的振动和跟踪系统对其的抑制能力在很大程度上决定了星间光通信 ATP 系统的跟踪精度。随着电子学和精密机械的发展，现在可以把探测器噪声和机械噪声带来的误差控制在较小范围内，所以如何抑制平台振动就成为跟踪系统设计首要考虑的问题。为此，首先应该掌握有关的空间环境振动数据，然后根据这些数据作为依据进行设计。然而在卫星设计研制的初期，很难给出星上振动数据，因此采用经验验证或参考数据是必要的。

振动的频谱特性取决于卫星的空间环境物理性质和卫星进行的特定操作。振动源主要分为两类：卫星刚体运动引起的低频振动以及卫星的运载舱和有效载荷操作引起的中频到高频的振动。卫星平台主要的振动源如图 6-29 所示。振动显示出低频高幅度和高频低幅度的特性。其中低频高幅度振动包括太阳电池阵列由于共振或热瞬态影响引起的偏转及偏航机动等，这类扰动频率较低（几赫兹量级）。而高频低幅度振动一般振动幅度在微弧度量级，机械装置、电机和其他硬件都可以产生这类扰动。根据平台振动幅度可以将平台分为三类：平稳平台（平台振动幅度＜2 μrad）、正常平台（平台振动幅度＜20 μrad）及较差平台（平台振动幅度＞20 μrad）。对于正常平台和较差平台需要考虑隔离措施，包括无源振动隔离措施和有源振动抑制措施，无源振动隔离措施可将振动降低 10%～30%，有源振动抑制措施可将振动降至 1/10。

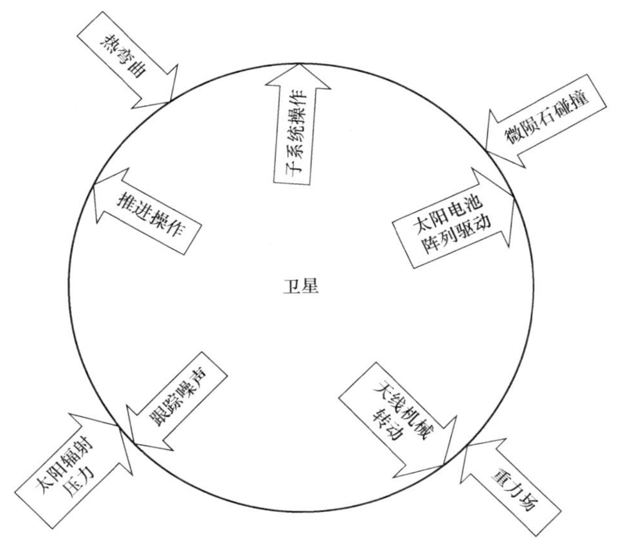

图 6-29　卫星平台主要振动源

几种典型卫星平台的振动功率谱密度如图 6-30 所示。表 4.1 给出了国外典型平台的振动谱分布特性。可以看到，平台振动的能量主要集中在低频区。其中，ESA 的 Olympus 通信卫星采用微加速计对振动进行测量，其测量得到的振动频谱集中在 200 Hz 以下。有关卫星平台振动环境的数据（包括振幅、频率带宽、持续时间、出现的频度等），目前还难以全面了解。

由美国 NASA/GSFC 提供的 Landsat-4 在轨测量的振动数据可以看出，卫星振动频谱从低频扩展到高频（约 125 Hz），在 1 Hz 处由太阳电池阵列驱动产生 100 μrad 的振动，卫星上反作用轮基波和二次谐波产生 100 Hz、4 μrad 和 200 Hz、0.6 μrad 的振动。整个振动随机模型是由连续振动功率谱和三个谐波振动分量组成。美国 NASA/JPL 提供的“国际空间站”（International Space Sta-ton，ISS）的振动模型，振动频谱从低频到 50 Hz。

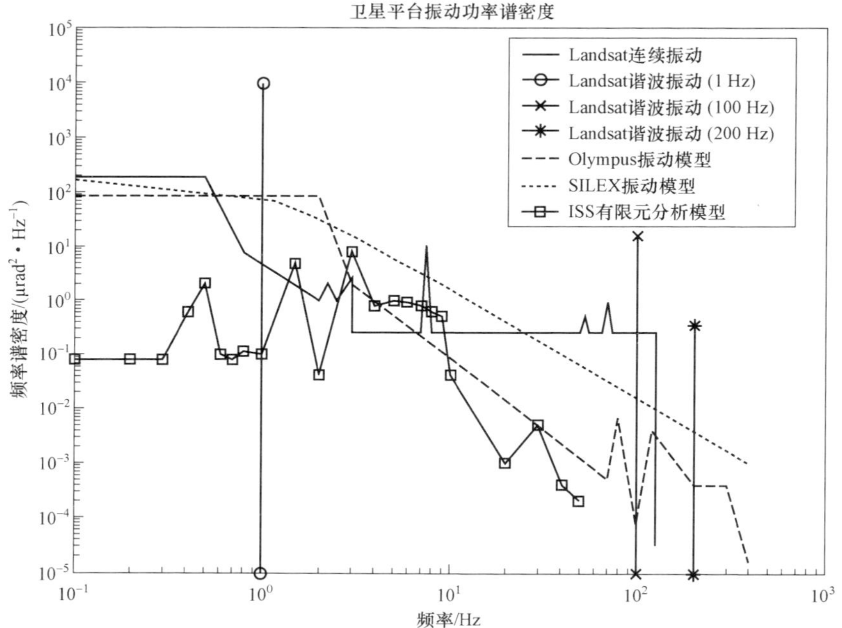

图 6-30 典型卫星平台振动功率谱密度

表 6-2 国外典型平台振动谱分布特性

航天器	振动谱分布 RMS/μrad			
	1～10 Hz	10～100 Hz	100～1 kHz	1～1 kHz
ASTRO-SPAS（3 145 kg）	0.58	0.45	0	0.59
STRY-2	0.22	0.03	0.02	0.22
RME（1 040 kg）	0.10	0.35	0.17	0.40
Cassni（2 175 kg）	1.33	1.48	0.01	1.92
Olympus（2 000 kg）	7.76	4.01	1.20	11.49
Motorola	17.56	4.43	3.93	18.49
Landsat	3.42	6.07	3.21	7.62
Bosch	61.7	13.18	6.29	63.22
HRDLS	18.37	18.79	7.66	26.97
Iridium	4.52	99.19	76.34	124.99
Shuttle	219.65	477.95	15.15	519.29

对卫星平台的振动功率谱分析可以看出，振动幅度明显大于星间光通信 ATP 系统误差分配的跟瞄误差，所以平台振动误差是影响 ATP 系统的主要误差源。卫星平台振动给系统带来的误差可以表示为：

$$\theta_{rms}=\sqrt{\int S(f)\,|\,R(f)\,|^2\,df}$$

式中，θ_{rms} 为跟踪误差；$S(f)$ 为振动的功率谱密度；$R(f)$ 为跟踪系统误差传递函数。

从上式可以看出，减少进入跟踪环的振动和提高跟踪系统的振动抑制能力（减少系统误差传递函数）是提高跟踪精度的途径。前者一般可通过振动隔离实现，后者则是通过设计具有优良扰动抑制能力精跟踪系统实现。所以抑制卫星振动需要从跟踪系统结构设计和控制系统设计两方面，在系统上考虑加以解决。

隔离可以分为主动隔离和被动隔离，在星间光通信中一般采用被动隔离方式。隔离可以有效抑制高频振动，采用振动隔离的办法进行结构设计，可使平台振动尽可能少地进入 ATP 系统。以单自由度隔振系统为例，隔振系数计算如下：

$$\eta = \left[\frac{1+(2\gamma\xi)^2}{(1-\gamma^2)^2+(2\gamma\xi)^2} \right]^{1/2}$$

式中，$\gamma=\omega/\omega_n$，ω 为平台振动频率，ω_n 为结构自身共振频率；ξ 为阻尼比。

图 6-31 是单自由度系统及其 η 对频率比的响应曲线。由上式和图 6-31 可以看出，要达到隔振目的，必须使 $\eta<1$，故不论阻尼大小，只有当频率比 $\gamma>2$ 时，才有隔振效果，此时，随着 γ 的增加，η 逐渐减小，因此仅就减振而言，γ 越大越好，这就意味着系统的频率和刚度要很小，系统重量要很大；而且注意到 $\gamma>5$ 时，η 的下降曲线趋于平缓，隔振效果的提高已经很有限，所以一般 γ 值取 2.5～5.0；另外，当 $\gamma<\sqrt{2}$ 时，η 随着阻尼比 ξ 的增大而增大，故就隔振而言，阻尼比不宜取得过大或过小，否则在共振区会有很大振幅。

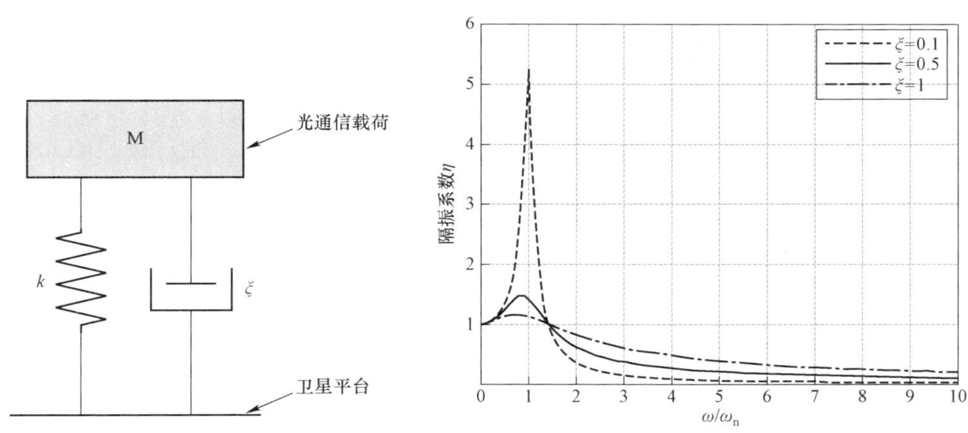

图 6-31　单自由度隔振系数对频率比的响应曲线

对于实际的多自由度系统，需要建立 ATP 子系统动力学模型进行仿真，以了解结构的动力学性质，将 ATP 子系统与卫星平台的振动各阶模态进行比较，可避免振动耦合。另外，根据 ATP 子系统设计要求确定目标函数，通过改变系统质量、阻尼、刚度等参数，进行优化设计，从而最终达到减振的目的。通过控制系统设计抑制振动的主要方法是设计一个高带宽的精跟踪环。这种抑制振动的方法结构简单，技术成熟且可靠性高；缺点是需要宽带的跟踪探测器、精跟踪执行元件和高速电子学器件。目前，国外上星的光通信系统或地面演示系统多采用这种方法。此外，目前在星间光通信中还出现了其他一些抑制振动的研究方法，如 Held 和 Barry 提出的陀螺稳定、质量稳定和互补滤波；Skormin 提出的前馈补偿抑制平台振动；Shlomi Arnon 概念性地提出了带宽适应、束宽适应、功率控制、信道编码、通道分集等抑制卫星光通信网中平台扰动。美国 NASA/JPL 提出在深空光通信网中，采用数据传输高速率的惯性传感器主动抑制振动，可达亚微弧度的跟踪精度。

二、4.2 卫星光通信 ATP 技术

在卫星光通信系统中，捕获、跟踪和瞄准是实现卫星光通信的关键步骤，因此在卫星光通信终端上最重要的部分就是 ATP 子系统。在 ATP 技术中，通信链路的一方发出一束较宽的信标光进行扫描，另一方搜索该信标光。一旦该信标光进入探测器视场并且被正确探测到，这个过程称为捕获。一般来说，捕获是在相关视场内对相应目标的识别。ATP 子系统将信标光捕获后，双方根据探测器提供的视轴偏差控制跟踪机构，使其视轴跟随入射光的视轴变化，称为跟踪；在跟踪的基础上，双端的视轴正确指向对方视轴，称为瞄准。双端视轴可靠瞄准后，表明光通信链路已建立，即可进行卫星光通信。

（一）ATP 子系统结构组成

从结构和实现功能来看，ATP 子系统可以分为光学天线、粗跟踪机构、精跟踪机构、超前瞄准机构以及控制器等几部分。

1. 光学天线

在卫星光通信中，捕获、跟踪精度在很大程度上取决于光学系统对接收的光信号成像的精确程度，因此，光学天线在卫星光通信中起着重要作用。卫星光通信系统的发射/接收天线实际上就是一个光学望远镜。从收/发构成来看，可分为收/发分离式和收/发合一式。光学天线一般有三种形式，即透射式、反射式和折反射组合式。透射式天线一般由一组透镜构成，其优点是对光无遮挡，加工球面镜较容易，通过光学设计易消除各种像差；但它的光能损失较大，装调比较困难，在实际的卫星光通信系统中较少使用。反射式天线的发射光束是采用对光波近全反射的抛物面，对光能量吸收很小，因而在卫星光通信中被广泛采用。这类天线按反射镜面的个数可分为单反射面天线和双反射面天线，最常用的是后者。卫星光通信中常用的 Cassegrain 天线就是双反射面天线。它的主要优点是对材料要求不太高，重量轻，光能损失较小，不存在色差；缺点主要是对收/发光有中心遮挡，难于满足大孔径大视场的成像要求。折反射组合式天线结合了反射式和透射式天线的优点，采用球面镜取代非球面镜，同时用补偿透镜来校正球面反射镜的像差，像差小，集光能力强，从而能获得较好的像质；但这种天线体积较大，加工比较困难。

为满足卫星光通信要求，光学天线应满足：① 高的光学质量，高透射的光学透镜，高反射的反射镜，天线的散射光效应要低；② 天线的遮挡率要低；③ 光学天线材料的热膨胀系数小，机械强度要高，重量要轻，使用寿命要长；④ 由于天线的孔径越大，增益就越大，因此从提高天线增益的角度，卫星光通信系统的天线孔径应当取大一些，但孔径增大，天线的体积、重量也要增加。近年来，采用碳化硅（SiC）材料可以实现大口径、高倍率、近衍射限质量的光学天线。

2. 粗跟踪机构

粗跟踪机构主要完成目标的捕获和粗跟踪。典型的粗跟踪机构主要包括常平架以及安装在其上的收/发天线、中继光学单元、粗跟踪探测器、粗跟踪控制器、常平架角传感器以及伺服机构。粗跟踪机构的作用是控制伺服机构完成指令要求。角传感器将位置信号送给控制器，控制器比较实际信号和指令信号，得到位置误差信号来控制伺服机构运作，实现捕获和粗跟踪。

捕获阶段，粗跟踪机构工作在光路开环方式下，用其角传感器形成闭环。它接收命令信号，将光学天线定位到对方通信终端的不确定区上，发射信标光进行扫描或者捕获来自对方的信标光。目标信标光被捕获后，系统进入光路闭环的粗跟踪阶段，根据粗跟踪探测器提供的目标偏差来控制常平架上的光学天线。粗跟踪精度小于精跟踪探测器，能将入射光引导到精跟踪机构可控制范围内。粗跟踪机构会给系统引入摩擦力矩，这是影响系统性能和跟瞄精度的主要干扰之一，在设计粗跟踪机构时应着重考虑如何对其进行抑制。

3. 精跟踪机构

一般精跟踪机构主要包括两轴快速倾斜镜、跟踪探测器、执行机构和位置传感器。当粗跟踪机构将入射光引至精跟踪探测器视场后，精跟踪机构光闭环。精跟踪控制器根据精跟踪探测器给出的偏差，控制快速倾斜镜动作，跟踪入射光，使通信两端视轴误差达到跟踪精度要求。卫星光通信对精跟踪机构的要求体现在跟踪精度和跟踪带宽上。高精度可减小因视轴误差引起的光能量损失；高带宽可有效抑制因卫星平台及其他干扰引起的误差。精跟踪机构将决定整个卫星光通信系统的跟踪性能，设计一个高带宽高精度的精跟踪环是整个 ATP 子系统的关键所在。

4. 超前瞄准机构

典型的超前瞄准机构一般是由两轴快速倾斜镜及其执行机构，以及超前瞄准探测器构成。超前瞄准机构主要补偿由于光束远距离传输引起的位置偏差，它根据星历表计算出瞬时超前角，通过超前瞄准探测器控制倾斜镜动作，使出射光相对于接收光偏转指定的角度，从而使出射光精确瞄准对方。要实现该功能，超前瞄准机构应完成瞬时超前角计算及数据处理，以及通过合理的反馈方式提高执行器件的精度，实现高精度的超前角偏转。

5. 探测器

ATP 子系统中的探测器主要包括粗跟踪探测器和精跟踪探测器。粗跟踪探测器一般采用 CCD，CCD 阵列视场大，可以实现对大的不确定区内目标的快速捕获和粗跟踪。四象限雪崩光电二极管（Quadrant Avalanche Photo Diode，QAPD）响应速度快，灵敏度高，但视场较小，一般作为精跟踪探测器。随着 CCD 技术的发展，其帧频大大提高，高帧频 CCD 也可用作精跟踪探测器。

6. ATP 控制器

ATP 控制器主要包括以上提到的粗跟踪控制器和精跟踪控制器，以及 ATP 主控单元。ATP 主控单元负责完成对系统内部各模块的控制，以及与通信子系统和卫星姿态控制系统进行交互。ATP 控制器执行 ATP 子系统内部的时序与状态控制，其工作方式为在链路建立阶段光开环、在链路保持阶段光闭环。当系统达到粗跟踪精度后，粗跟踪控制器向 ATP 主控单元发出确认信号，由 ATP 主控单元启动精跟踪控制器，执行精跟踪。精跟踪锁定后再向 ATP 主控单元发出确认信号，ATP 主控单元通过控制总线启动通信子系统。

（二）ATP 子系统控制流程

以上 ATP 子系统各部分，通过合理有序的交互与协调，共同完成捕获、跟踪和瞄准功能，主要控制流程如图 4.6 所示。从图中可以看出，ATP 子系统的主要控制流程包括姿态信号处理、捕获扫描控制、粗跟踪控制、精跟踪控制、超前瞄准控制。

1. 当前位置数据的获取

ATP 主控单元通过姿态控制单元获得卫星姿态变化的信息，通过卫星主控单元获得卫星的轨道参数，经坐标变换后，ATP 主控单元得到卫星当前位置数据。

2. 捕获扫描控制

ATP 主控单元根据姿态控制器、地面站传送来的星历表以及预置的扫描子区数据，计算出卫星间的天线空间指向以及要求天线偏转的方位和俯仰角度，传送到粗跟踪机构和精跟踪机构，经选通判断后，作为各自动作的指令信号。主动方卫星对被动方卫星所处的不确定区进行扫描，被动方卫星搜索信标光。不确定区可划分为若干扫描子区。主动方卫星根据从 ATP 主控单元得到的视轴方位和俯仰转动角度，叠加扫描子区的相对偏转角度，作为天线偏转的方位和俯仰角度，传给粗跟踪控制器和精跟踪控制器。将实际偏转角度一路通过反馈给粗跟踪控制器，实现粗跟踪系统位置反馈控制，提高粗跟踪指向精度；另一路反馈回 ATP 主控单元，ATP 主控单元处理后将指令送入精跟踪控制单元，补偿粗瞄偏转误差，以达到高的扫描指向精度。ATP 子系统利用粗跟踪机构、精跟踪机构协调转动可实现高精度视轴指向。

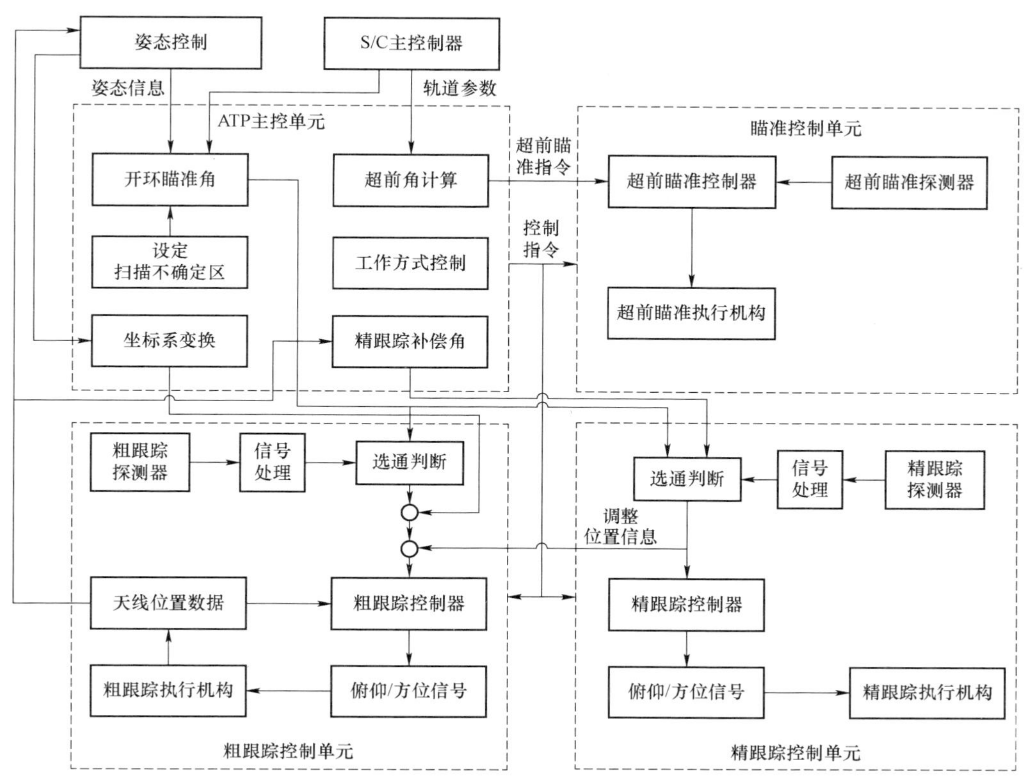

图 6-32 卫星光通信 ATP 子系统控制流程

3. 跟踪控制

当捕获完成后，ATP 主控单元发出指令，粗/精跟踪控制器将接收来自各自传感器的信号。此时系统可以从粗跟踪探测器和精跟踪探测器上获得信标光的位置信息，根据自身视轴位置，从而计算出粗/精跟踪执行机构指向的实际偏差。在跟踪阶段，粗跟踪和精跟踪偏转控制实现了光闭环，不再接收 ATP 主控单元发送的角度偏转信号。粗/精跟踪机构控制精度和其视场需要较好匹配。

4. 超前瞄准控制

通信光出射时，首先通过超前瞄准单元，并且当超前瞄准单元没有偏转信号时，应保证入射和出射光线的共轴。ATP 主控单元根据星历表的信息和光学设计要求，确定超前角。卫星轨道计算的超前角度精度、超前瞄准子系统的控制精度、跟踪系统的跟踪精度及瞄准精度，决定了通信光是否被主动方接收到，这是卫星光链路能否成功的关键。

（三）ATP 子系统相关技术

1. ATP 子系统中的捕获技术

捕获是 ATP 技术中的难点之一。这是因为通信双方虽然有卫星轨道参数，但其预报精度有限，需要用信标光对不确定区进行扫描，双方完成彼此的捕获。另外，由于卫星存在相对运动，系统和外界环境存在诸多干扰因素，再加上捕获是在光开环的情况下进行，所以要实现快速、准确的捕获难度非常大。在进行捕获系统设计时主要应考虑以下因素：① 不确定区的大小；② 初始指向误差和期望指向误差；③ 扫描方式；④ 总扫描时间；⑤ 捕获时在扫描子区的驻留时间；⑥ 卫星的位置信息和相对运动；⑦ 捕获的功率要求；⑧ 卫星振动和噪声；⑨ 捕获用激光束宽及其波长。

2. ATP 子系统中的跟踪技术

ATP 子系统中跟踪的实现是通过跟踪探测器得到通信两端视轴的偏差，跟踪控制器根据偏差控制跟踪执行机构，使通信两端视轴误差在要求的精度范围内。

在进行跟踪系统设计时主要应考虑以下因素：① 跟踪视场大小；② 跟踪角度范围；③ 跟踪控制精度；④ 跟踪控制带宽；⑤ 跟踪探测器选择；⑥ 卫星间的相对运动；⑦ 卫星振动频谱特性；⑧ 跟踪功率要求。

在卫星光通信 ATP 子系统中，对跟踪的要求非常高，不但需要大范围的天线调转，完成扫描和粗跟踪的功能；同时，需要高精度跟踪和高带宽扰动抑制能力。

跟踪的误差源主要有探测器误差、常平架产生的摩擦力矩误差和空间平台振动引起的误差。

卫星光通信子 APT 系统的跟踪精度是由其精跟踪系统最终决定的。研究合理、先进的控制算法，设计出满足性能要求的精跟踪系统是跟踪技术研究的主要内容。精跟踪系统及其控制算法是本书研究的重点之一。

3. ATP 子系统中的瞄准技术

ATP 子系统的瞄准技术一般都是指超前瞄准技术。超前瞄准是为了补偿由于卫星间相对运动以及光有限传播速度引起的时延影响，使出射光相对于接收光超前偏转一定角度。这个角度就是超前瞄准角，一般是根据星历表计算得到。

在进行超前瞄准系统设计时主要应考虑以下因素：① 卫星相对运动；② 卫星之间的距离；③ 超前瞄准机构精度；④ 超前瞄准角的快速获取；⑤ 超前瞄准角度的校准。

超前瞄准技术关键问题是超前瞄准角的快速获取和超前瞄准精度。为了提高超前瞄准精度，一般都采用高精度微角度转动的执行机构。

三、卫星光通信捕获技术

（一）捕获技术方案

卫星光通信的 ATP 技术中，捕获是建立通信链路的关键。由于星历表、卫星姿态和轨道等方面的误差，在星际间寻找目标的过程中，我们只能知道目标出现的不确定区域。另外，捕获是在光开环状态下工作，加上存在卫星之间相对运动、卫星平台振动以

及太阳光等背景干扰，更加增大了捕获的难度。捕获过程中，信标光的光源可以使用脉冲光源、载波调制光源和稳定连续的光源。目前一般采用稳定连续的光源。在探测器选择方面，用于捕获的探测器有 QPIN、QAPD 和 CCD 等。捕获探测器的选择依据是星间链路环境和捕获方式，目前，一般采用大视场的 CCD。相较四象限探测器，CCD 无死区，在焦距、温度匹配、噪声等效角和捕获视场大小方面有明显的优势。根据信标光在捕获中的方式和特征，可以采用以下几种方案进行捕获：

1. 采用星体作为信标来完成捕获

这种方案终端本身没有信标光装置，而是采用某一星体作为自身位置和姿态的参考，从而确定自身通信终端的指向。例如，美国 JPL 在其深空光通信项目中提出用地球作为信标，将事先拍摄的地球图像存储起来，然后再与实时拍摄的地球图像做相关运算，经过一系列的数据处理，确定自身的姿态指向。该方法的优点在于省去了信标光，从而简化了系统设计，减小了通信终端的体积、重量和功耗；缺点是地球的图像容易受时间、天气等因素的影响。

2.“信标光+星敏感器”技术方案

这种方案是在终端的常平架上安置一个星敏感器，由于星敏感器可以利用一些恒星的位置精确测定自身卫星的位置和姿态，其测量精度较高，因此可以大大提高通信终端的指向精度，只要信标光设计合理，就可以不需要扫描过程，直接完成光通信链路的建立。这种方案的优点在于可大大节省捕获时间，提高捕获概率；缺点是目前星敏感器的数据更新率较低和视场难以实现快速捕获。

3.“信标光+信号光”技术方案

在欧洲 SILEX 和日本 OICETS 等卫星相干光通信系统中，都采用了信号光和信标光。这种方案是采用较宽的信标光束（相对于通信光），按照一定的扫描方式对不确定区进行扫描，完成捕获过程。与前两种方案相比，它是一种工作较为稳定的方案，目前在卫星光通信中被采用得最广泛。

4. 无信标光技术方案

在德国新型相干光通信系统 LCTSX 中，采用的是无信标光的工作方式，通信光作为信标光实现光通信终端间的捕获跟踪。采用无信标光设计方案可以降低系统复杂度、光路复杂度以及激光通信终端的体积、重量和功耗，在光通信终端小型化、轻量化方面具有很好的技术优势。为了有效降低光通信终端的体积、重量和功耗，采用无信标的两波长系统，即发射信号光和接收信号光。

（二）捕获过程

采用第三种捕获方案，即“信标光+信号光”，以 GEO 与 LEO 光链路的建立来说明捕获过程，如图 6-33 所示，其中 FOV 是探测器视场，FOU 是不确定区。

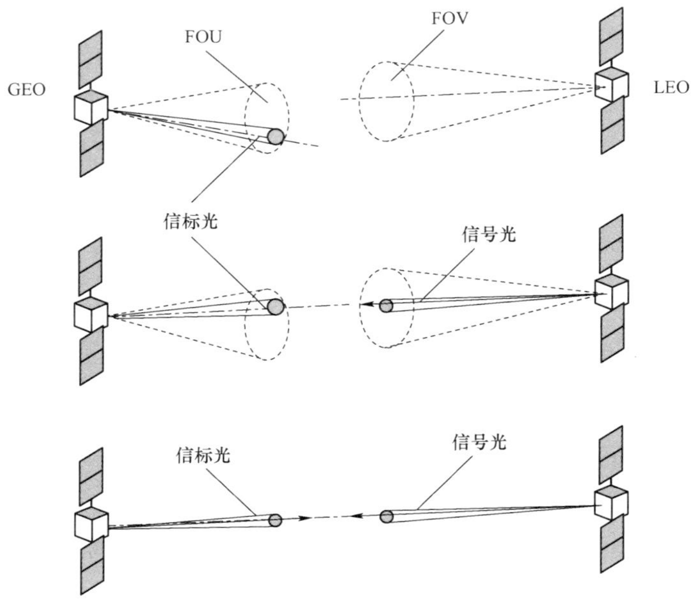

图 6-33 捕获过程示意图

（1）光链路中的两端依据其轨道参数和星历表指向对方。

（2）GEO 通过跟踪系统用信标光对 LEO 的不确定区进行扫描，双端都进行捕获程序。

（3）当 LEO 端的捕获探测器探测到信标光后，利用跟踪探测器获得视轴与信标光的偏差，跟踪控制器校正其视轴方向；通过超前瞄准机构向 GEO 端发出信号光。

（4）GEO 端探测到 LEO 的信号光，信标光停止扫描；GEO 端利用跟踪探测器上获得的视轴与 LEO 信号光的偏差，跟踪控制器校正其视轴方向。

（5）当 LEO 信号光进入 GEO 端精跟踪探测器视场内，实现光反馈；如果视轴与 LEO 信号光的偏差小于设定值，GEO 进入精跟踪工作方式，GEO 向 LEO 端发出信号光；GEO 关闭信标光。

完成上述捕获过程后，系统进入精跟踪工作方式，双方即可进行通信。如果对方卫星的信号光由于某些原因脱离了本方卫星的跟踪视场，则需要重新进行捕获。

（三）捕获方式

要完成上述捕获过程，一方面需要使主动方的信标光以某种方式覆盖被动方的 FOU，另一方面需要双方能以足够大的概率正确探测对方信标（信号）光。光通信链路建立的两端可通过不同的捕获方式来实现，捕获方式一般可概括为以下几种：

1. *凝视/凝视方式*

在这种方式中，主动方的信标光发散角足够大，以至于能覆盖整个被动方 FOU（称为凝视），同时被动方的接收视场角 FOV 大于主动方的 FOU。在这种方式下，捕获几乎是瞬时完成的，其捕获概率由不确定区覆盖概率与探测概率决定。

在信标光发散角较大情况下能满足链路需要的功率要求，可采用凝视/凝视捕获方式。但由于目前器件和链路距离等条件所限，这种方式较少被采用。

2. *凝视/扫描方式*

这种方式，主动方用信标光束在被动方的 FOU 内进行扫描，同时被动方的接收视场角大于 FOU（称为凝视/扫描）。信标光可以提供足够高的发射功率以保证被动方的探测概率。由此可见，这种方式中，探测概率的提高是以捕获时间为代价的。在保证捕获灵敏度要求的条件下，捕获时间是 FOU、信标光束宽和驻留时间（信标光束扫过探测器的时间）的函数，即

$$T_{\mathrm{acq}} \approx \left(\frac{\theta_{\mathrm{FOU}}^2}{\theta_{\mathrm{div}}^2}\right) \times T_{\mathrm{dwell}} \times N_t$$

式中，T_{acq} 为捕获时间；θ_{FOU} 为不确定区角；θ_{div} 为信标光发散角；T_{dwell} 驻留时间；N_t 为对 FOU 扫描的次数。

一般情况下，为了克服信标光扫描时视轴抖动的影响，在设计扫描子区时需考虑一个重叠因子 A，以保证足够的捕获概率，则上式写为

$$T_{\mathrm{acq}} \approx \left(\frac{\theta_{\mathrm{FOU}}^2}{\theta_{\mathrm{div}}^2 (1-k)^2}\right) \times T_{\mathrm{dwell}} \times N_t$$

这种方式是目前卫星光通信中最常见的捕获方式，如 SILEX 系统捕获就采用此方式。

3. *扫描/扫描方式*

主动方采用信标光在被动方的 FOU 内进行扫描，同时被动方的捕获探测器也对主动方的 FOU 进行扫描，考虑重叠因子，捕获时间为

$$T_{\mathrm{acq}} \approx \left(\frac{\theta_{\mathrm{FOU}}^2}{\theta_{\mathrm{div}}^2 (1-k)^2}\right) \times T_{\mathrm{dwell}} \times N_t \times \left(\frac{\theta_{\mathrm{FOUr}}^2}{\theta_{\mathrm{divr}}^2 (1-k_r)^2}\right) \times N_r$$

式中，脚标“t”代表主动方参量，脚标“r”代表被动方参量。

由上式可以看出，这种捕获方式可能会增加捕获时间，减小捕获概率，所以在实际卫星光通信中应用较少，主要应用于捕获探测器视场不足以覆盖对方不确定区情况下。

4. *扫描/凝视方式*

这种方式是发射信标光发散角大于另一端的 FOU，处于凝视状态，而另一端用捕获探测器扫描对方的 FOU。同理，捕获时间为实际系统几乎不会使用该方法。主要原因是现有的信标光功率达不到如此宽的发散角要求。根据目前卫星光通信器件的发展水平，考虑到探测器灵敏度、光功率以及链路距离，卫星光通信系统一般采用凝视/扫描方式。

（四）扫描方式

信标光扫描方式主要包括矩形扫描、螺旋扫描、矩形螺旋扫描、玫瑰形扫描以及李萨如型扫描，其示意图如图 6-34 所示。

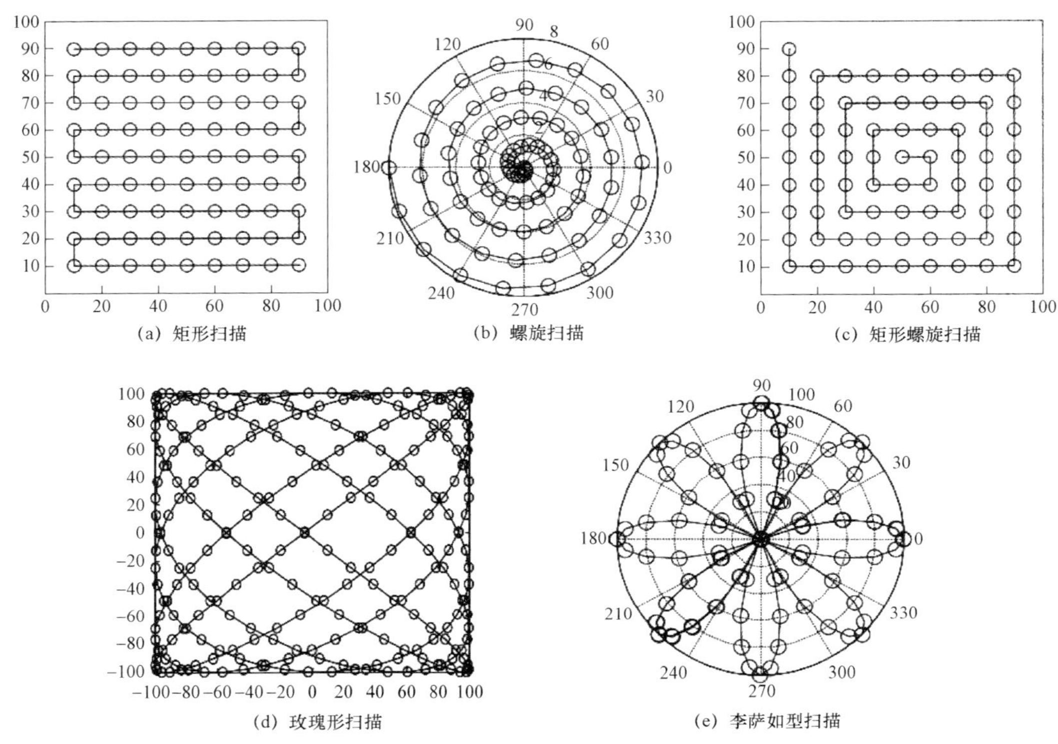

图 6-34　扫描方式示意图

矩形扫描，即逐行扫描，虽然能够有效地扫描整个区域，易于设计与实现，但扫描效率较低。

若目标出现概率以高斯或者 Rayleigh 型分布，螺旋扫描可以以最密的螺线轨迹从目标出现的概率最大区域开始，效率较高；但其不足在于会对较边缘处的目标产生漏扫。为此可以采用减小螺线渐开宽度、加大重叠因子的手段降低漏扫概率，但这是以牺牲捕获时间为代价的。

矩形螺旋扫描结合了前两种方式的优点，扫描也是从概率密度最大处开始，扫描间隔重叠小，比螺旋扫描方式更易于实现。另外，在扫描范围确定的情况下，矩形螺旋扫描的平均捕获时间小于矩形扫描。

玫瑰形扫描以正弦波为基础产生调幅信号，扫描曲线是由玫瑰函数产生。卫星振动与常平架抖动对这种扫描方式影响较小；其缺点是会存在漏扫区域，而且实现比较困难。

李萨如型扫描的扫描曲线是时频上都具有延迟的正弦函数。它能够有效地扫描整个

区域，对于高斯和均匀分布的目标光斑，扫描效率都比较高；但不足的是也会存在漏扫区域，而且实现起来困难。

由上述分析并从工程角度出发，要兼顾扫描效率和概率，一般采用矩形螺旋扫描方式。

（五）不确定区对捕获性能的影响

在光通信链路建立前，通信双方根据星历表和轨道方程，计算出对方在某个时刻的空间方位，然后将各自终端的视轴指向调转到目标预计的位置上。但实际上对于任何一方，其终端视轴指向都和对方的实际位置有一定的偏差，即存在不确定区 FOU。FOU是捕获技术中非常敏感的参数，它的大小对其他参数的选择起着举足轻重的作用。

影响预置不确定区的主要因素有卫星的姿态精度、卫星的轨道预测精度、卫星轨道摄动、终端指向机构的执行精度等，其中姿态精度和轨道预测精度起决定作用。图 6-35 给出了 ATP 系统捕获过程中 FOU 的误差分配。

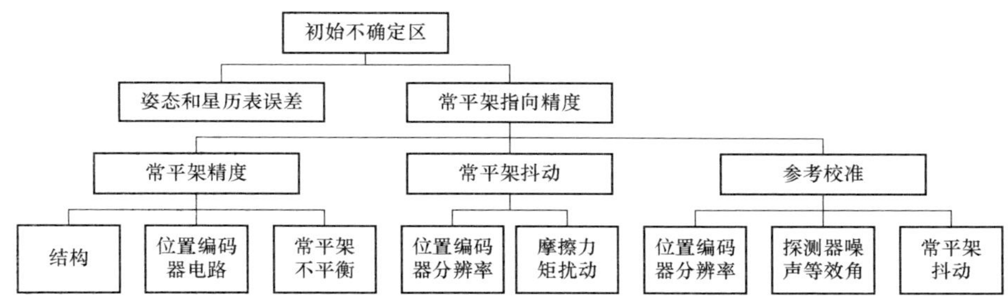

图 6-35　FOU 误差分配

如果不确定区预置过大，将严重影响系统的发射功率、捕获时间、捕获概率指标的实现。减小不确定区，可以使其他各个参数都相应地放宽限制，如滤光器和探测器的选择等。

（六）捕获概率分析

卫星光通信中，通信的两端在各自的轨道上运行时，从对方的角度来看，存在两种不确定性：一种是目标位置的不确定性；另一种是捕获视轴指向上的不确定性。这两种不确定性会影响捕获概率。另外，捕获探测器对信标光的探测概率也是捕获概率重点考虑的因素。捕获概率可表示为：

$$P_{acq}=P_{unc}\times P_{pt}\times P_{d}$$

式中，P_{acq} 为不确定区对目标的覆盖概率；P_{pt} 为信标光覆盖不确定区的概率；P_{d} 为捕获探测器探测概率。

对卫星出现在 FOU 内的概率进行仿真分析，设定不确定区 FOU＝6 σ，则 2 000 次仿真卫星在 FOU 内的分布情况如图 6-36 所示，大圆表示不确定区 FOU，小圆为各次仿真中目标出现的位置。由 2 000 次仿真结果可见，不确定区 FOU＝8.0 mrad 时，目标卫星在其中出现的概率 $P_{unc}=98.9\%$。

由于捕获时通信两端处于光开环扫描阶段，系统存在着各种误差，主要包括来自系统外部参数测量的误差和系统执行的误差。其中，系统外部参数误差包括卫星姿态和轨道误差、卫星平台振动误差。系统执行误差是指跟踪机构的指向误差。

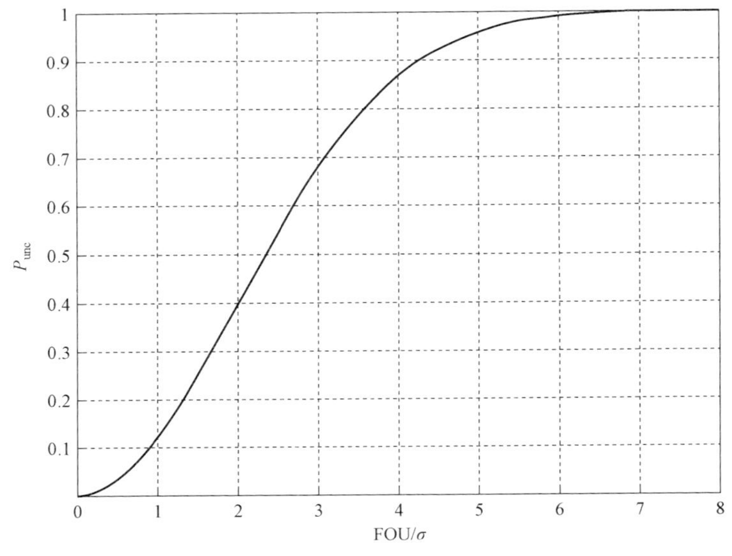

图 6-36　P_{unc} 与 FOU/σ 关系

这些误差在捕获阶段无法通过反馈来校正，所以信标光在对目标星不确定区进行扫描时，在内外误差和扰动的作用下，会出现扫描子区偏离预定的位置，造成信标光对扫描子区不能完全覆盖，扫描点间隔不均匀，出现重叠和漏扫，导致捕获概率下降。

在采用凝视/扫描的捕获方式时，解决这类问题除了采取振动抑制、粗/精跟踪联合工作模式等措施来减小误差，还可以在扫描中附加重叠因子来提高捕获概率。附加重叠因子的选取可以由信标光覆盖不确定区的概率确定。

对信标光覆盖不确定区的概率进行仿真，由于系统存在各种误差和干扰，若没有采用附加重叠因子，扫描时相邻扫描点会出现漏扫情况，当采用重叠因子，视轴均方差为 0.03 单位步长时，k 取 0.18，P_{pt} 达到 99%。由图 6-37 可见，在信标光发散角相同的情况下，视轴误差越小，为了保证覆盖概率，所需重叠因子越小，这样，扫描整个不确定区所需的时间越少。而覆盖概率要求越高，所需重叠因子也越大，扫描不确定区的时间会增大。从图中还可以看到，所需重叠因子随着覆盖概率增大而增大的趋势比较缓慢，而减小误差，就可以用较小的重叠因子达到覆盖概率，从而使扫描整个不确定区所需的时间较少。所以在捕获时，应尽量提高信标光指向精度，减小视轴误差，从而减少捕获时间。

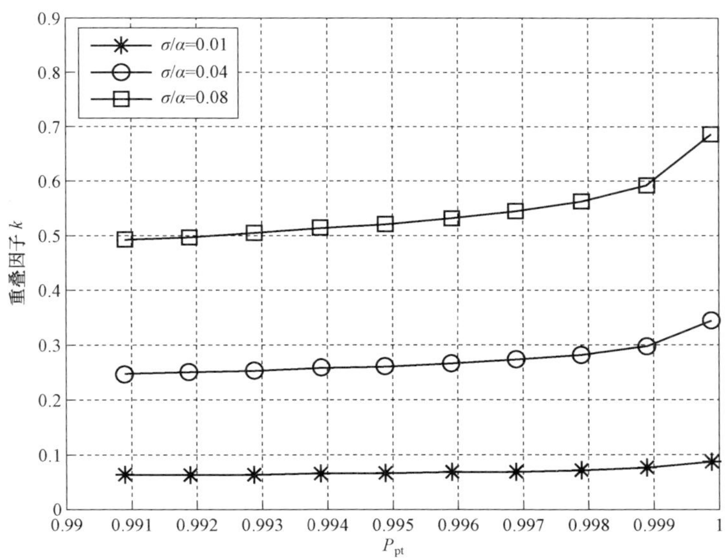

图 6-37　P_{pt} 与重叠因子及偏差的关系

捕获探测器目前都采用大视场的 CCD，其探测过程是一个典型的随机过程。CCD 势阱中电荷的形成过程，无论是噪声还是信号产生的电荷，都可以认为是满足泊松分布随机过程。随着光生电子数目的增加，一般可以认为其满正态分布，即：

$$p(n)=\frac{1}{\sqrt{2\pi}\sigma}e^{-\frac{(n-m)^2}{2\sigma^2}}$$

式中，m 为产生电子的均值；σ 为均方差；n 为光生电子数。

四、卫星光通信跟踪技术

卫星光通信 ATP 系统不但需要大范围的天线调转，还需要高精度高带宽的跟踪性能和扰动抑制能力。因此，就必须采用多环的控制结构，实现粗跟踪和精跟踪功能。目前，在卫星光通信跟踪系统中多采用复合轴控制（Composite Axis Control）结构。卫星光通信 ATP 系统中复合轴控制一般要求提供 140 dB 的动态范围（2 π～0.5 πrad）。典型的复合轴控制结构如图 6-38 所示，其中 FTA 为精跟踪组件，包括精跟踪探测器、执行单元及接收光学系统；CTA 为粗跟踪接收组件，包括粗跟踪探测器及接收光学系统，与常平架一起构成粗跟踪环；PAA 为超前瞄准组件，包括超前瞄准探测器、执行单元及光学系统；LD 为发射激光器组件，包括信号光或信标光。卫星光通信 ATP 系统采用复合轴控制结构通常由两个嵌套控制回路组成。

低带宽的粗跟踪环嵌套高带宽的精跟踪环，通常是在大惯量常平架的主光路中插入一高谐振频率的快速倾斜镜（Fast Steering Mirror，FSM）。外层常平架及 CTA 构成粗跟踪环，它具有较大的驱动能力和动态范围，以及较窄的控制带宽，跟踪精度低于最终要求的指标，可产生大的天线调转，主要用于光轴的初始定向，实现捕获和粗跟踪。精跟踪环对粗跟踪环未能补偿的残差进行校正以满足系统最终的跟踪精度要求，具有很高的位置分辨能力、高的控制带宽和增益，对宽功率谱振动具有很强的抑制能力，以保证快速和高精度的跟踪。

复合轴控制结构的跟踪系统工作原理如图 6-39 所示。从图中可以看出，跟踪系统的两环结构分别通过相应的跟踪探测器和目标视轴形成光反馈。跟踪探测器有采用两个分离的粗/精探测器实现的，也有采用一个成像阵列器件实现的。下面分别对粗跟踪环和精跟踪环进行说明。对于实际系统视轴，可分解为方位方向和俯仰方向，为简明起见，都以其中一个方向进行说明。

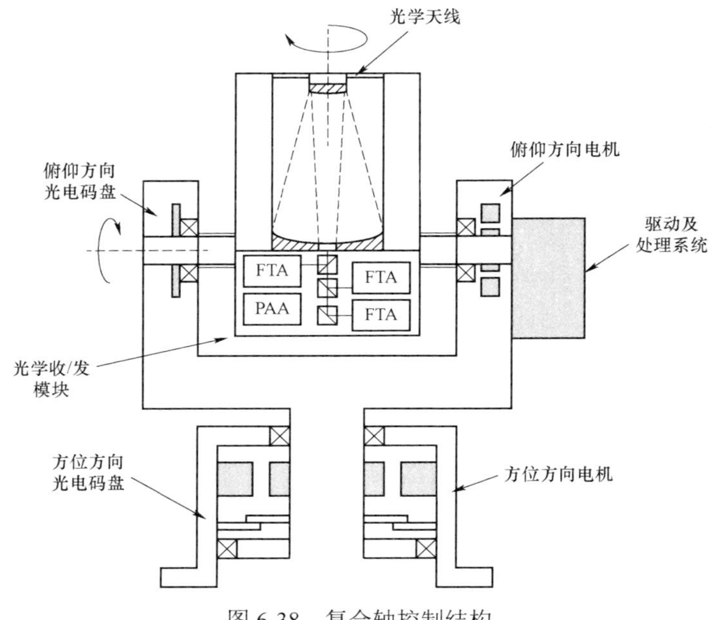

图 6-38　复合轴控制结构

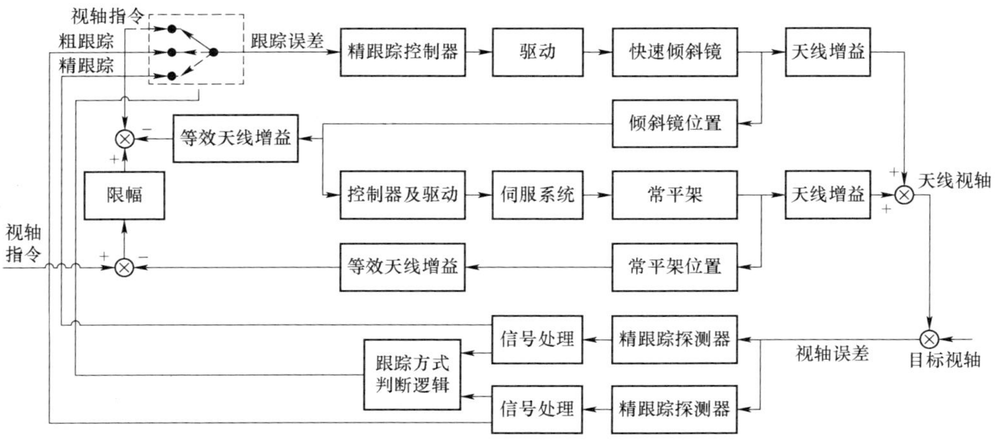

图 6-39　复合轴控制结构的跟踪系统工作原理

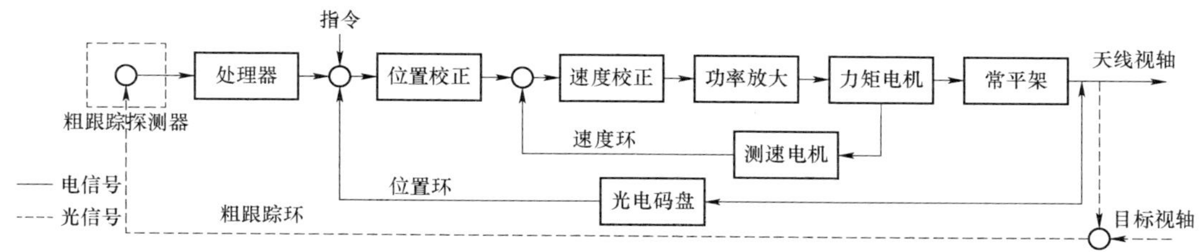

图 6-40 粗跟踪环功能框图

粗跟踪环实际是位置伺服系统，其功能框图如图 6-40 所示。粗探测器一般采用 CCD，以实现捕获和粗跟踪功能；两轴常平架在方位和俯仰方向分别与力矩电机固定连接，作为惯性负载加载在直流力矩电机的轴上，实现水平和俯仰两个方向上的转动；光电码盘作为粗跟踪控制系统的位置反馈单元，与两轴常平架固定连接，由光电码盘读出天线视轴指向作为位置反馈信号，实现初始位置的调转和对不确定区的扫描；粗跟踪可采用直流力矩电机-测速电机组合驱动常平架在水平方位和俯仰方向上转动。采用直流力矩电机构成粗跟踪伺服系统容易实现较高精度、较宽频带的平稳运行，且低速性能好。在位置环内采用测速电机反馈的速度环，可以增加系统的阻尼和带宽，简化位置环校正要求，也能较有效地抑制光学天线的扰动。设计粗跟踪环时应首先根据对负载力矩的测试和系统要求选择相应的直流力矩电机，然后根据粗跟踪的稳态误差和动态特性指标进行设计。

精跟踪环的功能框图如图 6-41 所示。精跟踪环以快速倾斜镜作为执行机构，快速倾斜镜一般采用高带宽高精度的压电陶瓷式倾斜镜或者电磁式倾斜镜，其特点是可高频微角度转动，以满足精跟踪环的要求。根据前面章节所述，精跟踪探测器一般可以选择 QAPD 或 CCD。QAPD 灵敏度高，带宽高，但是探测死区较大，视场较小。随着 CCD 器件的成熟，目前卫星光通信系统中多采用高帧频 CCD 作为精跟踪探测器。精跟踪控制器是精跟踪系统的核心，为了实现高带宽、高精度且鲁棒性好的控制，控制算法是关键。后面将对精跟踪控制算法进行深入研究。

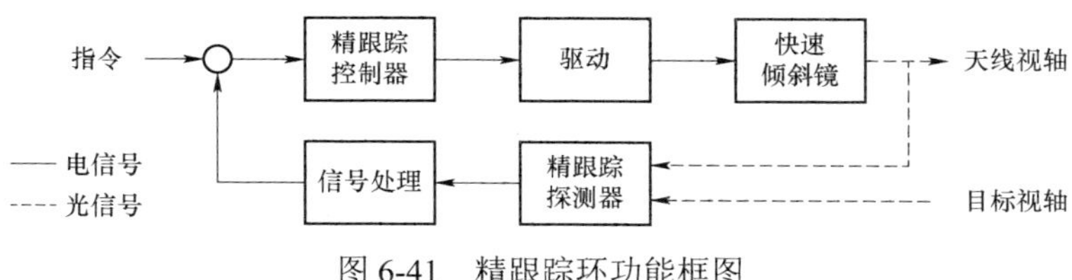

图 6-41 精跟踪环功能框图

参考文献

［1］张明伦作. 信息科学技术专著丛书　可见光通信技术［M］. 北京：北京邮电大学出版社，2022.08.

［2］黄爱萍，陶林伟，樊养余著. 无线光通信原理及技术［M］. 西安：西安交通大学出版社，2018.01.

［3］文杰斌，谭毅主编. 光通信传输技术及设备［M］. 成都：西南交通大学出版社，2018.06.

［4］彭铎，李立，彭清斌编著. 光纤通信［M］. 成都：四川大学出版社，2021.06.

［5］陈远祥编. 基于机器学习的光通信系统物理损伤感知与补偿［M］. 北京：北京邮电大学出版社，2021.10.

［6］柯熙政，吴加丽著. 无线光相干通信原理及应用［M］. 北京：科学出版社，2019.11.

［7］谭庆贵编著. 卫星相干光通信原理与技术［M］. 北京：北京理工大学出版社，2019.03.

［8］车雅良. 光传输设备与运用［M］. 西安：西安交通大学出版社，2022.11.

［9］蔡正保，戴泽淼，赵静梅，陈曼编著；张光义总主编. 光传输技术［M］. 北京：中国铁道出版社，2023.04.

［10］李莉，王春悦，叶茵编著. 通信原理［M］. 北京：机械工业出版社，2020.05.

［11］汪井源，徐智勇，李建华，汪琛作. 无线光通信原理与应用［M］. 南京：东南大学出版社，2023.03.

［12］原荣编著. 认识光通信［M］. 北京：机械工业出版社，2020.01.

［13］秦岭，杜永兴，胡晓莉主编. 室外可见光通信系统原理与技术［M］. 石家庄：河北科学技术出版社，2022.06.

［14］梁静远. 无线光通信课程学习辅导［M］. 湘潭：湘潭大学出版社，2022.12.

［15］赵尚弘著. 航空光通信与网络技术［M］. 上海：上海科学技术出版社，2020.06.

［16］吕其恒，刘义编著. 光通信原理及应用实践［M］. 北京：中国铁道出版社，2020.03.

［17］王加安著. 可见光通信系统光场分布关键技术研究［M］. 镇江：江苏大学出版社，2020.12.

［18］吕岳海编. 融合通信技术［M］. 北京：北京理工大学出版社，2022.11.

［19］柯熙政，邓莉君著. 无线光通信［M］. 北京：科学出版社，2016.03.
［20］江苏省科学技术协会，江苏省通信学会组织编写；龚永平，戴源主编. 信息通信［M］. 南京：江苏凤凰科学技术出版社，2019.09.
［21］吴彝尊编著. 光通信［M］. 北京：人民邮电出版社，1979.06.
［22］（美）R.M.格里亚狄，（美）S.卡伯著；陈振国等译. 光通信［M］. 北京：人民邮电出版社，1982.02.
［23］原荣编著. 光纤通信技术　第 2 版［M］. 北京：机械工业出版社，2021.01.
［24］刘敦伟，马喆著. 量子通信理论与技术［M］. 北京：北京航空航天大学出版社，2021.07.
［25］曹双胜，刘兴华主编. 通信设备维护［M］. 重庆：重庆大学出版社，2021.06.
［26］贾科军著. 基于光 OFDM 及其相关技术的室内可见光通信研究［M］. 成都：西南交通大学出版社，2019.04.